Artur Landt • **BELEUCHTUNGSTECHNIK FÜR PROFIS**

Artur Landt

BELEUCHTUNGS-TECHNIK FÜR PROFIS

DAS MULTIBLITZ-BUCH

Autor und Verlag haben sich bemüht, die vielfältigen Funktionen der im Buch beschriebenen Geräte in all ihren Varianten und Auswirkungen korrekt wiederzugeben und zu interpretieren. Trotzdem sind bei aller Sorgfalt Fehler nicht völlig auszuschließen. Wir sind unseren Lesern deshalb stets dankbar für konstruktive Hinweise. Eine Haftung des Autors bzw. des Verlags für Personen-, Sach- und Vermögensschäden ist ausgeschlossen.

Titelbild: Fotodesign Klaus Lorenz, Karlsruhe
Umschlaggestaltung: Peter Kemenater, München
Farblithos: newsele, Mailand
Druck und Bindung: Sellier Druck, Freising

Printed in Germany

ISBN 3-88955-061-4

Inhaltsverzeichnis

Foto: Fotodesign Lorenz

Vorwort

Licht ist eines der wichtigsten Gestaltungs-elemente in der professionellen Fotografie. Durch das Zusammenspiel von Licht, Schatten und Reflexen wird die Bildidee umgesetzt und die Bildwirkung in entschei-dender Weise bestimmt. Ein Aufnahmeob-jekt »ins richtige Licht zu stellen« verlangt vom Fotografen großes Können und stellt an die Lichtquellen hohe Anforderungen, wie beispielsweise konstante und jederzeit wiederholbare Leistung, dosierbare Licht-menge, ideale und gleichbleibende Farb-temperatur, kurze Leuchtzeit, Möglichkeit der »Lichtformung« durch verschiedene Reflektoren und Vorsätze. Das bringt in der praktischen Arbeit wichtige Vorteile, die in dieser Zusammensetzung nur eine einzige Lichtquelle bietet: der Elektronenblitz. Folglich ist professionelle Beleuchtungs-technik in erster Linie Lichtgestaltung mit Elektronenblitzanlagen. Das anhand des Multiblitz-Systems zu vermitteln, ist er-klärtes Ziel dieses Buches.

Die Multiblitz-Geräte bieten computer-gesteuerte Hochtechnologie in praxisge-rechter Form. Im Multiblitz-Programm fin-det der anspruchsvolle Fotograf Kompakt-blitzgeräte mit Leistungen zwischen 200 und 1500 Wattsekunden sowie Generator-anlagen mit Leistungen zwischen 1600 und 6400 Wattsekunden. Außerdem bietet Mul-tiblitz jedes nur erdenkliche Zubehör, wie Softboxen, Spotleuchten, Großlichtwannen mit bis zu 25 600 Wattsekunden, Stableuch-ten, verschiedene Reflektoren und Filter, Lampen- und Studiostative, Blitzbelich-tungsmesser, Deckenschienensysteme und unzählige andere Zubehörteile. Multiblitz hat somit ein komplettes Ausstattungspaket für das Fotostudio im Programm, und zwar vom kleinen Porträtstudio bis zum Groß-raumstudio. Die nach dem Baukastenprin-zip konstruierten Geräte lassen sich nach den individuellen Wünschen des Fotogra-fen zu Anlagen zusammenstellen, mit denen jedes fotografische Sachgebiet erschlossen werden kann. Die Multiblitz-Geräte sind robust und für den professionellen Studio-einsatz geschaffen.

Der traumwandlerische Umgang mit Studioblitzgeräten setzt jedoch auch einige technische und theoretische Kenntnisse voraus über Beschaffenheit und Arbeits-weise der Blitzgeräte, spektrale Zusammen-setzung des Blitzlichtes und Filtertechnik, Farbtemperatur- und Blitzbelichtungsmes-sung, Blitzsynchronisation und Blitzdauer, Einstellicht und Mischlicht. Die theoreti-schen und technischen Sachverhalte werden vor dem Hintergrund ihrer praktischen An-wendung geschildert.

Den Schwerpunkt des Buches bildet die Praxis professioneller Beleuchtungstech-nik. Zum allgemeinen Teil gehört Wissens-wertes über Lichtformung und Lichtfüh-rung, Objektmodulation und materialge-rechte Beleuchtung, den Umgang mit Schatten, die klassische Beleuchtung sowie die hohe Kunst der Beleuchtung. Die Foto-praxis erreicht dann einen Höhepunkt in dem Abschnitt über die motivbezogene Be-leuchtungstechnik, in dem das Know-how für die wichtigsten Aufnahmegebiete ver-mittelt wird. Spezielle Beleuchtungs- und Aufnahmetechniken, wie die Low-key- und High-key-Beleuchtungstechnik, Doppel- und Mehrfachbelichtungen, Mehrfachblit-zen bei offenem Verschluß und die Aufhell-blitztechnik on location, werden ebenfalls behandelt.

Zahlreiche Aufnahmen von Profifoto-grafen, die mit dem Multiblitz-System ar-beiten, zeigen die praktische Seite der hohen Kunst der Beleuchtung. Die Aufnahmen haben einen großen didaktischen Wert und werden zweifelsohne für viele Fotografen auch eine Quelle der Inspiration sein.

Das vorliegende Buch richtet sich nicht nur an Fotografen, die mit den Multiblitz-Geräten arbeiten, sondern auch an alle, die sich das Know-how der professionellen Be-leuchtungstechnik aneignen wollen.

Dr. Artur Landt

Das Blitzlicht

Der Elektronenblitz ist die starke Lichtabstrahlung einer Gasentladungslampe in einer extrem kurzen Leuchtzeit.

Dauerlicht, ob natürlich oder künstlich, ist Bestandteil unseres Lebens und als solcher uns wohlvertraut. Unsere Sehgewohnheiten sind darauf abgestimmt. Ganz anders das Licht des Elektronenblitzes, das nur für den Bruchteil einer Sekunde besteht und lediglich als Brennen in den Augen wahrgenommen wird. Und dennoch ist der Elektronenblitz die eigentliche Lichtquelle der Studiofotografen. Der professionelle Umgang mit dieser Lichtquelle setzt jedoch das Wissen um ihre Eigenschaften und Eigenarten voraus.

Entstehung und Lichtart

Als Elektronenblitz wird die starke Lichtabstrahlung einer Gasentladungslampe in einer extrem kurzen Leuchtzeit bezeichnet. Eine Gasentladungslampe für Studioblitzgeräte besteht aus einer Quarzglasröhre, die mit dem Edelgas Xenon gefüllt ist. An beiden Enden der Röhre, die stab-, ring-, spiral- oder u-förmig sein kann und Blitzröhre genannt wird, befinden sich Elektroden aus

Wolfram oder Molybdän. Gespeist wird die Blitzröhre von einem Kondensator mit einer Spannung von etwa 500 Volt, die von einem Generator durch Verdoppelung der Netzspannung erzeugt wird.

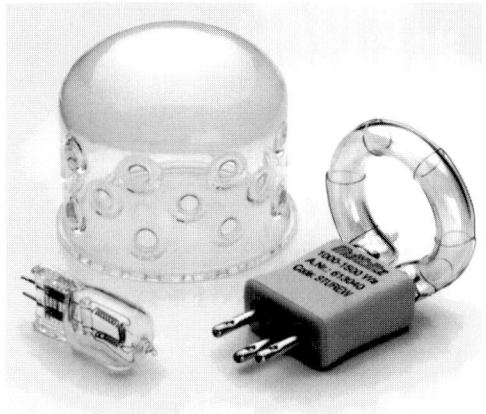

Die Halogenlampe für das Einstellicht und die steckbare Blitzröhre werden von einer Pyrexglocke geschützt, die durch einen UV-Sperrbelag auch für eine korrekte Farbwiedergabe und, neben dem Reflektor, für eine gleichmäßige Lichtverteilung sorgt

Steckbare Blitzröhren mit verschraubten Kontaktstiften aus massivem Messing in stabilen Keramiksockeln

Damit die im Kondensator gespeiste Energie sich als Blitzlicht entladen kann, ist jedoch ein Zündimpuls erforderlich, weil Xenon elektrisch nicht leitend ist. Der Zündimpuls wird erzeugt von einem zweiten Schaltkreis über eine Drahtelektrode, die normalerweise um die Blitzröhre gewickelt ist. Für die Zündung wird ein Spannungsimpuls von 10000 bis 15000 Volt benötigt. Der Zündkreis kann auf verschiedene Weise aktiviert werden: durch den Blitzsynchronkontakt der Kamera, den Synchronkontakt des Blitzbelichtungsmessers, den Auslöser oder die Fotozelle am Blitzgerät. Die Hochspannung des Zündimpulses ionisiert das Edelgas, das somit für kurze Zeit elektrisch leitend wird. In der kurzen Zeit der Ionisierung kann sich der Spannungsunterschied zwischen beiden Elektroden durch das Xenon entladen. Das eigentliche Blitzlicht wird aber vom Xenon selbst erzeugt, das durch die Entladung der Elektroden, genauer des Kondensators, zur Lichtabstrahlung angeregt wird.

Spektrale Zusammensetzung des Blitzlichtes

Das ideale Licht für eine getreue Farbwiedergabe ist das sogenannte mittlere Tageslicht. Es enthält bekanntlich alle Farben des sichtbaren Spektrums. Dieses Spektrum wird kontinuierlich genannt, weil alle Farben von Violett bis Dunkelrot lückenlos ineinandergreifen. In der Farbfotografie ist nur ein kontinuierliches Spektrum verwendbar. Der Elektronenblitz erzeugt aber ein diskontinuierliches Spektrum (Linienspektrum), bei dem die einzelnen Farben nicht übergangslos ineinander übergehen. Die Lücken zwischen den einzelnen Farben sind aber sehr gering und das Spektrum des Elektronenblitzes ist in der Fotopraxis einem kontinuierlichen Spektrum gleichzusetzen. Die geringe Diskontinuität der spektralen Verteilung des Elektronenblitzes hat praktisch keinen Einfluß auf die Farbfotografie und kann in der Studiopraxis vernachlässigt werden.

In der professionellen Studiofotografie ist aber nicht nur die Art des Spektrums wichtig, sondern auch die spektrale Energieverteilung der Lichtquelle, also die »Gewichtung« der einzelnen Farben. Mittleres Tageslicht hat eine Farbtemperatur von 5500 Kelvin. Nur bei dieser Farbtemperatur ist der Anteil der drei Grundfarben Blau, Grün und Rot gleich groß. Auf diese Farbtemperatur sind auch die meisten modernen Filme (Tageslichtfilme) abgestimmt. Nur wenn die Filme auf diese vollkommen gleichgewichtete Energieverteilung der drei Grundfarben abgestimmt werden, ist es nämlich möglich, Emulsionsschichten mit gleicher Empfindlichkeit für Blau, Grün und Rot zu gießen (was übrigens auch eine Voraussetzung für qualitativ hochwertige Filme darstellt). Außerdem werden die Aufnahmeobjekte nur bei einer Energieverteilung der Lichtquelle von 1/3 Blau, 1/3 Grün und 1/3 Rot – auf entsprechend sensibilisiertem Film und ohne Korrekturfilter – farbgetreu wiedergegeben.

Die vom Edelgas Xenon abgestrahlte Farbtemperatur liegt bei etwa 6000 bis 6200 Kelvin und weist somit einen zu hohen Blauanteil (UV-Strahlung) auf. Ein hauchdünner Goldtonbelag (»Goldvergütung«) auf der Blitzröhre reduziert jedoch einfach und zuverlässig die Farbtempera-

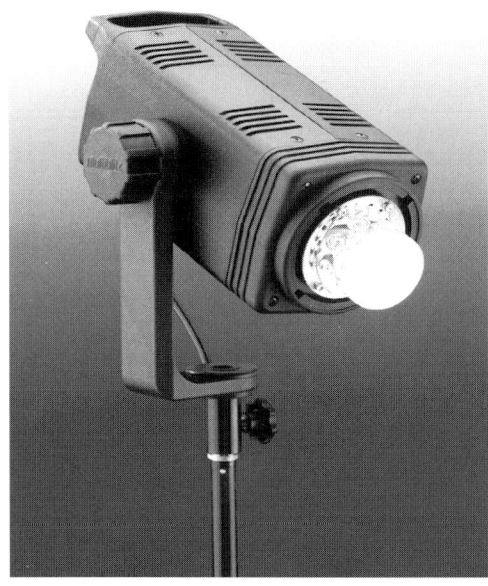

Die Pyrexglocke bietet einen sicheren Schutz, falls die Blitzröhre einmal platzen sollte

tur auf die gewünschten 5100 oder 5200 Kelvin (Tageslicht). Die blaureduzierende Wirkung kann auch mit einer UV absorbierenden Schutzglocke aus Pyrex-Glas erzeugt werden, die über die Blitzröhre gestülpt wird. Die Blitzröhren von Multiblitz weisen eine Farbtemperatur von 5200 Kelvin auf.

Nun gibt es aber Fotografen, die eine Farbtemperatur des Blitzlichtes von 5000 Kelvin (Normlicht) bevorzugen, weil im

Die Blitzröhren der Multiblitz-Geräte weisen eine Farbtemperatur von 5200 Kelvin auf und sind somit ideal für die Beleuchtung bei Aufnahmen auf herkömmlichen Tageslichtfilmen

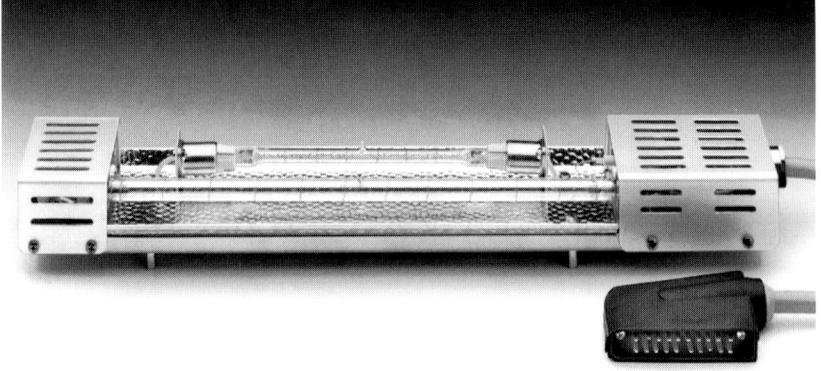

Labor und im Studio die Aufnahmen am Leuchtpult mit Normlicht (5000 Kelvin) beurteilt werden. In Lithoanstalten wird die farbliche Übereinstimmung der Lithos mit den Originalen ebenfalls bei Normlicht geprüft. In der Praxis werden jedoch die Unterschiede zwischen beiden Farbtemperaturen bei der Aufnahme weitgehend verwischt durch die Farbtendenz der Filme, die sogar das Kippen der Farben verursachen kann, durch Farbveränderungen beim Emulsionswechsel, durch die von der Ober-

Stabblitzröhre mit Halogeneinstellicht ALF 32 A, belastbar bis 3200 Ws

In der professionellen Studiofotografie werden Kompaktblitzgeräte mit integriertem Generator sowie Studioblitzanlagen mit separaten Generatoren, an die mehrere Lampen angeschlossen werden können, eingesetzt

Multiblitz bietet ein komplettes Studiosystem an: An den Deckenschienen sind zwei Kompaktblitzgeräte Studiolite Compact 500 befestigt, auf dem Boden sind ein Generator Magnolite 16 und ein Lampenkopf zu sehen. Die faltbaren Softboxen Multiflex 100x100 und 75x75, der Leuchttisch MA 220 sowie die Abrollvorrichtung für Hintergrundkarton sind weitere Bestandteile des Multiblitz-Systems

flächenstruktur und Eigenfarbe der Aufnahmeobjekte erzeugten Reflexionen, oder durch Schwankungen bei der Filmentwicklung. Die Beschichtung der Reflektoren und das Material des Diffusors bei Flächenleuchten (Stoff, Plexiglas) und sogar die Veränderung der Abbrennzeit durch die Leistungsregelung können ebenfalls die Farbtemperatur beeinflussen. All diese Faktoren müssen für eine getreue und gleichbleibende, das heißt wiederholbare Farbwiedergabe durch Tests unter Berücksichtigung der gesamten Produktionskette ermittelt werden.

Die Blitzgeräte

In der professionellen Studiofotografie werden grundsätzlich zwei Arten von Blitzgeräten eingesetzt: Kompaktblitzgeräte und Generatoranlagen. Bei den Kompaktblitzgeräten ist der Generator im Lampengehäuse integriert. Bei Studioblitzanlagen sind Lampengehäuse und Generator getrennt, wobei normalerweise mehrere Lampen an einen Generator angeschlossen werden können. Die Gesamtleistung des Generators kann, je nach Gerät, auf alle angeschlossenen Blitzleuchten symmetrisch oder asymmetrisch verteilt werden. Die Anzahl der angeschlossenen Blitzleuchten und die Leistungsverteilung beeinflußt auch die Blitzdauer (Verkürzung der Leuchtzeit bei Leistungsverteilung). Die volle Leistung der Kompaktblitzgeräte von Multiblitz erreicht, je nach Ausführung, 200 bis 1500 Ws. Leistungsstärker präsentieren sich die Generatorblitzanlagen. Die volle Leistung eines Generators, an den mehrere Leuchten angeschlossen werden können, kann, je nach Typ, 1600 bis 6400 Ws erreichen.

Kenndaten der Blitzgeräte

Die technischen Daten sollen eigentlich die Leistung der Blitzgeräte möglichst genau und umfassend beschreiben. Groß ist jedoch die Begriffsverwirrung in der Praxis, wenn es darum geht, präzise und für den Fotoalltag relevante Leistungsdaten verschiedener Blitzgeräte zu ermitteln oder miteinander zu vergleichen. Die entsprechenden Begriffe wie Leitzahl, Wattsekunden oder Joule, die zu erwartende Blende in 2 Meter Blitzentfernung, Blitzdauer t 0,1 oder t 0,5, Ladezeit 70% oder 100%, sind physikalisch genau definiert. Doch die Prospekttexter setzen oft diese Termini unvollständig und mißverständlich ein. Um nur ein Beispiel zu nennen: Zwei verschiedene Blitzgerätehersteller geben die Ladezeit ihrer Geräte mit 2 Sekunden an, wobei der eine Hersteller die Ladezeit nach DIN meint (70 %), während der andere die Zeit für die vollständige Aufladung des Blitzkondensators angibt (100%). Stets gleichbleibende und wiederholbare Ergebnisse setzen jedoch die vollständige Aufladung des Kondensators voraus, so daß die tatsächliche Ladezeit des ersten Blitzgerätes 3, und nicht 2 Sekunden beträgt. Daher sollte vor dem

Vergleich der technischen Daten verschiedener Blitzgeräte Klarheit über die verwendeten Begriffe herrschen. Es ist auch wichtig zu wissen, daß Multiblitz für die eigenen Geräte nur Angaben macht, die praxisorientiert sind, und falls erforderlich, sogar von den entsprechenden DIN-Normen abweichen (beispielsweise bei der Ladezeit, die für 100% angegeben wird).

Leitzahl

Die Leitzahl gibt bei Aufsteck- und Stabblitzgeräten als rechnerisches Produkt aus Blendenwert und Entfernung vom Blitz zum Objekt einen Anhaltswert für die Blitzleistung (Leitzahl = Blende x Entfernung vom Blitz zum Objekt). Gleichzeitig ist die Leitzahl eine Rechenhilfe für Blitzaufnahmen, weil die erforderliche Blende durch folgende Formel auf einfache Weise errechnet werden kann: Blendenwert = Leitzahl : Entfernung vom Blitz zum Objekt. Doch die Leitzahlrechnung stimmt nur, wenn die Aufnahmerichtung und -entfernung mit der Blitzrichtung und -entfernung weitgehend übereinstimmt, die Blitzaufnahme in einem mittelgroßen Raum mit durchschnittlicher Reflexion erfolgt und vor allem, wenn die Lichtquelle im Verhältnis zur Blitzentfernung punktförmig ist. Nur unter diesen Voraussetzungen ist mit stets konstanten Ergebnissen zu rechnen. Die Ursache dafür ist in den Lambert'schen Gesetzen zu suchen. Nach dem sogenannten Quadratgesetz nimmt die Beleuchtungsstärke einer punktförmigen Lichtquelle mit dem Quadrat der Entfernung ab (Voraussetzung für die Konstanz der Beleuchtungsstärke). Das sogenannte Kosinusgesetz beschreibt die Abhängigkeit der Beleuchtungsstärke von der Entfernung der Lichtquelle zum Objekt und vom Einfallswinkel des Lichtes. Wenn also Aufnahme- und Blitzrichtung stark voneinander abweichen, stimmt die Leitzahl nicht mehr. Selbstverständlich gilt die Leitzahl nur für eine bestimmte Filmempfindlichkeit und für einen bestimmten Leuchtwinkel (die Leitzahlen werden üblicherweise bei ISO 100/21° und für Normalreflektor angegeben). Außerdem hat die Leitzahlangabe keine Gültigkeit im Nahbereich und bei Nachtaufnahmen.

Die Aufsteck- und Stabblitzgeräte sind punktförmige Lichtquellen (im Verhältnis zur Blitzentfernung) und der Blitzwinkel stimmt weitgehend mit dem Aufnahmewinkel überein, so daß die Leitzahlangabe dennoch einen groben Anhaltspunkt für die Leistung dieser Blitzgeräte liefert. Ganz anders die Studioblitzgeräte: Sie sind weder

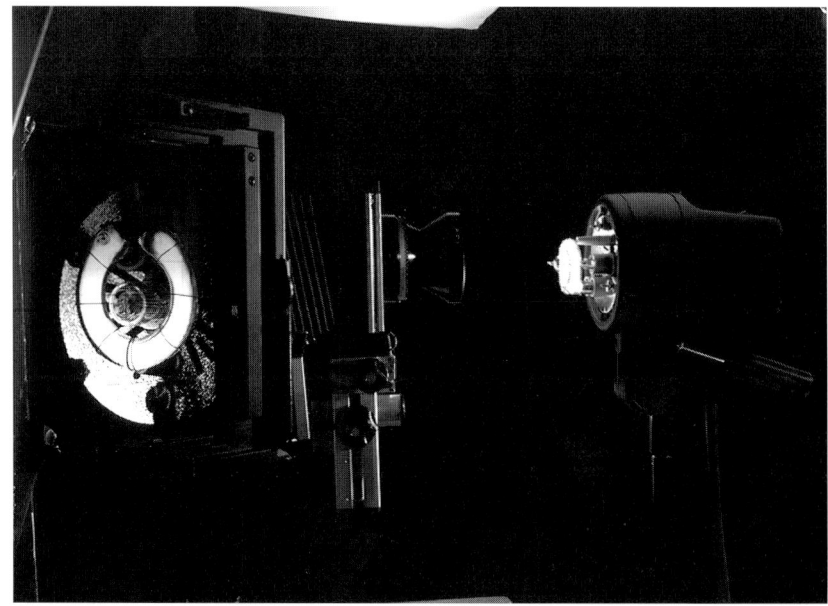

Ein Multiblitz-Leuchtenkopf als Gegenstand fotografischen Interesses
Foto: Image Design/Korten

punktförmige Lichtquellen, noch stimmt der Aufnahmewinkel mit dem Blitzlichtwinkel überein. Je nach Reflektor und Vorsatz, können die Studioblitzgeräte sogar größer als das Aufnahmeobjekt sein (zum Beispiel Flächenleuchten). Das wiederum bewirkt, daß die Beleuchtungsstärke nicht mit dem Quadrat der Entfernung abnimmt. Auch wird die Blitzrichtung nur in Ausnahmefällen mit der Aufnahmerichtung übereinstimmen. Wenn man all das berücksichtigt, wird sofort klar, daß die Leitzahl ungeeignet ist, die Leistung eines Studioblitzgerätes zu beschreiben. Die Leitzahl läßt sich auch nicht in Joule oder Wattsekunden direkt umrechnen.

Joule und Wattsekunden

Die Speicherkapazität eines Kondensators wird in Joule oder Wattsekunden angegeben. Beide Maßeinheiten sind identisch, also 1 J = 1 Ws. Fachautoren verwenden gerne die »modernere« Bezeichnung Joule, während die meisten Profifotografen die Bezeichnung Wattsekunde vorziehen. Da-

Studioblitzgeräte sind keine punktförmigen Lichtquellen und der Aufnahmewinkel stimmt nicht mit dem Leuchtwinkel überein. Daher ist die Angabe der Leitzahl ungeeignet, um die Leistung eines Studioblitzgerätes zu beschreiben

Profifotografen geben die Leistung der bei einer Aufnahme eingesetzten Studioblitzgeräte im Studioalltag in Wattsekunden an.

In Wirklichkeit bezieht sich die Angabe in Wattsekunden oder Joule auf die Speicherkapazität der Kondensatoren beziehungsweise auf die Leistung der Blitzgeneratoren, so daß man die tatsächlich abgestrahlte Lichtmenge daraus nicht ableiten kann

Das Resultat des nebenstehend gezeigten Studioaufbaus
Foto: Image Design/Korten

her entspricht die Bezeichnung Wattsekunde mehr dem praktischen Gebrauch in Fotostudios, so daß wir im vorliegenden Buch dem Rechnung tragen.

Ein Kondensator mit einem Speichervermögen von 600 J oder 600 Ws kann eine Lampe mit 600 Watt eine Sekunde lang mit Energie versorgen. Oder umgerechnet: Ein Blitzgenerator mit 600 Ws kann während 1/1000 Sekunde eine Lampe von 600000 Watt mit Energie speisen, also zum Leuchten bringen.

Die tatsächlich abgestrahlte Lichtmenge, die für die Belichtung wichtig ist, läßt sich von der Speicherkapazität eines Kondensators beziehungsweise eines Blitzgenerators eigentlich nicht ableiten. Unberücksichtigt bleiben nämlich viele leistungsvermindernde Faktoren, wie beispielsweise die Verluste bei der Umsetzung der elektrischen Energie in Licht oder schlecht aufeinander geeichte Blitzröhren und Reflektoren. Die Angaben in Wattsekunden oder Joule können nicht direkt in eine Leitzahl umgerechnet werden.

Blende in 2 m

Entscheidend für die Belichtung ist die Lichtmenge, die das Objekt beziehungsweise die Filmebene erreicht. Um dem Rechnung zu tragen, gibt Multiblitz für einige der eigenen Studioblitzgeräte die in 2 Meter Entfernung von der Lichtquelle zum Objekt zu erwartende Blende an. Der Vorteil dieser Angabe liegt darin, daß die tatsächlichen Energieverluste bereits berücksichtigt sind. Allerdings gilt die Angabe der in 2 Meter Blitzentfernung zu erwartenden Blende nur bei direkter Beleuchtung und für den Reflektor, bei dem sie gemessen wurde, und das ist üblicherweise der Standardreflektor. Somit ist die Blendenangabe eher für den Leistungsvergleich beim Kauf eines Studioblitzgerätes als für den Fotoalltag von Belang, weil die Profis im Studio überwiegend mit indirektem Licht (beispielsweise gegen einen Reflexschirm) und verschiedenen Reflektorenvorsätzen, wie Lichtwannen oder Abschirmklappen, arbeiten. Die Angabe der in 2 Meter zu erwartenden Blende ist außerdem auch kein Ersatz für die Blitzbelichtungsmessung.

Blitzdauer oder Leuchtzeit

Die Blitzdauer beziehungsweise die Blitzleuchtzeit ist von entscheidender Bedeutung für die scharfe Abbildung schneller Bewegungsabläufe, wie sie beispielsweise in der Modefotografie zum Fotoalltag gehören. Doch auch die Angaben über die Blitzdauer sind nicht immer einheitlich. Es ist immer darauf zu achten, ob die angegebene Blitzdauer sich auf t 0,5, t 0,3 oder t 0,1 bezieht.

Das ist folgendermaßen zu verstehen: Unmittelbar nach der Zündung erfolgt eine Blitzentladung von großer Intensität, die nach Erreichen des Maximalwertes zunehmend langsamer wieder gegen Null absinkt. Im Kurvenverlauf der Blitzentladung wird dies durch einen steilen Anstieg und einen zunehmend flacheren Abstieg der Kurve dargestellt. Als Blitzleuchtzeit t 0,5 wird nach den DIN- und ISO-Normen die Zeitspanne definiert, während der die Blitzintensität 50 Prozent ihres Maximalwertes überschreitet. Die Leuchtzeit nach t 0,5 wird auch als effektive Blitzdauer bezeichnet und ist in Prospekten und Datenblättern die am häufigsten gebrauchte Angabe. Doch die sogenannte Halbwertszeit hat einen Haken: Sie läßt etwa die Hälfte des abgestrahlten Blitzlichtes unberücksichtigt. Diese Lichtmenge wird aber bis zu einer Blitzintensität von etwa 20 bis 30 Prozent des Maximalwertes bei der Belichtung fotografisch wirksam, weil die synchronisierte Verschlußzeit normaler-

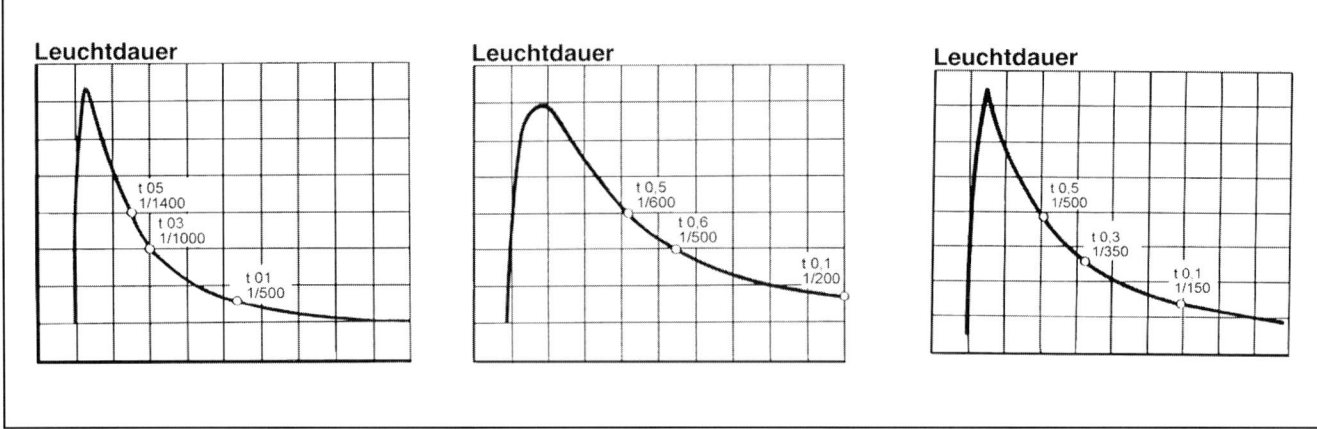

Minilite 200   Ministudio 252   Ministudio 402 und 802

weise länger als die effektive Blitzdauer ist. Das gilt es zu berücksichtigen, wenn schnelle Bewegungsabläufe scharf wiedergegeben werden sollen. So entspricht beispielsweise die Leuchtzeit 1/1000 Sekunde bei t 0,5 nicht der Verschlußzeit 1/1000 Sekunde, sondern, unter Berücksichtigung des noch belichtungswirksamen Blitzlichtes, etwa der Verschlußzeit 1/360 oder 1/250 Sekunde. Folglich kann man bei t 0,5=1/1000 Sekunde Bewegungen mit der gleichen Schärfe»einfrieren«, wie bei Dauerlicht mit der Verschlußzeit 1/360 oder 1/250 Sekunde und nicht, wie vielfach angenommen, wie mit der Verschlußzeit 1/1000 Sekunde.

Eine andere Möglichkeit, die Blitzdauer zu bestimmen, ist die Angabe der Leuchtzeit bei t 0,1. Die Leuchtzeit t 0,1 bezeichnet die Zeit, während der die Blitzintensität 10 Prozent ihres Maximalwertes überschreitet. Aber auch die Angabe t 0,1 ist mit Vorsicht zu genießen. Die Blitzintensität steigt bekanntlich in der ersten Phase sehr steil an und nimmt in der letzten Phase sehr stark ab. Dieser enorme Unterschied in der Blitzintensität hat zur Folge, daß ein Teil des Blitzlichtes eine zu geringe Intensität aufweist, um bei der Belichtung wirksam zu werden.

Halten wir nun beide Aspekte fest: Die Leuchtzeit t 0,5 läßt einen Teil des Blitzlichtes unberücksichtigt, der aber bei der Belichtung wirksam werden kann. Die Leuchtzeit t 0,1 berücksichtigt dagegen auch einen Teil des Blitzlichtes, der aufgrund seiner geringen Intensität bei der Belichtung aber nicht wirksam werden kann. Demnach wäre es nur folgerichtig, die Leuchtzeit bei etwa t 0,3 anzugeben, wie das in der Vergangenheit gelegentlich der Fall war (beispielsweise bei den Multiblitz Minilite 200). Die Leuchtzeit

t 0,3 bezeichnet die Zeit, während der die Blitzintensität 30 Prozent ihres Maximalwertes überschreitet und stellt einen praxisgerechten Kompromiß zwischen t 0,5 und t 0,1 dar. Leider hat sich diese Angabe aber nicht durchsetzen können.

Ladezeit

Kompaktblitzgeräte und Generatorenblitzanlagen werden bekanntlich von einem Generator mit Energie versorgt, der, vereinfacht ausgedrückt, aus mehreren Kondensatoren besteht. Die Kondensatoren werden mit einer großen Energiemenge vom Netz gespeist und können die gespeicherte Energie im Bruchteil einer Sekunde abgeben. Je nach Speicherkapazität der Kondensatoren und Leistungsfähigkeit des Netzes ist eine kürzere oder längere Zeit für die Aufladung der Kondensatoren erforderlich.

Die für die Aufladung eines »leeren« Kondensators erforderliche Zeit wird üblicherweise als Ladezeit bezeichnet. Nach geltenden DIN- und ISO-Normen kann jedoch die Blitzbereitschaft bereits bei 70 Prozent Aufladung angezeigt werden. Allerdings sind gleichbleibende und wiederholbare Ergebnisse nur bei vollständiger Aufladung des Kondensators zu erwarten, so daß Multiblitz die Ladezeit bei 100 Prozent Aufladung in den Datenblättern angibt. Daher ist es nur folgerichtig, wenn bei den Multiblitzgeräten auch die Blitzbereitschaft nur bei 100 Prozent Aufladung (entsprechend der jeweils eingestellten Leistungsstufe) optisch oder akustisch angezeigt wird.

Auf dem Kurvenverlauf der Blitzentladung bei einigen Multiblitz-Geräten sind die Meßpunkte für die Leuchtzeiten t 0,5, t 0,3 und t 0,1 abzulesen. Der Kurvenverlauf weist einen steilen Anstieg und einen zunehmend flacheren Abstieg auf

Bei den Multiblitzgeräten wird die Blitzbereitschaft nur bei 100% Aufladung optisch oder akustisch angezeigt

Die Multiblitz-Geräte

Die Bedienungselemente des Kompaktblitzgerätes Minilite 200

Professionelle Studiofotografie mit Kompaktblitzgeräten:
Die Mädchenaufnahme ist mit zwei Ministudio 402 und einem Ministudio 802 entstanden
Foto: Werbefotografie Haubold

Im Multiblitz-Programm findet der anspruchsvolle Fotograf Kompaktblitzgeräte mit Leistungen zwischen 200 und 1500 Wattsekunden sowie Generatorblitzanlagen mit Leistungen zwischen 1600 und 6400 Wattsekunden. Außerdem bietet Multiblitz jedes nur erdenkliche Zubehör, wie Softboxen, Spotleuchten, Großlichtwannen mit bis zu 25600 Ws, Stableuchten, verschiedene Reflektoren und Filter, Lampen- und Studiostative, Blitzbelichtungsmesser, Deckenschienensysteme und unzählige andere Zubehörteile. Multiblitz bietet somit ein komplettes Ausstattungspaket für das Fotostudio, und zwar vom kleinen Studio bis zum großen Profistudio. Die nach dem Baukastenprinzip konstru-

ierten Geräte lassen sich nach den individuellen Wünschen des Fotografen zu Anlagen zusammenstellen, mit denen jedes fotografische Sachgebiet erschlossen werden kann. Die Blitzgeräte sind praxisgerecht, robust und für den professionellen Studioeinsatz geschaffen.

Die Kompaktblitzgeräte

Die Kompaktblitzgeräte sind vollwertige Studioblitzgeräte, die sich in Punkto Lichtführung und teilweise auch in der Leistung von den stärkeren Studioblitzanlagen kaum unterscheiden. Und auch die sonstige Ausstattung muß den Vergleich zu den Generatorblitzanlagen nicht scheuen: Auslösung über Fotozelle, Synchronkabel oder Infrarot-Fernbedienung (ausgenommen Profilite und Minilite), optische und/oder akustische Abblitzkontrolle, proportionale oder unproportionale Einstellicht-Zuschaltung, verschiedene Reflektoren und Vorsätze, regelbare Blitzleistung.

Kompaktblitzgeräte sind sehr gut geeignet für den Einsatz in den Sachgebieten Porträt, Beauty, Mode, Akt, kleine bis mittelgroße Stills, Food, Close-up. Sie sind leicht, kompakt und einfach in der Handhabung. Darüber hinaus haben sie den Vorteil, daß sie in den speziellen Multiblitz-Koffern problemlos»on location« transportiert und praktisch an jede Steckdose angeschlossen werden können. Die Kompaktblitzgeräte sind somit eine ideale Lichtquelle auch für Innenarchitektur- und Industriefotografie.

Im Lieferprogramm von Multiblitz befinden sich hochwertige Kompaktblitzgeräte, wie Profilite Compact 300, Variolite Compact 300, 600 und 900 sowie Sudiolite Compact 500, 1000 und 1500. Die Geräte der Serien Minilite 200, Ministudio 252, 402 und 802 und neu dazugekommen das Ministudio 606.

Kompaktblitzgeräte sind in der professionellen Hochzeitsfotografie auch bei Außenaufnahmen ideal   *Foto: Stephen G. Milner/Ilford*

Minilite 200

Viele namhafte Fotografen haben ihre Kariere mit den Minilite-Geräten begonnen. Mit einer Leistung von 200 Ws ist das Kompaktblitzgerät Minilite 200 am unteren Rand des Multiblitz-Systems angesiedelt. Die Minilite 200-Geräte bieten bei einem attraktiven Preis-Leistungsverhältnis viele Vorteile moderner Studioblitzanlagen: Die Farbtemperatur von 5200 Kelvin bleibt während der gesamten Lebensdauer der Blitzröhre konstant. Das 50 W Halogeneinstellicht läßt sich proportional zum Blitzlicht einstellen. Die Leistung des Kompaktblitzgerätes Minilite 200 kann auf die Hälfte reduziert werden, wobei das Einstellicht proportional verringert oder, falls gewünscht, abgeschaltet

Der Reflexschirm PRORES ist innen weiß beschichtet, hat einen Durchmesser von 70 cm und kann zusammen mit dem Normalreflektor benutzt werden

Der Faltreflektor Multiflex 50 ist ideal für den Transport und für Aufnahmen außerhalb des Studios

Die starre Lichtwanne Multilite 40, hier mit Abschirmklappen abgebildet, ist gut geeignet für kleinere Stilleben

Das Wabenfilter ist mit einem Filterhalter ausgestattet, in dem Farbfilter für Effektlicht eingesetzt werden können

Der Alukoffer und sein Inhalt: Drei Minilite 200-Geräte mit Stativen, Reflektor, Schirm und Wabenvorsatz

werden kann. Die Blitzdauer bei t 0,3 beträgt bei voller Leistung 1/400 Sekunde und bei halber Leistung 1/600 Sekunde. Die Blitzfolge bei 100 Prozent Ladung ist mit 2,8 Sekunden bei voller Leistung und mit 1,9 Sekunden bei halber Leistung angegeben. Die Minilite 200-Geräte können an eine Netzspannung von 220 Volt angeschlossen werden (50-60 Hz). Ein Leuchtenkopf mit Schutzkappe und Kippgelenk wiegt 2 Kilogramm und mißt 23x10x15 Zentimeter. Die Zündung kann über die eingebaute Impulsfotozelle mit Richtkappe oder über ein Synchronkabel erfolgen. Handauslöser und Blitzbereitschaftsanzeige runden die Ausstattung des Minilite 200 ab.

Zum Minilite 200 System gehört auch umfangreiches Zubehör. Eine hohe Lichtausbeute wird mit dem Normalreflektor PRONOS erreicht, der einen Durchmesser von 16 Zentimeter und einen Ausleuchtwinkel

In die Tragetasche passen zwei Minilite 200-Geräte mit Schirmen, Reflektoren und Stativen

Was wie eine größere Aktentasche aussieht, verbirgt eine Minilite 200-Grundausrüstung, wobei sogar Aussparungen für Zubehör vorhanden sind

Robuste Einarmaufhängung mit kräftiger Bremse, Handgriff für die Geräteführung, Stativhülse für den schnellen Auf- und Abbau sowie ein Metall-Druckgußbajonett für die stabile Befestigung der Reflektoren

Für die Profilite Compact 300-Geräte sind faltbare Softboxen in verschiedenen Größen erhältlich. Sie lassen sich problemlos auf- und abbauen und und liefern eine gleichmäßige, weiche Beleuchtung

von 65° hat. Der silberfarbene Reflektor kann mit der Softscheibe PROSOF, dem Wabenfilter PROWAN und der Abschirmklappe PROKLA bestückt werden. Der weiß beschichtete Reflexschirm PRORES mit 70 Zentimeter Durchmesser kann in den Reflektor eingesteckt werden.

Die Faltreflektoren Multiflex sind zusammenlegbare Lichtwannen aus Stoff mit den Maßen 50x50 Zentimeter (PROFEX

50) beziehungsweise 75x75 (PROFEX 75). Beide Lichtwannen liefern ein weiches Licht und sind ideal für Porträt- und Sachaufnahmen auch außerhalb des Studios. Für den professionellen Einsatz im Studio ist die Lichtwanne Multilite 40 gedacht. Sie kann zusätzlich mit dem Wabenfilter PROWAL und der Abschirmklappe MULSAB-40 ausgestattet werden. Softboxen, Filterhalter, Lichttubus, Leuchtenstative im Tragebeutel, Koffer aus Kunststoff oder Aluminium für zwei oder drei Geräte sind weitere Zubehörteile aus dem Minilite 200 System.

Das Minilite 200 System ist hervorragend geeignet für kleine Fotostudios. Die Geräte samt Zubehör können auf engem Raum verstaut und bei Bedarf schnell aufgebaut werden. Die verschiedenen Reflektoren ermöglichen eine individuelle Lichtführung, die mit dem proportionalen Einstellicht genau überprüft werden kann.

Empfehlenswert ist der Kauf der Minilite 200-Geräte im Set mit Koffer und Zubehör. Besonders interessant ist die Variante LITKOM-3 im professionellen Alu-Koffer mit drei Minilite 200-Geräten (komplett), drei Klappstativen, zwei Normalreflektoren (silbern), einem Reflexschirm, einem Wabenfilter, einer Softscheibe und einem Synchronkabel. Mit dieser Grundausrüstung kann der Fotograf bereits in wichtigen Sachbereichen arbeiten, wie Porträt, Akt, Food, kleinere Stills und Close-up.

Profilite Compact 300

Profilite Compact 300 ist zweifelsohne eines der attraktivsten Kompaktblitzgeräte auf dem Markt. Es bietet zu einem moderaten Preis eine ganze Reihe technischer Ausstattungsmerkmale, die normalerweise nur wesentlich teureren Geräten vorbehalten bleiben. Bei der Entwicklung und Konstruktion des Profilite Compact 300 wurden die neuesten Erkenntnisse in der Studioblitztechnik berücksichtigt. Das Ergebnis ist ein praxisgerechtes Kompaktblitzgerät auf hohem technischen Niveau, das sowohl in der Konzeption als auch in der Ausführung die Liebe zum Detail verrät.

Das Profilite Compact 300 hat eine Leistung von 300 Ws, die sich stufenlos um vier Blendenstufen reduzieren läßt. Das bedeu-

Profilite Compact 300 ist eines der attraktivsten Kompaktblitzgeräte auf dem Markt mit einem hervorragenden Preis-Leistungsverhältnis

Die Leistung der Profilite Compact 300-Geräte läßt sich stufenlos um vier Blenden reduzieren

Die Bedienungselemente der Profilite Compact 300-Geräte. Ungewöhnlich in dieser Preisklasse ist die optische Abblitzkontrolle

Bild oben: Eine komplette Studiobeleuchtung im Schalenkoffer:
drei Profilite Compact 300 mit Reflektoren, Lichttubus mit Wabenfilter, Softbox Multiflex 75x75
sowie drei Stativen

Bild unten: Das Travel-Set beinhal-
tet die Grundausstattung mit zwei
Kompaktblitzgeräten, Reflektoren,
Schirmen und Stativen

tet, daß die Blitzenergie stufenlos zwischen 40 Ws und 300 Ws eingestellt werden kann. Das helle 200 W Halogeneinstellicht bleibt, falls gewünscht, selbstverständlich proportional zum Blitzlicht. Es kann aber auch unabhängig vom Blitzlicht auf 100% eingeschaltet werden, was zur besseren Scharfeinstellung oder zur Kontrolle der Schärfe und Schärfentiefe dient. Die Blitzdauer t 0,5 wird, je nach eingestellter Blitzleistung, mit 1/600 bis 1/900 Sekunde angegeben. Die Ladezeit beträgt bei voller Aufladung 0,7 Sekunden bei 1/8 Leistung und 2 Sekunden bei 1/1 Leistung. Die Profilite Compact 300 Geräte können je nach Ausführung an Netzspannungen von 220-240 Volt oder 110-127 Volt angeschlossen werden. Letzteres kann besonders beim Einsatz außerhalb des Studios hilfreich sein.

Eine sonst nur bei teureren Studioblitzgeräten vorhandene Funktion ist die optische Abblitzkontrolle, die auch auf größere Distanz die perfekte Funktion signalisiert. Das geschieht folgendermaßen: Wenn das Gerät einwandfrei abgeblitzt hat, erlischt das Halogeneinstellicht und bleibt bis zur Ladung des Kondensators auf die vorgewählte Leistung aus. Das Einstellicht schaltet sich wieder automatisch ein, wenn die vorgewählte Blitzenergie erreicht ist. Auf diese Weise kann der Fotograf feststellen, ob sämtliche eingesetzte Geräte einwandfrei mitgeblitzt haben. Außerdem wird dem Fotografen durch das Aufleuchten des Einstellichtes die Blitzbereitschaft angezeigt.

Zur weiteren Ausstattung des Profilite Compact 300 zählen auch die Fotozelle für kabelloses Auslösen, Synchronkabelanschluß, Blitzbereitschaftsanzeige und Handauslöser. Halogenlicht, Fotozelle, optische Abblitzkontrolle lassen sich selbstverständlich über die entsprechenden Schalter wahlweise ein- und ausschalten.

Mit 11,5x11,5x30 Zentimeter und einem Gewicht von nur 1,9 Kilogramm ist das Blitzgerät sehr kompakt und handlich. Die Einarmaufhängung (L-Bügel) mit kräftiger Bremse und Stativhülse ist praxisgerecht konstruiert, so daß sich das Gerät, auch dank eines breiten Handgriffs, schnell und einfach positionieren läßt. Das Reflektorbajonett ist aus einem sehr robusten Metalldruckguß hergestellt und garantiert auch bei großer Hitzeentwicklung perfekte Stabilität. Die Bedienung der einzelnen Funktionen über herkömmliche Tasten ist einfach und erschließt sich dem Fotografen auch ohne Lektüre der Bedienungsanleitung auf Anhieb. Durch das lichtformende Zubehör zu den Profilite Compact 300 Geräten ist professionelle Beleuchtungstechnik nun auch mit kleineren Kompaktblitzgeräten problemlos möglich. Die neuen Faltboxen Multiflex, Multirec und Multirip lassen sich schnell und einfach zu Lichtboxen aufbauen und bieten dem professionellen Anwender hohe Lichtausbeute und gleichmäßige Ausleuchtung. Ein hochwertiges Reflexmaterial und eine farbneutrale Leuchtfläche garantieren optimale Farbtemperatur. Das Leuchtfeld ist rechtwinklig und scharf abgegrenzt, so daß die Softboxen auch für Einspiegelungen in glänzenden Objektflächen gut geeignet sind. Die Faltboxen sind in vier Formaten erhältlich: 50x50 cm, 75x75 cm,

  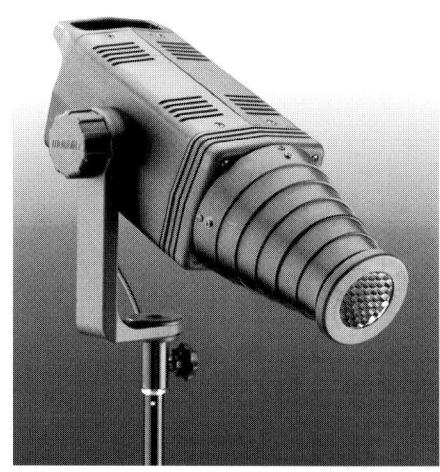

40x85 cm und 25x95 cm. Die Faltboxen erzeugen ein weiches, diffuses und flächig gleichmäßig verteiltes Licht. Eine vergleichbare Lichtcharakteristik hat auch die Lichtwanne COMMUL 50x50 cm, die zusätzlich mit Abschirmklappen und Wabenfilter ausgestattet werden kann. Für eine begrenzte, präzise Lichtführung steht das Wabenfilter PROWAN zur Verfügung. Wenn eine enge Lichtführung erforderlich ist, kann der Engstrahler COMBUS eingesetzt werden, der zusätzlich mit einem einsteckbaren Wabenfilter für eine noch engere Lichtbegrenzung bestückt werden kann.

Eine hohe Lichtausbeute ist mit dem Normalreflektor COMNOS zu erzielen, der bei einem Durchmesser von 16 Zentimeter einen Winkel von etwa 60° ausleuchtet. Passend dazu gibt es eine Abschirmklappe mit zwei Flügeln, die mit einer Magnethalterung für Farbfilter versehen ist. Speziell für die Anforderungen der Porträtfotografie wurde der Weichstrahler COMWEW entwickelt, der durch einen Gegenreflektor und seine weiße Reflexionsfläche eine vorteilhafte Wiedergabe der Hauttöne bewirkt. Ein wichtiger Bestandteil der Studiofotografie sind auch die verschiedenen Reflexschirme, die über einen Schutz- und Schirmreflektor befestigt werden können.

Die Profilite Compact 300 Geräte eignen sich hervorragend auch für den Einsatz außerhalb des Studios. Multiblitz bietet die Kompaktblitzgeräte und das Zubehör sowohl einzeln als auch in verschiedenen Sets, die praxisgerecht zusammengestellt sind. Das Studio-Luxus-Set beispielsweise besteht aus drei Profilite Compact 300 Geräten, drei Klappstativen, einem Normalreflektor, einer Softscheibe, einem Lichttubus mit Wabenfilter, einer Softbox Multiflex 75

sowie einem Synchronkabel. Geliefert wird das Set in einem stabilen Schalenkoffer, so daß es problemlos überall transportiert werden kann. Mit diesem Studio »aus dem Koffer« lassen sich bereits zahlreiche Aufnahmesituationen »on location« bewältigen. Die bevorzugten Einsatzgebiete für das Profilite Compact 300 System sind Porträt, Akt, Mode, Beauty, Food, Stillife.

Ministudio 606

Das neue Kompaktblitzgerät Ministudio 606 ersetzt eine ganze Geräteserie, nämlich die Ministudio 252, 402 und 802. Und es ist kein schlechter Ersatz. Denn es eröffnet zu einem moderaten Preis den Zugang zum eigentlichen Multiblitz-System. Das Bajonett ist identisch mit dem der Geräte Variolite, Studiolite und Magnolite. Dadurch kann das lichtformende Zubehör für diese Geräte auch für das Ministudio 606 verwendet werden.

Links: Die Faltreflektoren aus Stoff mit weißen Leuchtflächen und silberfarbenen Reflexflächen sind in mehreren Formaten erhältlich

Mitte: Der Normalreflektor mit 16 cm Durchmesser und einem Ausleuchtwinkel von 60° bietet die größte Lichtausbeute

Rechts: Der Lichttubus mit einsteckbarem Wabenfilter für eine eng begrenzte Lichtführung

Bei den Abmessungen von 15x15x37,5 cm würde man nicht vermuten, daß ein Ministudio 606 Gerät eine Blitzenergie von 600 Ws leisten kann

Das Ministudio 606 Comfort-Set
mit drei Kompaktblitzgeräten

Das Ministudio 606 Reportage-Set

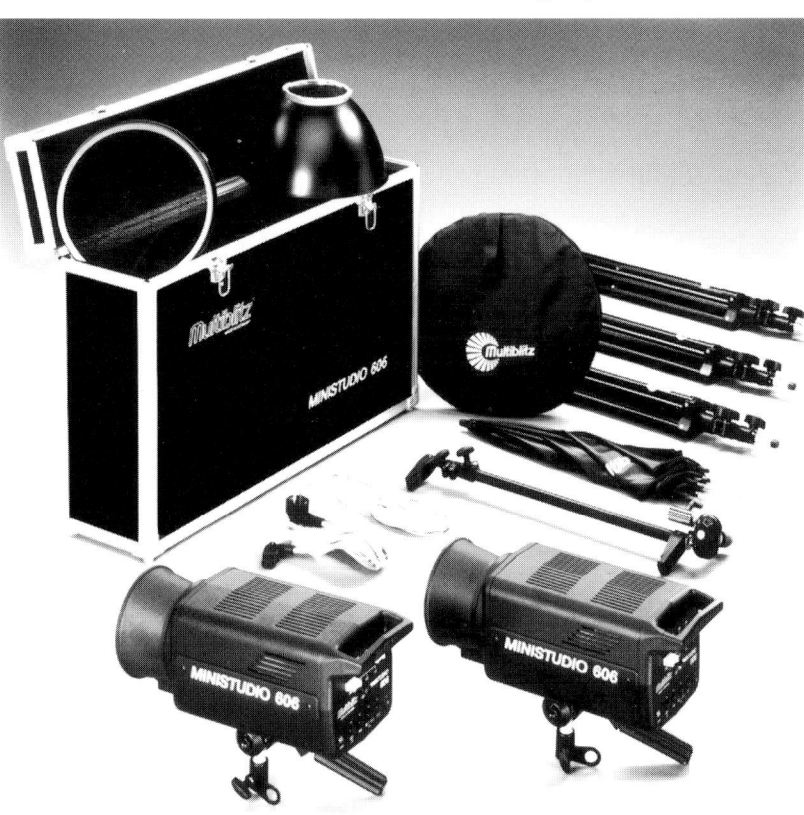

Metern zu erwartende Blende ist 45,3 (gemessen mit dem Normalreflektor RINOS-2 bei ISO 100/21°). Das Halogeneinstellicht wird von einer 150 Watt Halogenröhre mit Schraubgewinde E 27 geliefert. Das Halogeneinstellicht kann proportional oder unproportional zur Blitzenergie in einem Bereich von 40 bis 150 Watt geregelt werden. Das funktioniert folgendermaßen: An der Gehäuserückseite befinden sich zwei Schieberegler, einer für das Blitzlicht und einer für das Halogeneinstellicht. Wenn beide Schieberegler parallel verschoben werden, bleiben Blitzlicht und Halogeneinstellicht proportional. Beide Regler können aber auch unabhännig voneinander verschoben werden, so daß auch andere Proportionalitäten möglich sind. Das Halogeneinstellicht kann selbstverständlich auch ausgeschaltet werden.

Die bei t 0,5 gemessene Blitzdauer kann, je nach eingestellter Blitzenergie, zwischen 1/500 und 1/350 Sekunde variieren. Das Ministudio 606 kann je nach Ausführung an Netzspannungen von 220-240 V oder von 110-127 V angeschlossen werden. Die Blitzfolgezeit beträgt, je nach eingestellter Leistung, zwischen 0,8 und 2 Sekunden bei Anschluß an 220-240 V und zwischen 1 und 3 Sekunden bei Anschluß an schwächere Netzspannungen. Die Blitzbereitschaft wird bei hundertprozentiger Aufladung (der jeweils eingestellten Energie) angezeigt. Die Blitzbereitschaft wird durch Aufleuchten der Leuchtdiode über der Taste für Handauslösung (»Test«) angezeigt. Das Minilite 606 verfügt aber auch über eine abschaltbare Abblitzkontrolle, bei der das Einstellicht nach dem Abblitzen erlischt und erst bei Blitzbereitschaft wieder aufleuchtet. Dadurch kann auch auf die Entfernung festgestellt werden, ob alle Geräte ordnungsgemäß abgeblitzt haben und natürlich auch, ob sie blitzbereit sind. Beim Regeln der Blitzenergie von hoher auf niedrigere Leistung müssen die Geräte mit dem Handauslöser abgeblitzt werden, damit die überschüssige Energie abgebaut werden kann. Die folgende Aufladung erfolgt dann bis zur vorgewählen Energiestufe. Das Ministudio 606 ist durch einen Thermoschalter vor Überhitzung geschützt.

Die Ministudio 606 Geräte bestehen aus einem robusten Leichtmetallgehäuse und sind mit einem Gelenkneiger mit Stativhülse 5/8" und Feststellschraube ausgestattet.

Das Ministudio 606 hat eine maximale Blitzleistung von 600 Ws, die sich stufenlos um bis zu vier Blenden reduzieren läßt. Das bedeutet, daß ein Regelbereich von 80 bis 600 Ws zur Verfügung steht. Die in zwei

Das Ministudio Travel-Kit und was man damit machen kann ... Mit den zwei Geräten mit Reflexschirmen kann man zwar keine raffinierte Lichtführung realisieren, dafür aber eine gute und gleichmäßige Ausleuchtung verschiedener Motive »on location«

Mit dem drehbaren Griff am Neiger wird die Bremse für das Ausrichten der Geräte gelockert oder festgezogen. Ein großer, griffiger Gerätebügel erleichtert das Ausrichten der Kompaktblitzgeräte. Selbstverständlich sind die neuen Ministudio-Geräte mit Anschluß für Synchronkabel sowie mit einer abschaltbaren Fotozelle ausgestattet, die gleichzeitig als Infrarotempfänger fungiert. Das Ministudio 606 ist mit Abmessungen von 15x15x37,5 Zentimeter sehr kompakt für die relativ hohe Leistung und mit 3,7 Kilogramm recht leicht. Die kompakten und leichten Geräte sind auch für den Einsatz außerhalb des Studios ideal. Sie werden in verschiedenen, sinnvoll zusammengestellten Sets geliefert, wie zum Beispiel das Comfort-Set mit drei Geräten einschließlich Zubehör wie Softbox Multiflex 75, Lichttubus mit Wabenfilter, Reflexschirm usw. im Alukoffer, oder das Travel-Kit, bestehend aus zwei Geräten mit Reflexschirmen in einer kleinen Tragetasche.

Ministudio 252, 402 und 802

Die älteren Modelle der Ministudio-Reihe sind noch in vielen Studios täglich im Einsatz. Mit den Kompaktblitzgeräten der Ministudio-Serie steht dem Fotografen ein sinn-

In gleichgroßen Gehäusen sind drei Kompaktblitzgeräte mit unterschiedlicher Leistung untergebracht, nämlich 250, 400 und 800 Ws

voll abgestuftes System zur Verfügung, das der jeweiligen Aufnahmesituation angepaßt werden kann. Das Ministudio 252 liefert eine Blitzenergie von 250 Ws, das Ministudio 402 eine von 400 Ws und beim Ministudio 802 sind es bereits 800 Ws. Die Blitzleistung kann über drei Blenden stufenlos reduziert werden. Das entspricht einem Regelbereich von 30-250 Ws beim Ministudio 252, von 50-400 Ws beim Ministudio 402 und von 100-800 Ws beim Ministudio 802. Das Halogeneinstellicht ist proportional zum Blitzlicht und kann ebenfalls um bis zu drei Blenden stufenlos reduziert werden. Der Regelbereich reicht von 25-200 W beim Ministudio 252 und von 40-300 W beim Ministudio 402 und 802. Bei Einstellung auf 100 Prozent liefern alle drei Geräte 300 W, so daß die Schärfe und die Schärfentiefe auch bei Großformatkameras problemlos eingestellt und kontrolliert werden kann.

Die Blitzdauer t 0,5 beträgt, je nach eingestellter Leistung, zwischen 1/380-1/580 Sekunde beim Ministudio 252, zwischen 1/200-1/400 Sekunde beim Ministudio 402 und zwischen 1/250-1/500 Sekunde beim Ministudio 802. Die Blitzfolge bei Anschluß an ein 220-240 V Netz wird, je nach eingestellter Leistungsstufe, mit 0,8 bis 2,5 Sekunden beim Ministudio 252, mit 1,2 bis 2,9 Sekunden beim Ministudio 402 und mit 0,9 bis 2,6 Sekunden beim Ministudio 802 angegeben. Die Ministudio 252 und 402 können je nach Ausführung an ein 220-240 V Netz oder an ein 110-127 V Netz angeschlossen werden. Das Ministudio 802 ist

Weitwinkelreflektor mit silberner Reflexionsfläche für gleichmäßige Ausleuchtung aus kurzem Abstand

Die Abschirmklappen mit zwei Flügeln können an die Normalreflektoren RINOS-1 und RINOW-1 angebracht werden

Reflexschirm VARESmit einem Durchmesser von 80 cm und einer weißen Reflexionsfläche

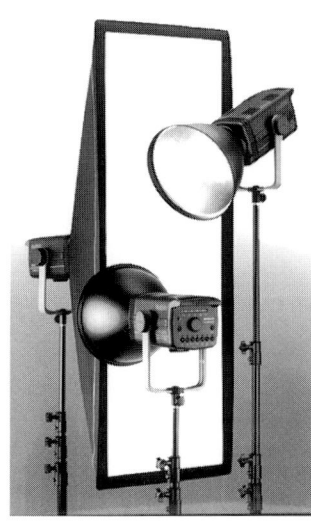

Das Metall-Druckgußbajonett der Variolite-Geräte ist voll kompatibel mit dem Zubehörprogramm für die Geräte Studiolite Compact oder Magnolite

Schon die Bedienungselemente vermitteln einen ersten Eindruck von der Vielseitigkeit der Variolite-Geräte: optische und akustische Abblitzkontrolle, Schnell- oder Langsamladung, Halogenlicht 100%, voll proportional oder reduziert um 1/2 beziehungsweise 1 Blende und einiges mehr

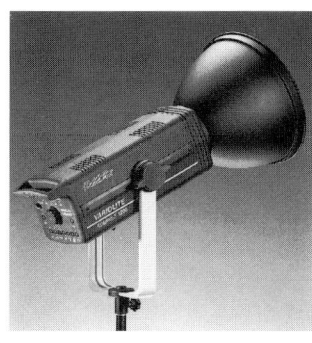

Das Variolite Compact 1200 hat eine Leitblende von 64,3 in 2 m Abstand (bei ISO 100/21° und mit Normalreflektor)

nur für den Betrieb an einer Netzspannung von 220-240 V geeignet. Die Geräte können über Infrarot-Empfänger, Fotozelle, Handauslöser oder Synchronkabel ausgelöst werden.

Das Gehäuse der drei Kompaktblitzgeräte ist gleich groß und mit 340x224x134 Millimeter recht kompakt. Das schwächere Gerät wiegt 2,6 Kilogramm, das mittlere 2,8 Kilogramm und das stärkere 3,2 Kilogramm. Die Ministudio-Geräte sind mit Kippgelenk, Handgriff und Schirmhalterung ausgestattet.

Über das großdimensionierte Bajonett können verschiedene Vorsätze für die Lichtformung angeschlossen werden, wie Normalreflektor, Weitwinkelreflektor, Abschirmklappen, Wabenfilter, Reflexschirme, Lichttubus für enge Lichtführung, Lichtwanne und Softboxen für weiches, diffuses Licht und vieles mehr. Damit können die meisten Aufnahmesituationen in den Sachgebieten Akt, Porträt, Mode, Beauty, Food, Stillife gemeistert werden. Die Ministudio-Geräte sind aber auch für den Einsatz außerhalb des Studios geeignet.

Die Ministudio 252, 402 und 802 werden in Sets zu je drei Geräten gleicher Leistung samt Zubehör im Alukoffer angeboten, so daß der Fotograf, je nach Größe des Studios und Budget, die geeignete Kompaktblitzanlage auswählen kann. Die Grundausstattung, wie das komplette Ministudio 252 kann jederzeit mit einem Ministudio 402 oder 802 als Hauptlicht erweitert werden. Das ist in der Handhabung unproblematisch, weil die Bedienungselemente bei den drei verschiedenen Ministudiogeräten identisch sind.

Variolite Compact 300, 600, 900 und 1200

Das neue Variolite Compact System ist Bestandteil eines durchdachten Studiolichtkonzeptes. Die Blitzgeräte Variolite Compact 300, 600, 900 und 1200 sind kompatibel mit den Studiolite Compact Geräten und dem Leuchtenbajonett für die Magnolite Generatoren. Im Mittelpunkt des Systems stehen drei Kompaktblitzgeräte unterschiedlicher Leistung, die mit vielen technischen Raffinessen ausgestattet sind. Als Basisgerät gilt das Variolite Compact 600 mit einer Maximalleistung von 620 Ws, das flankiert wird vom Variolite Compact 300

Für diese Aufnahme (Original in Farbe) wurden fünf Variolite-Geräte eingesetzt, vier davon mit Softboxen und eins davon mit Normalreflektor und Farbfilterfolie bestückt *Foto: Werbefotografie Haubold*

mit einer Leistung von 310 Ws sowie vom Variolite Compact 900 mit einer Leistung von 930 Ws und dem Variolite Compact 1200 mit einer Leistung von 1230 Ws. Die Leistung ist so abgestuft, daß der Fotograf, je nach Einsatzgebiet und Anspruch, die passenden Geräte auswählen kann. Bei den vier Variolite-Geräten läßt sich die Leistung in einem Bereich von 5 Blenden in Drittelstufen regulieren, wobei eine grüne Leuchtdiodenkette den eingestellten Bereich anzeigt. Der effektive Regelbereich für das Blitzlicht wird von Multiblitz wie folgt angegeben: 20-300 Ws beim Variolite Compact 300, 40-600 Ws beim Variolite Compact 600, 50-900 Ws beim Variolite Compact 900 und 80-1200 Ws beim Variolite Compact 1200. Das Halogeneinstellicht ist proportional zum Blitzlicht. Der Einstellbereich bei Anschluß an ein 220 V Netz liegt zwischen 10 und 200 W beim Variolite Compact 300, zwischen 20 und 400 W beim Variolite Compact 600 sowie zwischen 30 und 600 W beim Variolite Compact 900 und 1200. Eine Reduzierung des Einstellichtes zur Anpassung an andere Proportionalitäten ist ebenfalls möglich. Bei Einstellung auf 100 Prozent und Anschluß an ein 220-240 V Netz erhöht sich die Leistung des Halogenlichtes auf 300 W beim Variolite Compact 300 beziehungsweise auf 650 W bei den Geräten Variolite 600, 900 und 1200. In den Variolite-Geräten ist ein zweistufiger Ventilator eingebaut, der auch bei Dauerein-

Als »leichte Alternative« bietet Multiblitz zwei Variolite-Geräte, zwei Reflektoren und zwei Reflexschirme im stabilen Reisekoffer

satz dafür sorgt, daß die Betriebstemperatur im Bereich des Normalen bleibt.

Die Blitzdauer t 0,5 beträgt, je nach eingestellter Leistung, zwischen 1/250 und 1/500 Sekunde beim Variolite Compact 300, zwischen 1/500 und 1/1300 Sekunde beim Variolite Compact 600 und zwischen 1/500 und 1/1400 Sekunde beim Variolite Compact 900 sowie zwischen 1/400 und

Für Autoreisen »on location« ist der stabile Alukoffer ideal, weil er die Grundausrüstung eines Studios aufnimmt, wie beispielsweise drei Variolite-Geräte, drei Klappstative, Reflektoren, Schirme, eine Softbox, Lichttubus mit Wabenfilter

1/1000 Sekunde beim Variolite Compact 1200. Das Laden kann von schnell auf langsam umgeschaltet werden, so daß die leistungsstärkeren Geräte auch an schwache Netze angeschlossen werden können. Die Ladezeit bei schnellem Laden und Netzspannung von 220-240 Volt beträgt, je nach Blitzleistung, zwischen 0,4 und 1,5 Sekunden beim Variolite Compact 300, zwischen 0,3 und 0,9 Sekunden beim Variolite Com-

pact 600 und zwischen 0,4 und 1,3 Sekunden beim Variolite Compact 900 und zwischen 0,5 und 1,6 Sekunden beim 1200. Beim langsamen Laden beträgt die Blitzfolgezeit zwischen 1 und 2,2 Sekunden beim Variolite Compact 300, zwischen 0,6 und 1,6 Sekunden beim Variolite Compact 600 und zwischen 0,6 und 2,5 Sekunden beim Variolite Compact 900 und zwischen 0,8 und 3,2 Sekunden beim Variolite Compact 1200. Wenn die Variolite Compact Geräte von hoher auf verminderte Energie umgeschaltet werden, wird die überschüssige Energie sofort automatisch abgebaut, ohne daß abgeblitzt werden muß. Die Blitzbereitschaft wird optisch und akustisch angezeigt, wobei beide Signale einzeln oder zusammen geschaltet werden können. Selbstverständlich sind aber beide Funktionen auch abschaltbar. Die Variolite-Geräte können über Synchronkabel oder über eine infrarottaugliche Fotozelle ausgelöst werden.

Das Variolite Compact 1200 ist 15x15x48 cm groß und wiegt 5,2 kg. Die drei anderen Geräte sind gleich groß (15x15x41 cm), bringen aber unterschiedliche Gewichte auf die Waage. Das schwächere Gerät wiegt 3,8, das mittlere 4,4 und das stärkere 4,8 Kilogramm. Die Variolite-Geräte sind mit einem großen Handgriff und einem massiven U-Bügel mit Bremse und Stativhülse ausgestattet. Das erleichtert den Auf- und Abbau sowie das Ausrichten der Kompaktblitzgeräte.

Das Variolite-System ist durch die Abstufung der Geräte und durch das reichhaltige Zubehör sehr vielseitig. Selbstverständlich gibt es zu den Variolite-Geräten verschiedene Reflektoren, Klappenvorsätze, Wa- benfilter, Effektvorsätze, Reflexschirme, Weichstrahler mit Gegenreflektor oder Lichtwannen. Die höchste Lichtausbeute wird mit dem Engstrahl-Reflektor bei einem Abstrahlwinkel von 35° erreicht: Blende 64 mit Variolite Compact 600 beziehungsweise Blende 45 mit dem Variolite 300 (in 2 Meter Abstand bei ISO 100/21°). Wenn aber ein weiches Licht mit breitflächigen Reflexen und hoher Farbintensität gewünscht wird, dann sind die neuen textilen Softboxen erste Wahl. Die Softboxen sind leicht und können platzsparend transportiert oder verstaut werden. Multiblitz bietet quadratische, rechteckige oder striplineförmige Softboxen an. Eine schwarze Umrandung sorgt für genau begrenzte Kanten, so daß die Softboxen einwandfrei in die Objektoberfläche eingespie-

Die Innenbeschichtung des Normalreflektors kann wahlweise weiß oder silbern sein

Der Engstrahler sorgt auch bei großer Leuchtdistanz für eine sehr hohe Lichtausbeute

Der Weitwinkelreflektor ist für eine gleichmäßige Ausleuchtung aus kurzer Distanz gut geeignet

Der Weichstrahler macht durch den Gegenreflektor das Licht weicher und mildert die Kontraste

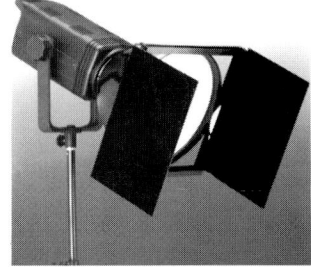

Die Klappenvorsätze sind mit einem Einschub ausgestattet, der Waben- und Farbfilter aufnimmt

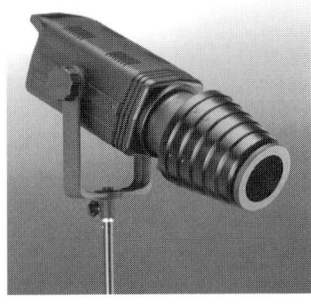

Wabenvorsätze, die es in mehreren Ausführungen gibt, verhindern die Lichtstreuung nach außen (oben). Der konische Tubus mit Wabenvorsatz engt den Lichtkegel ein und wird als Effektlicht eingesetzt (unten)

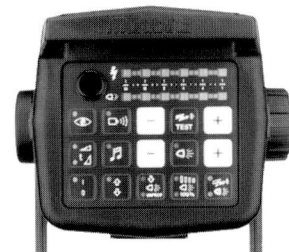

Das Kontroll- und Steuerzentrum der Studiolite-Geräte besteht aus einer strapazierfähigen Folientastatur, die mit Leuchtdioden und Piktogrammen ausgestattet, über alle Einstellungen gut übersichtlich informiert

Die Studiolite-Geräte verkörpern eine neue Generation von Kompaktblitzgeräten, die von Mikroprozessoren sehr genau gesteuert werden. Die Elektronik ist in einem stabilen Leichtmetall-Gehäuse untergebracht und von einem drehzahlgeregelten, leistungsstarken Ventilator gekühlt

gelt werden können. Außerdem sind alle Anschlußbajonette um 360° drehbar, was die genaue Ausrichtung der Softboxen enorm erleichtert. Die Variolite-Geräte sind für die meisten Aufgaben in der Studiofotografie hervorragend geeignet. Industrie, Porträt, Stillife, Food, Akt, Mode oder Beauty sind Aufnahmegebiete, in denen sich mit dem Variolite-System problemlos arbeiten läßt. Die Variolite Compact 600, 900 und 1200 können als Hauptlicht eingesetzt werden. Das Variolite Compact 300 ist leicht zu transportieren und kann bei Aufnahmen außerhalb des Studios auch an schwache Netze angeschlossen werden.

Studiolite Compact 500, 1000 und 1500

Die Studiolite Compact Geräte sind für den professionellen Einsatz konzipiert und lassen sich sowohl in punkto Ausstattung als auch in punkto Leistung mit generatorenbetriebenen Studioblitzanlagen vergleichen. Die wesentlichen Funktionen werden von einem Mikroprozessor der neuesten Generation gesteuert. Das Kontroll- und Steuerzentrum der Studiolite-Geräte befindet sich auf der Gehäuse-Rückseite und besteht aus einer strapazierfähigen Folientastatur, die mit Leuchtdioden und Piktogrammen ausgestattet, über alle Einstellungen übersichtlich informiert. Zwei Leuchtdiodenketten zeigen die jeweils eingestellte Leistungsstufe für das Blitzlicht und das Halogeneinstellicht. Sämtliche Werte können auch über eine Infrarot-Fernbedienung eingestellt werden. Die Funktionen können praktisch vom Kamerastandpunkt aus über sieben Kanäle gesteuert werden. Sogar Mehrfachbelichtungen lassen sich über die Infrarot-Fernbedienung vorprogrammieren. An die Kamera angeschlossen, funktioniert die Infrarot-Fernbedienung als kabelloser Fernauslöser. Ein elektronischer Speicher sichert alle zuletzt eingestellten Werte.

Die Leistungsabstufung der Kompaktblitzgeräte ist auf die Erfordernisse in der Porträt-, Werbe- und Industriefotografie abgestimmt. Das Studiolite Compact 500 hat eine Blitzenergie von 500 Ws, das Studiolite Compact 1000 eine Blitzenergie von 1000 Ws und das Studiolite Compact 1500 eine Blitzenergie von 1500 Ws. Die Blitzlei-

Die leistungsstarken Studiolite-Geräte können sowohl an Deckenschienensystemen als auch an Leuchtenstativen befestigt werden

Die Studiolite-Geräte sind durchdacht, robust und für höchste Ansprüche in der professionellen Studiofotografie konzipiert

stung kann über 6 Blenden in Drittelstufen eingestellt werden. Somit steht beim Studiolite Compact 500 ein Bereich von 20-500 Ws, beim Studiolite Compact 1000 ein Bereich von 35-1000 Ws und beim Studiolite Compact 1500 ein Bereich von 50-1500 Ws zur Verfügung. Das Halogeneinstellicht kann wahlweise proportional oder unproportional zum Blitzlicht eingestellt werden. Das Halogenlicht kann aber auch an andere Proportionalitäten angepaßt werden, so daß die Kompatibilität zu anderen Blitzgeräten hergestellt werden kann. Bei Anschluß an eine Netzspannung von 220-240 V ergibt sich folgender Regelbereich für das Halogeneinstellicht: 10-200 W beim schwächeren Gerät, 20-400 W beim mittleren und 30-600 W beim stärkeren Gerät. Bei Einstellung auf 100% liefert das Studiolite Compact 500 ein Halogenlicht von 300 W, während die Studiolite Compact 1000 und 1500 eine Halogenleistung von jeweils 650 W bieten. Das helle Einstellicht erleichtert die Scharfeinstellung und die Kontrolle der Schärfentiefe auf der Mattscheibe der Fachkameras.

Die drei Geräte lassen sich je nach Ausführung an Netzspannungen von 220-240 V beziehungsweise von 110-127 V anschließen. Damit die Studiolite Compact Geräte auch an leistungsschwächeren Netzen betrieben werden können, läßt sich die Ladezeit von schnell

Mit der neuen Infrarot-Fernbedienung können auch an den Studiolite-Geräten die Funktionen vom Kamerastandpunkt aus über sieben Kanäle eingestellt werden. Das ist besonders wichtig, wenn mehere Geräte an Deckenschienen befestigt sind und einzeln geregelt werden müssen

auf langsam per Tastendruck umschalten. Bei Anschluß an eine Netzspannung 220-240 V und bei eingestellter Schnelladung ist die Ladezeit sehr kurz. Die Blitzfolge beträgt, je nach Leistungsstufe, zwischen 0,5 und 1,6 Sekunden beim Studiolite Compact 500 und 1000, sowie zwischen 0,6 und 2 Sekunden beim Studiolite Compact 1500. Die Blitzdauer t 0,5 ist bei allen drei Geräten

ten ebenfalls sehr kurz. Je nach eingestellter Leistung, variiert sie zwischen 1/500 und 1/1600 Sekunde beim Studiolite Compact 500, zwischen 1/500 und 1/1500 Sekunde beim Studiolite Compact 1000 und zwischen 1/300 und 1/1100 Sekunde beim Studiolite Compact 1500.

Die Studiolite Compact Geräte verfügen aber auch über weitere professionelle Ausstattungsmerkmale, wie optische Abblitzkontrolle, Shift-Taste für Sonderfunktionen oder Abblitzautomatik bei Reduzierung der Leistung.

Die optische Abblitzkontrolle zeigt dem Fotografen auch auf die Entfernung an, ob alle Blitzgeräte abgeblitzt haben. Wenn das Studiolite-Gerät einwandfrei abgeblitzt hat, erlischt das Halogeneinstellicht und bleibt bis zur Aufladung auf die vorgewählte Energiestufe aus.

Mit der Shift-Taste für Sonderfunktionen kann das Halogeneinstellicht der Studiolite-Geräte an Blitzgeräte angepaßt werden, die ein anderes Verhältnis von Blitz- und Einstellicht haben. Das Einstellicht der Geräte 500 und 1000 ist bereits vom Werk aus so reduziert, daß die Proportionalität innerhalb des Studiolite-Systems hergestellt ist.

Wenn die Leistung der Studiolite-Geräte von einer hohen auf eine niedrigere Stufe reduziert wird, wird die in den Kondensatoren gespeicherte überschüssige Energie automatisch abgeblitzt. Falls die Abblitzautomatik abgeschaltet ist, leuchtet die obere LED-Kette rot auf und signalisiert somit die überschüssige Energie, die nun manuell abgeblitzt werden muß. Wird die vorgewählte

Die Zusammenstellung der Multiblitz-Koffersets erfolgt nach professionellen Gesichtspunkten. Die Studiolite-Geräte können in den Koffern nicht nur transportiert, sondern auch platzsparend und staubgeschützt verstaut werden

Der Klappenvorsatz läßt sich drehen und mit Filtern und Wabeneinsätzen bestücken

Der Wabenvorsatz läßt das Licht nur geradlinig austreten und hält Streulicht zurück

Energiestufe erreicht, leuchtet die LED-Kette wieder grün auf.

Die Studiolite-Geräte sind in einem Metallgehäuse untergebracht und mit einem starken, drehzahlgeregelten Ventilator ausgerüstet, der lange Betriebszeiten ohne Unterbrechung ermöglicht. Zur weiteren Ausstattung der Studiolite-Geräte gehört ein stabiler U-Bügel mit Bremse und Stativhülse sowie ein ergonomischer Handgriff. Die drei Geräte haben die gleiche Länge und Breite (15x15 Zentimeter), sie unterscheiden sich aber in Tiefe und Gewicht. Das Studiolite Compact 500 ist 44 Zentimeter tief und wiegt 4,7 Kilogramm. Die leistungsstärkeren Geräte sind 48 beziehungsweise 52 Zentimeter tief und wiegen 5,5 beziehungsweise 6 Kilogramm.

An das Druckgußbajonett können zahlreiche Vorsätze angeschlossen werden, darunter Standard- und Weitwinkelreflektoren, Weichstrahler mit Gegenreflektor, Engstrahler für höchste Lichtausbeute auch über größere Entfernung, Lichtwannen, Softboxen, Striplites, Reflexschirme, Wabenfilter, Tubus mit Wabeneinsatz für enge Lichtfüh-

rung, Klappenvorsätze. Die Studiolite-Geräte können in praxisgerecht zusammengesetzten Sets oder einzeln gekauft werden.

Die Kompaktblitzgeräte Sudiolite Compact 500, 1000 und 1500 ermöglichen eine professionelle Arbeitsweise und es gibt, von größeren Objekten abgesehen (zum Beispiel Autofotografie), kaum eine Aufnahmesituation, die man mit diesen Lichtquellen nicht meistern kann. Die Studiolite-Geräte sind hervorragend geeignet für die Sachgebiete Porträt, Werbung, Akt, Mode, Beauty, Stillife, Food, Innenaufnahmen, Industriefotografie.

Generatorblitzanlagen

Die Generatorblitzanlagen sind leistungsstarke Geräte, die aus einem Leuchtenkopf und einem separaten Generator bestehen. Die Blitzleistung der Multiblitz-Generatoren

Die drei verschiedenen Studiolite-Geräte sind mit Leistungen von 500, 1000 und 1500 Ws gut abgestuft und können problemlos miteinander kombiniert werden, wobei sich die leistungsstärkeren Geräte auch als Führungslicht eignen

Wenn große Lichtwannen oder leistungsstarke Leuchtenköpfe mit Energie gespeist werden müssen, dann sind Generatoren unentbehrlich. Multiblitz bietet Generatoren mit Leistungen zwischen 1600 und 6400 Ws an. Die auf dem Bild sichtbare Studioeinrichtung stammt übrigens vollständig aus dem Multiblitz-Programm

reicht von 1600 bis 6400 Ws. An einen Generator können mehrere Leuchtenköpfe angeschlossen werden (ausgenommen das Variolite 1600).

Mit den Generatorblitzanlagen können groß-flächige Arrangements und große Objekte, wie Autos, perfekt ausgeleuchtet werden. Außerdem bieten Generatoren dem Fotografen erst die Möglichkeit, spezielle Leuchten, wie Effektscheinwerfer oder Großflächenleuchten einzusetzen.

Variolite-Generator 1600

Beim Variolite-Generator 1600 handelt es sich um ein nicht mehr produziertes Modell, das aber in vielen Studios noch im täglichen Einsatz ist. Der Generator ist zwar nur mit einem Leuchtenanschluß ausgestattet, doch es können alle Spezialleuchten angeschlossen werden, die sonst nur mit wesentlich teureren Generatoren betrieben werden könnten, wie beispielsweise Stufenlinsenspots, Projektionsspots oder Großflächenleuchten.

Der Variolite-Generator 1600 liefert eine Blitzenergie von 1600 Ws, die im Bereich von vier Blenden stufenlos reduziert werden kann. Somit steht dem Fotografen eine stufenlos einstellbare Blitzenergie von 200 bis 1600 Ws zur Verfügung.

Das Halogeneinstellicht ist proportional zum Blitzlicht und kann, je nach angeschlossener Leuchte, bis zu 650 W erreichen. Das Einstellicht ist auch separat schaltbar.

Die Blitzdauer ist ebenfalls abhängig von der angeschlossenen Leuchte. Bei Anschluß an eine Netzspannung von 220-240 V beträgt die Ladezeit, je nach eingestellter Leistung, zwischen 1 Sekunde und 2,9 Sekunden.

Die Blitzauslösung kann über IR-Fernauslöser, Fotozelle, Synchronkabel oder Handauslöser erfolgen. Der Generator ist außerdem mit optischer Abblitzkontrolle, akustischer Bereitschaftsanzeige und Umschaltmöglichkeit von Schnell- auf Langsamladung ausgestattet.

Der 6,8 Kilogramm schwere Generator ist in einem ventilatorgekühlten Metallgehäuse untergebracht. Durch eine spezielle Halterung ist es möglich, den Variolite-Generator 1600 waagerecht oder senkrecht an jedes Studiostativ zu montieren.

Magnolite 16, 32 und 64

Die Magnolite-Generatoren stellen sozusagen die Leistungsspitze des Multiblitz-Systems dar. Die Generatoren sind für den

Drei Multiblitz-Generatoren der Spitzenklasse: Magnolite 16, Magnolite 32 und Magnolite 64

professionellen Einsatz in großen Studios konzipiert. Das robuste Gehäuse aus kratzfestem Kunststoff ist mechanisch und elektrisch absolut sicher. Die Einstellungen können über eine Folientastatur mit Licht-

Die Magnolite-Generatoren sind für den professionellen Einsatz in großen Fotostudios konzipiert und können Blitzleuchten oder Großlichtwannen mit großen Energiemengen versorgen

Die Blitzleuchten des Magnolite-Systems sind mit Kühlgebläse, Thermosicherung, griffigem Gelenkknebel, Ein/Aus-Schalter, Druckgußmetallbajonett und Bajonettsicherung ausgestattet und können mit zahlreichen Reflektoren bestückt werden. An jeden Generator können bis zu drei Leuchten angeschlossen werden

und Tonkontrolle eingegeben werden. Jeder Generator ist mit drei Leuchtenanschlüssen ausgestattet, die mit einer roten Schutzklappe mit Sicherheitsautomatik abgedeckt sind. Wenn die Schutzklappe zum Einstecken oder Herausnehmen der Leuchtenstecker ange-

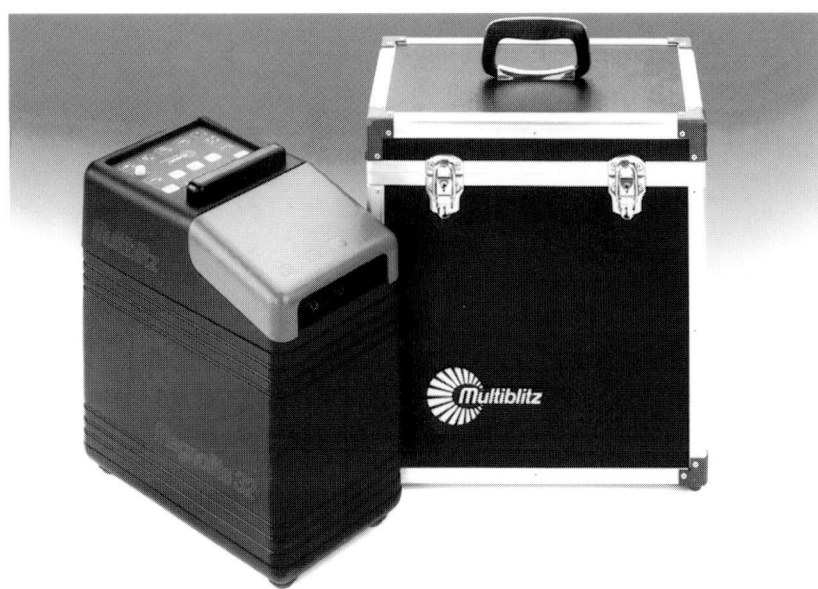

Die Generatoren Magnolite 32 sind mit 3200 Ws leistungsstark und dennoch kompakt, so daß sie auch außerhalb des Studios eingesetzt werden können. Im stabilen Alukoffer kann man die Generatoren im Auto oder im Flugzeug problemlos transportieren

Mit den Generatoren Magnolite 16 kann eine Blitzdauer von bis zu 1/2000 Sekunde erreicht werden, was vor allem für Mode- und Actionaufnahmen wichtig ist

Die Generatoren Magnolite 32 sind in zwei Ausführungen erhältlich. Bei der S-Ausführung wird die Blitzfolgezeit auf 1-2 Sekunden reduziert

hoben wird, werden die Generatoren automatisch abgeblitzt und stromlos geschaltet.

Die Leistung der Generatoren kann sich wahrlich sehen lassen: Magnolite 16 und 16 S liefern eine Blitzenergie von 1600 Ws, Magnolite 32 und 32 S eine Blitzenergie von 3200 Ws und das leistungsstärkste Gerät der Serie, Magnolite 64, liefert sogar 6400 Ws. Die Blitzenergie läßt sich über 4 Blenden in Drittelstufen reduzieren. Folgende Leistungsbereiche stehen somit zur Verfügung: 200-1600 Ws beim Magnolite 16 und 16 S, 400-3200 Ws beim Magnolite 32 und 32 S sowie 800-6400 Ws beim Magnolite 64. Das Halogeneinstellicht läßt sich selbstverständlich proportional zum Blitzlicht schalten. Bei Einstellung auf 100 Prozent leuchtet das Halogenlicht mit maximal 650 W. Die Blitzdauer t 0,5 variiert, je nach eingestellter Leistung, zwischen 1/1000 und 1/2000 Sekunde bei den Magnolite 16 und 16 S, zwischen 1/300 und 1/650 Sekunde bei den Magnolite 32 und 32 S, sowie zwischen 1/200 und 1/400 Sekunde beim Magnolite 64. Die Ladung kann von schnell auf langsam umgeschaltet werden. Die Blitzfolge bei Schnelladung und 100 Prozent der eingestellten Leistung sowie Anschluß an eine Netzspannung von 220-240 V beträgt zwischen 1,4 und 2,8 Sekunden beim Magnolite 16, zwischen 1,7 und 3,9 Sekunden beim Magnolite 32 und zwischen 1,9 und 5,8 Sekunden beim Magnolite 64. Die Generatoren Magnolite 16 S und 32 S sind Sonderausführungen für kurze Blitzfolgezeiten, die beim Magnolite 16 S auf 0,9-1,9 Sekunden und beim Magnolite 32 S auf 1,1-2,1 Sekunden reduziert werden.

Die kurze Blitzdauer und die schnelle Ladezeit machen den Magnolite 16 und vor allem den Magnolite 16 S zur optimalen Lichtquelle für Mode- und Actionfotografie. Die Generatoren Magnolite 32 und 32 S sind für größere Stilleben, Werbung und Industriefotografie hervorragend geeignet. Magnolite 6400 ist der ideale Generator für den Betrieb von großen Lichtwannen.

Die Lichtverteilung an den drei Leuchtenanschlüssen ist bei den Generatoren Magnolite 16, 16 S, 32 und 32 S symmetrisch. Das bedeutet, daß die eingestellte Leistung zu gleichen Teilen auf alle angeschlossenen Leuchten verteilt wird. Das Einstellicht bleibt dabei proportional. Beim Generator Magnolite 6400 kann die Leistung sowohl symmetrisch als auch asymmetrisch auf die ange-

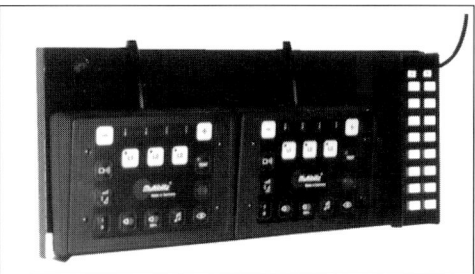

Mit der Kabelfernbedienung können alle Funktionen der Magnolite-Generatoren aus der Entfernung eingestellt werden. Durch Kabellängen von bis zu 50 Meter können auch an Deckenschienensystemen befestigte Generatoren bedient werden

schlossenen Leuchten verteilt werden. Folgendes Splitting ist bei asymmetrischer Leistungsverteilung möglich: 2x50%, 2x25% sowie 1x50% + 2x25%.

Sämtliche Funktionen der Magnolite-Generatoren können über die Folientastatur an den Geräten, über die Kabelfernbedienung oder über die Infrarot-Fernbedienung mit sieben Kanälen eingestellt werden. Das ist vor allem dann eine große Arbeitserleichterung, wenn die Generatoren an Deckenschienensystemen befestigt sind.

Die Blitzleuchten der Magnolite-Serie sind mit Kühlgebläse, Thermosicherung, Handgriff, Bajonettsicherung und einem griffigen Gelenkknebel ausgestattet. Die steckbaren Quarz-blitzröhren mit verschraubten Kontaktstiften aus massivem Messing und das Halogeneinstellicht befinden sich unter einer leicht auswechselbaren Pyrex-Schutzglocke. Für Spezialzwecke sind auch Blitzröhren und Pyrex-Glocken mit verschiedenen Beschichtungen erhältlich. An die Magnolite-Leuchtenköpfe können zahlreiche lichtformende Vorsätze angebracht werden, wie Lichtwannen, Wabenfilter, Softboxen, Reflexschirme, Lichttubus, Multirond-Großweichstrahler, Weitwinkelreflektorn, Engstrahler, Striplite, Klappenvorsätze, der neue fokussierbare Universal-Spotvorsatz und vieles mehr.

An die Generatoren können aber auch Spezialleuchten direkt angeschlossen werden, wie die Stufenlinsenspots Spotlite 16, 32 oder 64, der Projektionsspot 32 oder die sieben Großlichtwannen Modulite, die in verschiedenen Größen zwischen 1x2 Meter und 2x8 Meter erhältlich sind. Das Basismodell 1x2 Meter kann mit einem Magnolite 6400 betrieben werden, während für das größte Modell mit den Maßen 2x8 Metern und der Maximalleistung von 25600 Ws vier Magnolite 64 oder acht Magnolite 32 erforderlich sind.

Spezielle Blitzgeräte

Wenn eine besondere Beleuchtungsart gefragt ist, greift der Profifotograf zu speziellen Blitzgeräten, wie beispielsweise Effektscheinwerfern für Beleuchtungseffekte, Projektionsspots für Lichtakzente oder gezielte Beleuchtung von Details, Striplites für »Kanteneffekte« oder Großlichtwannen für die gleichmäßige Ausleuchtung großer Ob-

jekte. Für professionelle Reproduktionen oder Diaduplikate bietet Multiblitz ebenfalls entsprechende Spezialgeräte an.

Varispot 250

Das Auslaufmodell Varispot 250 ist ein spezielles Kompaktblitzgerät, das konzentriertes Licht für besondere Effekte liefert. Es ist mit einem festeingebauten Reflektor ausgestattet, der das Licht in einem Winkel von etwa 45° ausstrahlt. Damit kann beispielsweise der Hintergrund mit einer recht scharf begrenzten Lichtfläche angestrahlt werden. Ideal für die gezielte farbige Hintergrundgestaltung ist der Anschluß von Filterhalter und Abschirmklappen. An das Varispot 250 kann auch ein Reflexschirm befestigt werden, wobei Engstrahlreflektor und Reflexschirm nicht gerade eine optimale Kombination sind. Sinnvoller dagegen ist es, den Lichttubus RIBUS mit Wabenscheibe zu verwenden, der den Ausleuchtwinkel nochmals reduziert. Die Beleuchtungsintensität wird dabei aber nicht erhöht.

Die zweifelsohne interessanteste Kombinationsmöglichkeit bietet der Projektionsvorsatz, der mit einem Einschub für Farbfilter, Lochblenden, Gitterschablonen oder Gobos (Projektionsmasken aus Edelstahl) ausgestattet ist. Die eingeschobenen Gestaltungselemente lassen sich über ein fokussierbares Linsensystem auf den Hintergrund oder das Objekt randscharf projizieren. Selbstverständlich kann die Projektion auch unscharf erfolgen, wobei der Grad der Schärfe beziehungsweise Unschärfe stufenlos bestimmt werden kann.

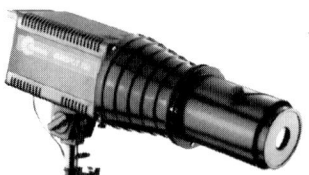

Das Kompaktblitzgerät Varispot 250 mit dem als Zubehör erhältlichen Projektionsvorsatz

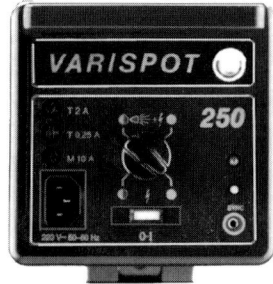

Das Gehäuse, die Leistungsdaten und die Bedienungselemente des Varispot 250 sind nahezu identisch mit denen des Ministudio 252

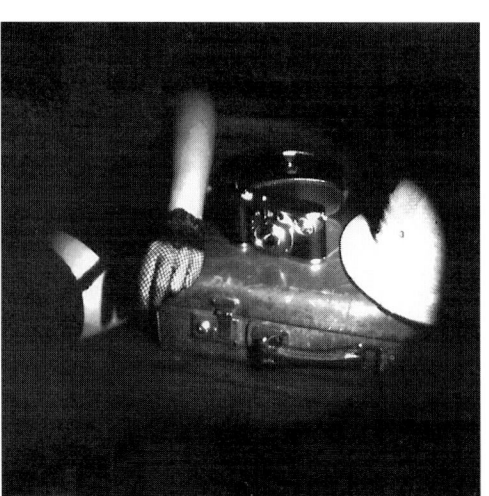

Der Durchmesser des Lichtkegels kann durch verschiedene Lochblenden der Leuchtdistanz und der Objektgröße angepaßt werden
Foto: Matthias Stolt

Rechte Seite:
Der Lichtcharakter eines Stufenlinsenspots ist auf der Aufname gut zu erkennen: hartes Licht, begrenzter Lichtkegel, gut konturierter, dunkler Schlagschatten
Foto: Petra Stüning

Das Gehäuse, das »Innenleben« und die Bedienungselemente des Varispot 250 sind weitgehend identisch mit dem Ministudio 252. Die Maximalleistung von 250 Ws läßt sich auf die Hälfte reduzieren. Das 50 W Halogeneinstellicht bleibt dabei proportional zum Blitzlicht. Die Blitzfolgezeiten bei 100% Aufladung werden, je nach eingestellter Leistung, mit 1,6 bis 2,3 Sekunden angegeben. Die bei t 0,5 gemessene Blitzleuchtzeit bleibt mit 1/1000 Sekunde in beiden Leistungsstufen konstant. Das Varispot 250 kann an eine Netzspannung von 220 V angeschlossen werden, aber es gibt auch eine Ausführung für 110 V.

Das Kompaktblitzgerät Varispot 250 eignet sich sehr gut für den Einsatz in jedem Bereich der professionellen Studiofotografie, wie beispielsweise Porträt, Akt, Stillife oder Food. Damit können gezielt Lichtakzente und Spitzlichter an jeder beliebigen Stelle des Hintergrundes oder des Objektes gesetzt werden.

Spot 32

Unter der Bezeichnung Spot 32 bietet Multiblitz einen bis ins Detail professionellen Projektionsspot an, der an die Generatoren Magnolite 16 oder 32 angeschlossen werden kann. Die Blitzröhre ist bis maximal 3200 Ws belastbar. Das proportionale Einstellicht kommt von einer 650 W Halogenlampe. Leistungsregulierung, Blitzfolge und Blitzdauer sind von den Einstellungen am jeweils verwendeten Generator abhängig.

Das Spot 32 ist mit einem eingebauten Maskenrahmen mit vier verschiebbaren Masken (an jeder axialen Gehäuseseite) ausgestattet, so daß die gezielte Projektion individuell gestalteter geometrischer Formen möglich ist. An der Vorderseite des Gehäuses ist ein weiterer Filterhalter angebracht, der mehrere Filter gleichzeitig aufnehmen kann. Als Zubehör werden Lochblenden, Farbfilter, Gobos (Projektionsmasken aus Edelstahl) und eine Irisblende geliefert, mit der sich der Leuchtkreisdurchmesser erheblich reduzieren läßt. Die Fokussierung erfolgt punktgenau über ein Linsensystem, mit dem stufenlos entweder weiche oder harte Konturen problemlos erzielt werden können. Der fokussierbare Projektionsspot

Spot 32 eröffnet in jedem Bereich professioneller Fotografie neue Möglichkeiten für die gezielte, individuelle Lichtgestaltung und sollte eigentlich in keinem Studio fehlen.

Spotlite 16, 32 und 64

Die Spotlite-Geräte sind leistungsstarke Stufenlinsenspots, die über ein leichtgängiges Spindelgetriebe fokussiert werden. Der Leuchtwinkel kann im Bereich von 10° bis 50° stufenlos eingestellt werden. Zubehörklammern, Vierflügeltorblende, Farbfilter erweitern die Einsatzmöglichkeiten der Stufenlinsenspots. Die Spotlites können an die Magnolite-Generatoren angeschlossen werden.

Die Stufenlinsenspots von Multiblitz gibt es in drei Ausführungen: Spotlite 16 für maximal 1600 Ws und 300 W Halogeneinstellicht, Spotlite 32 für maximal 3200 Ws und 600 W Halogeneinstellicht und Spotlite 64 für maximal 6400 Ws (2x3200 Ws) und 1000 W Halogeneinstellicht. Das Einstellicht kann separat ein- und ausgeschaltet werden.

Die Geräte Spotlite 32 und 64 sind mit einem kräftigen Kühlgebläse ausgestattet, das auch bei Verstellung des Fokussiersystems stets unter der Lichtquelle bleibt. Der Durchmesser der von einem Gitter geschützten Fresnellinse (Stufenlinse) beträgt 15 Zen-

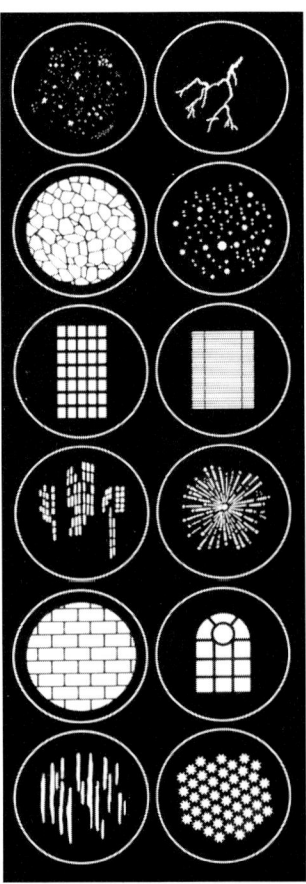

Die Multiblitz-Gobos sind Projektionsmasken aus Edelstahl, die in die Projektionsspots oder Projektionsvorsätze eingelegt werden können

Der rechteckige, fokussierbare Spot 32 mit eingebautem Maskenrahmen und die drei Stufenlinser Spotlite 16, 32 und 64

Die Modulite-Großlichtwannen von Multiblitz bieten in praxisgerechter Abstufung Leistungen zwischen 3200 und 25600 Ws

timeter beim Spotlite 16, 25 Zentimeter beim Spotlite 32 und 30 Zentimeter beim Spotlite 64. Die Fresnellinse sorgt vor allem in der Sach- und Modefotografie für eine materialgerechte Beleuchtung von Leder und Textilien. Aber auch sonst haben die Stufenlinser in der professionellen Studiofotografie ihren festen Platz, beispielsweise als richtungsweisendes Hauptlicht.

Großlichtwannen Modulite

Das Großlichtwannensystem Modulite wurde speziell für die Auto- und Möbelfotografie konzipiert. Sieben Großlichtwannen stehen dem Profifotografen in praxisgerechter Abstufung zur Verfügung, der zwischen dem kleinsten Modell mit den Maßen 1x2 Meter und dem größten mit den Maßen 2x8 Meter und einer Leuchtfläche von 16 Quadratmetern wählen kann. Bestückt werden die Modulite-Lichtwannen mit je einer 1,5 Meter langen Magnolong-Stableuchte pro 2 Meter

Lichtwannenmodul. Jede Magnolong-Stableuchte besteht aus zwei einzeln anzusteuernden Blitzröhren mit jeweils 3200 Ws. Pro Stableuchte stehen jeweils 4x300 W Halogeneinstellicht zur Verfügung. Die Stableuchten sind drehbar und ventilatorgekühlt.

Durch die sinnvolle Abstufung der Modellreihe bieten die Modulite-Lichtwannen Leistungen zwischen 3200 Ws und 25600 Ws. Für den Betrieb der Großlichtwannen sind normalerweise mehrere Generatoren erforderlich. Das größte Modell der Reihe kann mit vier Generatoren Magnolite 64 oder mit acht Generatoren Magnolite 32 betrieben werden. Die Generatoren können während der Arbeit in einem speziellen Generatorenkorb über der Lichtwanne aufbewahrt werden (bei Aufhängung an ein Deckenschienensystem). Bedient werden die Generatoren vom Aufnahmestandort am einfachsten über Kabel- oder IR-Fernbedienung.

Für die Großlichtwannen wird ein Laufwagen mit Drehkranz, Profilrahmen und vier Hubmotoren angeboten, der an fast jedes Deckenschienensystem angepaßt werden kann.

Die Großlichtwannen von Multiblitz sind hervorragend geeignet für die gleichmäßige Ausleuchtung großer Aufnahmeobjekte. Sie werden, je nach Leistung, von mehreren Generatoren gespeist

Die Modulite-Lichtwannen sind für ihre Größe und Leistung relativ leicht: Die 2-Quadratmeter-Wanne wiegt nur 20 Kilogramm, die 16-Quadratmeter-Wanne nur etwa 140 Kilogramm. Das ist auf die leichte und dennoch stabile Bauweise der Lichtwannen zurückzuführen. Eine robuste Rahmenkonstruktion aus Aluminiumprofil wird mit einem speziellen schwarzen Stoff bespannt, dessen silberfarbige Innenbeschichtung hochreflektierend ist. Die weiße Leuchtfläche kann wahlweise aus einem Spezialstoff oder einer Plexischeibe bestehen, was eine nuancierte und brillante Farbwiedergabe bewirkt. Die Bespannungen über Klettband sorgen für faltenfreie Flächen, so daß eine gleichmäßige und farbneutrale Beleuchtung möglich ist.

Reprolite 400

Professionelle Reproduktionen in Farbe sind eigentlich nur mit Blitzlicht zu realisieren, weil nur diese Lichtart gleichbleibende und wiederholbare Bildergebnisse bei korrekter Farbwiedergabe garantiert. Bei Schwarzweiß-Reproduktionen ermöglicht die hohe Leuchtstärke des Elektronenblitzes kleinere Blendenöffnungen und somit eine größere Schärfentiefe im Nahbereich. Die kurze Blitzdauer garantiert verwacklungsfreie Aufnahmen. Von Vorteil ist auch die geringe Hitzeentwicklung des Blitzlichtes. Nun kann man schon mit zwei Kompaktblitzgeräten tadellose Reproduktionen anfertigen, doch das Positionieren der Geräte ist etwas umständlich. Wesentlich einfacher geht das Reproduzieren mit dem Reprolite 400. Das Multiblitz-Gerät ist für Reproduktionen aller Art hervorragend geeignet und liefert eine korrekte und gleichmäßige Ausleuchtung der Vorlagen vom Briefmarken- bis zum Posterformat.

Das Reprolicht besteht aus einem Generator mit vier Lampenanschlüssen, die eine Maximalleistung von jeweils 100 Ws liefern können. Die Leistung kann auf 50 oder auf 25 Prozent reduziert werden. Jede der vier Leuchten besteht aus einem Reflektorteil und einem Lampenanschlußkörper, der durch den mitgelieferten Rohradapter an die meisten Reprogeräte des Marktes angepaßt werden kann. Das Einstellicht wird von einer 50 W Halogenlampe je Leuchte geliefert

und kann proportional oder separat zum Blitzlicht geschaltet werden. Die Blitzdauer beträgt bei t 0,5 zwischen 1/350 und 1/500 Sekunde. Die Aufladung dauert, je nach eingestellter Leistung, zwischen 1 Sekunde und 3,5 Sekunden.

Das Gerät wird an eine Netzspannung von 220 V angeschlossen, Multiblitz liefert aber auf Wunsch auch Generatoren für andere Netzspannungen. Der Generator wiegt

10 Kilogramm, ist 41x31x13,5 Zentimeter groß und läßt sich sowohl stehend als auch liegend einsetzen.

Die vier Lampen können auch einzeln eingeschaltet und geregelt werden, was besonders für die Reliefbeleuchtung wichtig ist. An das Wechselbajonett können verschiedene Reflektoren angeschlossen werden. In der Schwarzweißfotografie kann selbstverständlich nur das Halogeneinstellicht als Dauerbeleuchtung verwendet werden. Allerdings liefert das Blitzlicht auch bei Schwarzweißaufnahmen einen höheren Kontrast und somit einen höheren visuellen Schärfeeindruck.

Die Modulite-Lichtwannen werden am besten an Deckenschienen befestigt. Multiblitz bietet einen speziellen Laufwagen mit Drehkranz, Profilrahmen und vier Hubmotoren an

Unter der Bezeichnung Reprolite 400 bietet Multiblitz eine professionelle Beleuchtungseinrichtung an, die sowohl mit Dauerlicht als auch mit Blitzlicht betrieben werden kann

Rechte Seite:
Die Multiblitzgeräte »on location«: Aufnahme einer schwarzen Deko-Puppe vor dunkelgrauem Hintergrund. Ein hartes, eingeengtes Oberlicht setzt sparsame Lichtakzente. Der weiße Zaun wirkt als Kontrastfläche und verstärkt die Wirkung der dunklen Töne
Foto: Manfred Ehrich

Color Dia-Duplicator

Der Color Dia-Duplicator von Multiblitz ist ebenfalls ein spezielles Reproduktionsgerät, das vielseitig eingesetzt werden kann, beispielsweise für: Diaduplikate im Maßstab

Der Color Dia-Duplicator kann mit dem Pre-flash-Aufsatz und einem Glasfaser-Lichtleiter bestückt werden. Die Stärke der Vorbelichtung kann in drei Stufen geregelt werden

1:1 oder im vergrößerten oder verkleinerten Maßstab, wobei Farb- und Belichtungskorrekturen möglich sind, Umkopieren von Positiv- oder Negativfilmen, Mehrfachbelichtungen, Verfremdungen oder Vorbelichtungen. Es können Diapositive oder Negative vom Kleinbild- bis zum 6 x 7-Format bearbeitet werden.

Der Color Dia-Duplicator liefert ein farbkorrigiertes Blitzlicht (Stabblitzröhre mit 5600 K). Die Blitzfolge wird mit etwa 2 Sekunden angegeben. Das Halogeneinstelllicht leuchtet konstant mit 10 W, so daß auch Kunstlichtfilme belichtet werden können.

Die Formatmasken für alle gängigen Formate (24x36 mm, 4,5x6 cm, 6x6 cm, 6x7 cm) haben eine Führung für gerahmte Dias und einen Einschub für Filmstreifen. An der Unterseite der Masken ist ein Filterschlitz eingebaut, der Korrekturfilterfolien im Format 7,5x7,5 cm aufnehmen kann. Mit den Korrekturfiltern können Farbstiche im Original korrigiert oder die Vorlagen verfremdet werden. Geliefert wird aber auch weiteres Zubehör, wie Stativsäule mit Grundbrett, spezielles Balgengerät mit Einstellschlitten, Adapterringe für verschiedene Kamera- und Objektivanschlüsse.

Die Belichtung wird auf einfache Weise ermittelt. Das Originaldia wird in der Helligkeit mit dem mitgelieferten Teststreifen verglichen. Der Blendenwert des entspre-

chenden Dias aus dem Teststreifen ist in der Tabelle abzulesen und auf das Objektiv zu übertragen.

Besonders interessant ist auch der Aufsatz Pre-flash, der eigentlich eine raffinierte Einrichtung für Vorbelichtungen ist. Über Winkelprisma, Glasfaser-Lichtleiter und Diffusorkalotte wird eine genau definierte Lichtmenge in das Kameragehäuse eingeleitet. Durch die unterschwellige Vorbelichtung wird die Gradation des Filmes gebeugt, das heißt der Kontrastumfang des Diafilmes erweitert. Die Verflachung der Gradation ist besonders bei kontrastreichen Originaldias empfehlenswert, weil beim Duplizieren die Kontraste nochmals verstärkt werden. Die Intensität der Vorbelichtung kann in drei Stufen dem Kontrastumfang der Vorlage angepaßt werden.

Für den Color Dia-Duplicator ist eine Stativsäule mit Grundbrett als Zubehör erhältlich, an der die Kamera mit Balgengerät befestigt und stufenlos bewegt werden kann

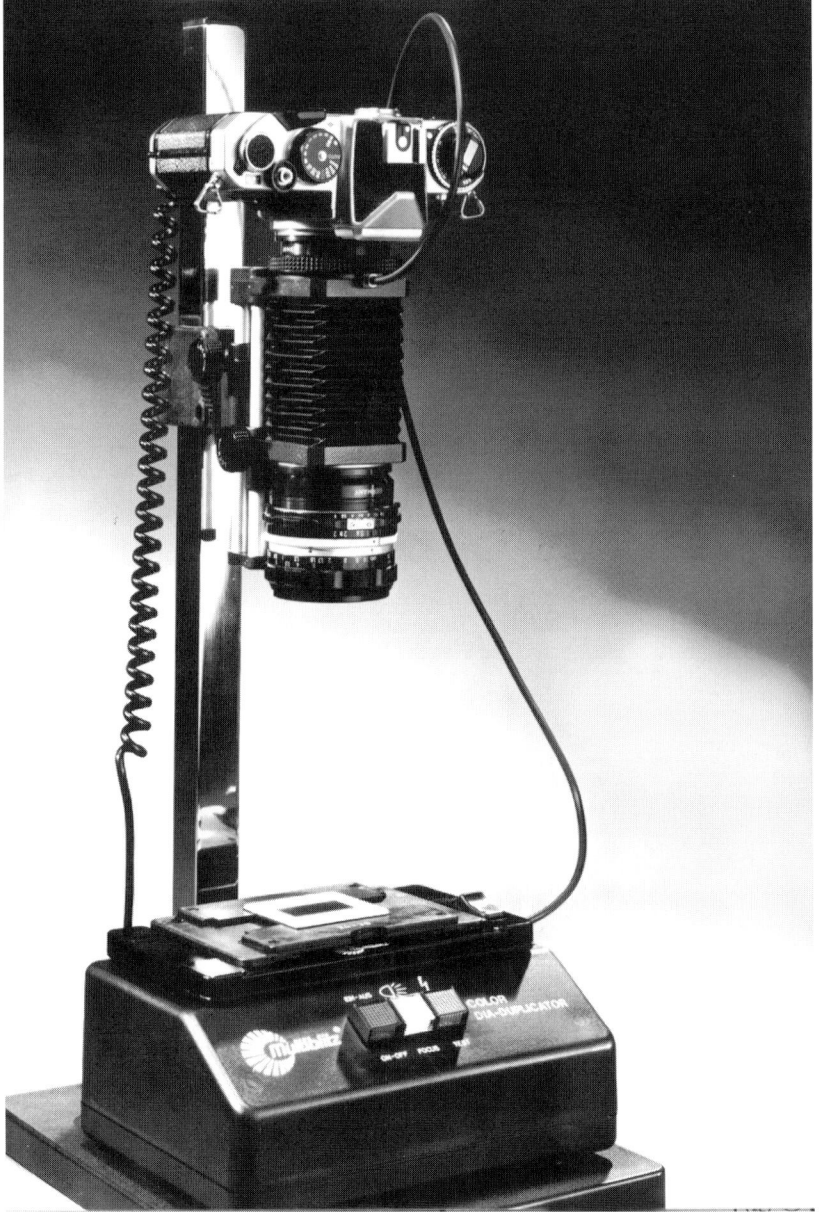

Lichtformung durch Reflektoren, andere Vorsätze und Spezialleuchten

Die Größe und die Form der Reflektoren und der anderen lichtformenden Vorsätze bestimmen den Charakter der Beleuchtung. In der professionellen Studiofotografie ist es erforderlich, die Form und den Charakter der Lichtquelle so zu wählen, daß die gewünschte Objektmodulation möglich ist

Die Blitzröhre der Studioblitzgeräte ist ohne Reflektor eigentlich ungeeignet für die professionelle Studiofotografie. Sie hat eine sehr kleine Oberfläche und strahlt ohne Reflektor ein recht hartes Licht ab, das einen scharfen Übergang zwischen Hell und Dunkel bewirkt. Das Licht wird aber in viele Richtungen abgestrahlt und läßt sich nicht gezielt zum Objekt ausrichten. Eine gezielte Beleuchtung im Studio ist nur möglich, wenn die Größe und Form der Lichtquelle so verändert werden kann, daß sie das Blitzlicht in einer bestimmten Art und Weise abstrahlt, beziehungsweise einen bestimmten Lichtcharakter aufweist. Die Veränderung der Lichtquelle wird durch Reflektoren erreicht, die das Licht nur in eine Richtung ausstrahlen. Je nach Größe und Form des Reflektors kann das Licht mehr oder weniger gebündelt oder gestreut werden. Grundsätzlich gilt folgendes: Je geringer die Leuchtfläche einer Lichtquelle ist, desto härter und kontrastreicher ist die Bildwirkung. Und je größer die Leuchtfläche ist, desto weicher und kontrastarmer ist die Bildwirkung. Kegelförmige oder parabolische Reflektoren, wie beispielsweise Engstrahlreflektoren und Projektionsspots, weisen eine kleine Leuchtfläche auf und können, je nach Ausführung, das Licht mehr oder weniger bündeln. Es entsteht ein hartes Licht von hoher Intensität, das eine kontrastreiche Objektabbildung mit dunklen Schlagschatten, kleinen Spitzlichtern und scharfem Übergang von den hellen zu den dunklen Objektpartien bewirkt. Große oder flache Reflektoren, wie beispielsweise Weitwinkel- und Weichstrahlreflektoren, liefern ein weiches, diffuses Licht von geringerer Intensität, das einen sanft verlaufenden Übergang vom Hellen ins Dunkle, und zarte, kaum sichtbare Schatten erzeugt. Der Unterschied zwischen direktem und diffusem Licht kann also an dem Übergang zwischen Licht und Schatten sowie an der Art der Schattenbildung am besten beobachtet werden.

Hartes, direktes Licht

Wenn das Licht einer Lichtquelle mit geringer Größe unmittelbar und unverändert (also weder reflektiert noch gestreut) auf das Aufnahmeobjekt gerichtet wird, spricht man von direktem Licht. Die Wirkung des direkten Lichtes auf das Aufnahmeobjekt wird hauptsächlich durch drei verschiedene Faktoren bestimmt, nämlich durch die Größe der Lichtquelle, die Art des Reflektors und den Beleuchtungsabstand.

An erster Stelle steht die Größe der Lichtquelle: je kleiner die Fläche der Lichtquelle, desto härter die Beleuchtung. Die Schlagschatten sind scharf begrenzt und das Objekt wird kontrastreich abgebildet.

Durch die Art des Reflektors kann das Licht mehr oder weniger gebündelt werden. Das stark gebündelte Licht eines Projektionsspots erzeugt bei direkter Beleuchtung einen sehr scharfen Übergang zwischen Hell und Dunkel. Die Schlagschatten sind sehr dunkel und scharf begrenzt. Das Licht eines Engstrahlers ist weniger gebündelt und erzeugt einen nicht mehr so scharfen, ja schon eher verlaufenden Übergang zwischen Hell und Dun-

Die neun Vergleichsaufnahmen dieser Serie zeigen die unterschiedliche Objektmodulation durch verschiedene Reflektoren. Für die Aufnahmen wurde ein Generator Magnolite 16 mit einer angeschlossenen Leuchte verwendet, an der verschiedene Reflektoren und lichtformende Vorsätze befestigt wurden. Außerdem kam auch ein Stufenlinser zum Einsatz. Die Lichtquelle wurde auf der linken Kameraseite in Seitenlichtposition aufgestellt. Das Leuchtenstativ wurde nicht bewegt, so daß die Lichtposition bei allen Aufnahmen gleich ist. Auf der rechten Seite wurde in der Hohlkehle ein schwarzer Rondoflex-Reflektor plaziert, damit die Schattenseite der Statue nicht aufgehellt und die Wirkung der einzelnen Reflektoren besser sichtbar wird.

1   Normalreflektor, hartes Licht durch silberne Innenbeschichtung, hoher Kontrast
2   Weitwinkelreflektor, die Beleuchtung ist etwas weicher und der Kontrast weniger ausgeprägt
3   Weichstrahler, indirekte Beleuchtung durch Gegenreflektor, weiches Licht, geringer Kontrast
4   Softbox Multiflex 75, diffuse, weiche Beleuchtung durch Diffusionstuch, geringer Kontrast
5   Universal-Spotvorsatz, sehr hartes, gebündeltes Licht durch Fokussierung, kräftiger Kontrast
6   Stufenlinsenspot, sehr hartes, gerichtetes Licht, ausgeprägter Kontrast, gleichmäßige Lichtverteilung
7   Reflexschirm, diffuses, gestreutes Licht und der geringste Kontrast in dieser Serie
8   Lichttubus mit Wabenfilter, eng begrenzte, spotartige Lichtführung, kräftiger Kontrast
9   Schirmreflektor mit Wabenfilter, eingeengter Abstrahlwinkel, hartes Licht, starker Kontrast

Fotos: Artur Landt

kel. Die Konturen der Schatten sind ebenfalls weniger scharf.

Durch einen großen Beleuchtungsabstand kann die kleine Leuchtfläche eines Projektionsspots schon fast den Charakter einer punktförmigen Lichtquelle haben. Die Lichtstrahlen sind zwar immer noch divergent (auseinandergehend), doch ihre Wirkungsweise kann verglichen werden mit der Wirkung von parallelen Strahlen einer unendlich weit entfernten Lichtquelle. Dabei werden auch die Gesetzmäßigkeiten der Zentralperspektive wirksam, so daß der erzeugte Schatten in Form und Größe in etwa dem Aufnahmeobjekt entspricht. In diesem Fall weist der Schlagschatten auch scharf begrenzte Konturen auf.

Mit zunehmender Nähe der Lichtquelle zum Objekt wird der Schatten immer größer und erscheint weniger scharf begrenzt. Dieselben Gesetzmäßigkeiten gelten auch für andere Reflektoren und Vorsätze, wie beispielsweise Engstrahlreflektor oder Lichttubus mit und ohne Wabenfilter. Die Wirkung nicht so ausgeprägt wie beim Projektionsspot oder Stufenlinsenscheinwerfer. Eine immer noch deutliche Wirkung könnte man mit dem Lichttubus mit Wabenfilter erzeugen, doch die geringe Lichtausbeute verhindert einen großen Beleuchtungsabstand.

Das harte, direkte Licht bewirkt eine hervorragende Farbsättigung und Brillanz. Außerdem ist die Farbwiedergabe neutral, weil die Farbtemperatur des Blitzlichtes nicht verändert wird durch Reflexion oder Streuung. Die Wirkung des direkten Lichtes ist bei der Lichtführung leicht zu beurteilen. Die Schatten sind dunkel und klar abgegrenzt. Doch wohin damit? Dunkle, ausgeprägte Schatten sind meistens unerwünscht, es sei denn, der Fotograf möchte eine eindrucksvolle, fast dramatische Stimmung erzeugen (näheres im Kapitel über den Umgang mit Schatten). Auch in der Porträtfotografie kann hartes Licht eine unvorteilhafte Abbildung der porträtierten Person zur Folge haben. Hartes, direktes Licht erfordert viel Fingerspitzengefühl und eine gekonnte Lichtführung. Die Leuchten müssen sorgfältig plaziert werden, denn schon die geringste Standortveränderung der Kamera oder der Leuchte kann zu einer unerwünschten Verschiebung der beleuchteten und nicht beleuchteten Objektpartien oder zur Veränderung der Schatten führen.

Die hohen Motivkontraste, die je nach Reflexionsvermögen des Objekts den Kontrastumfang eines Diafilms überschreiten können, sind bei direkter Beleuchtung ohne entsprechende Aufhellung nur schwer, wenn überhaupt, in den Griff zu bekommen. So gesehen ist es nicht verwunderlich, daß viele Studiofotografen den Umgang mit hartem, direkten Licht weitgehend vermeiden. Dennoch, oder gerade deswegen, gehört die Beleuchtung mit hartem, direkten Licht zur hohen Schule der Studiofotografie.

Hartes, direktes Licht kann eigentlich mit jeder Lichtquelle erzeugt werden, deren Licht weder reflektiert noch gestreut wird, wenn sie nur weit genug vom Aufnahmeobjekt plaziert ist. Für die gezielte und wirkungsvolle Beleuchtung sind jedoch die nachfolgend beschriebenen Lichtquellen und Reflektoren am besten geeignet.

Projektionsspots

Wenn konzentriertes Licht für besondere Effekte oder ein scharf begrenzter Lichtfleck gefragt ist, greifen erfahrene Profifotografen zu Projektionsspots. Multiblitz bietet zwei verschiedene Geräte beziehungsweise Spotvorsätze für punktgenaue Blitzlicht-Spotprojektion, nämlich den generatorbetriebenen Spot 32 und den Universal-Spotvorsatz. Das

Der neue Universal-Spotvorsatz kann sowohl an generatorenbetriebene Leuchten als auch an Kompaktblitzgeräte angeschlossen werden und bietet eine hervorragende Möglichkeit zur professionellen Spotprojektion

Kompaktblitzgerät Varispot 250 mit Projektionsvorsatz wird von Multiblitz nicht mehr angeboten, es ist jedoch in vielen Studios noch im Einsatz, so daß wir es in unsere Darstellung mit einbeziehen.

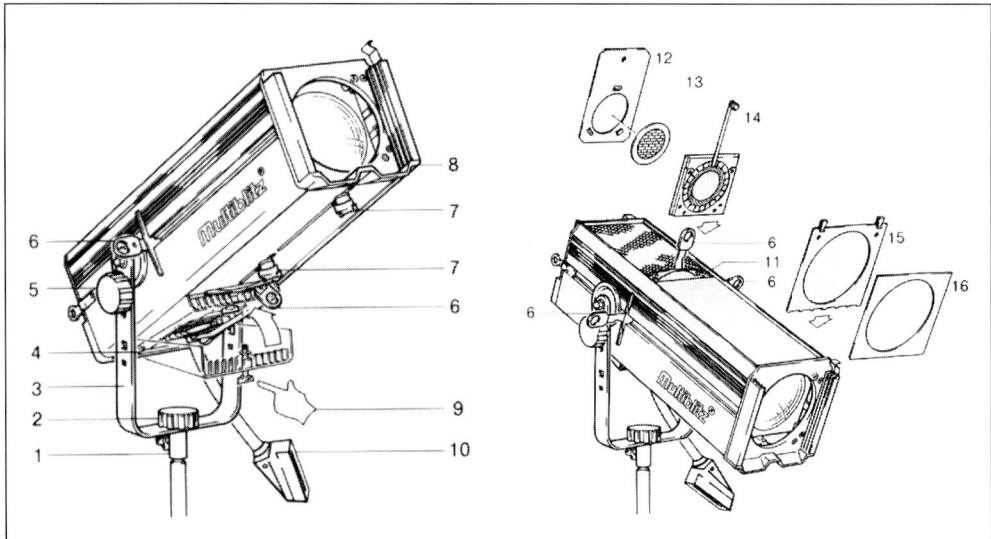

Der Spot 32 und seine Bedienungselemente:
1. Stativhülse für 5/8"
2. Handrad für Gerätebügel und
Hülse
3. U-förmiger Gerätebügel
4. Halter für Sicherungen
5. Handrad für die Neigung
6. Verschiebbare Masken (4 Stück)
7. Knebelschrauben zum Verschieben der Linsen
8. Lochblenden- und Filtereinschub
9. Verriegelungsschraube der aus-
schwenkbaren Serviceklappe
10. Kabel mit Lampenstecker (5 m)
11. Einschubschlitz für Irisblende
und Gobohalter

Zubehör
12. Gobohalter MAGOB
13. Gobos
14. Irisblende MARIS
15. Farbfiltersatz MAFIZ
16. Lochblende MABLE

Unter der Bezeichnung Spot 32 bietet Multiblitz einen Projektionsspot für höchste Ansprüche, der an die Generatoren Magnolite 16 oder 32 angeschlossen werden kann. Die Blitzröhre ist bis 3200 Ws belastbar. Das Einstellicht liefert eine 650 W Halogenlampe, die von einem kräftigen Kühlgebläse auf einer moderaten Betriebstemperatur gehalten wird. Mit dem eingebauten Maskenrahmen mit vier variablen Masken können (durch Verschieben der Masken im Maskenhalter) auch individuell gestaltete Formen projiziert werden. Ein Einschubschlitz für Irisblende und Gobohalter (Gobos sind Edelstahlmasken) befindet sich an der Oberseite des Gehäuses. Die Größe des projizierten Lichtkreises kann durch Verschieben der beiden Linsen (mit zwei Knebelschrauben an der Unterseite des Gehäuses) oder durch Vergrößerung beziehungsweise Verkleinerung der Irisblende verändert werden. An der Vorderseite des Gehäuses befinden sich mehrere Einschubschlitze für Lochblenden oder Farbfilter. Je nachdem, ob der Spot scharf oder unscharf fokussiert wird, können harte oder weiche Konturen projiziert werden.

Das Kompaktblitzgerät Varispot 250 steht für die Arbeit ohne Magnolite-Generatoren zur Verfügung. Als Zubehör zum Basisgerät gibt es einen Lichttubus mit Wabenfilter, Filterhalter, Farbfilter und Abschirmklappen. Das wichtigste Zubehör ist jedoch der Projektionsvorsatz, der aus dem Varispot 250 erst einen Projektionsspot macht. Der Projektionsvorsatz läßt sich über ein Linsensystem wahlweise scharf oder unscharf fokussieren. Der Einschub nimmt Farbfilter, Lochblenden, Gitterschablonen oder Gobos (Edelstahlmasken) auf.

Der Universal-Spotvorsatz bietet, sowohl mit Kompaktblitzgeräten als auch mit generatorbetriebenen Leuchten, eine hervorragende Möglichkeit zur Spotprojektion. Der Spotvorsatz kann über ein Bajonett an die neueren Multiblitz-Geräte mit Gebläsekühlung angeschlossen werden, wie beispielsweise das Ministudio 802, sämtliche Geräte der Systeme Variolite Compact und Studiolite Compact sowie an die Leuchten des Magnolite-Systems.

Der Universal-Spotvorsatz verfügt über einen integrierten Teilreflektor, der auf die jeweiligen Basisleuchten perfekt abgestimmt ist. Der Spotvorsatz ist mit einem speziell gerechneten Objektiv und Kondensor sowie einem präzisen Fokussiermechanismus ausgestattet. Die Spotprojektion ist bei genauer Fokussierung frei von Lichtsaum. Der lange Auszug erlaubt auch im Nahbereich eine genaue Scharfeinstellung. Der Universal-Spotvorsatz ist mit zwei Zubehöreinschüben für Filter, Lochblenden, Gobos und Irisblende ausgestattet. Die Gobos können durch das drehbare Objektiv exakt ausgerichtet werden.

Der Universal-Spotvorsatz ist aus folgenden Gründen eine interessante Variante für Spotbeleuchtung: Der Vorsatz kann mit den modernen Geräten der Profiklasse aus den Systemen Variolite, Studiolite und Magnolite kombiniert werden. Somit stehen leistungsstarke Geräte mit bis zu 3200 Ws als Spotlicht zur Verfügung. Diese Lichtreserven können, trotz sehr hoher Lichtausbeute durch Teilreflektor, Kondensor und Linsensystem, dann willkommen sein, wenn nicht nur ein Lichtakzent, sondern eine konzentrierte Lichtführung gefragt ist.

Projektionsspots sind aus modernen Profistudios nicht mehr wegzudenken. Multiblitz bietet sowohl generatorbetriebene Spotgeräte als auch den Universal-Spotvorsatz, der professionelle Spotprojektion auch mit Kompaktblitzgeräten ermöglicht

Projektionsspots liefern ein stark
gebündeltes Licht und können
auch ohne Projektionsmasken eingesetzt werden. Die sehr harte Beleuchtung erzeugt dunkle und
scharf begrenzte Schatten

Mit Projektionsspots (das heißt sowohl mit echten Projektionsspots, als auch mit entsprechenden Geräten mit Spotvorsätzen) können Motivdetails gezielt angeleuchtet, Lichtakzente gesetzt und verschiedene Masken und Schablonen auf das Aufnahmeobjekt oder den Hintergrund projiziert werden. Der Projektionsspot liefert stark gebündeltes Licht, das einen sehr scharfen Übergang zwischen Hell und Dunkel hervorruft. Die Schlagschatten sind sehr dunkel und scharf begrenzt. Die punktgenaue Plazierung dieser Lichtquelle erfordert besondere Sorgfalt und viel Fingerspitzengefühl. Genaue Kontrolle der Lichtführung im Sucher oder auf der Mattscheibe sowie Testschüsse auf Sofortbildmaterial (sogenannte »Kontroll-Polas«) erweisen sich hier als hilfreich. Problematisch bei der Spotbeleuchtung ist auch die Blitzbelichtungsmessung. Getrennte Blitzlichtmessungen in den Schatten und den Lichtern können Auskunft über den Kontrastumfang geben. Im Zweifelsfall sollte man eher auf die Lichter belichten (näheres im Kapitel über Blitzbelichtungsmessung).

Spotlichter werden oft auch als Gegenlicht gesetzt, doch auch diese Art der Beleuchtung hat ihre Tücken. Eine kleinflächige Lichtquelle, die direkt in das Objektiv scheint, kann unerwünschte Reflexe, ja sogar Nebenbilder erzeugen. Auch in diesem Fall ist es ratsam, das Sucher- oder Mattscheibenbild genau zu betrachten. Testschüsse auf Sofortbildmaterial leisten bei der Suche nach unerwünschten Reflexen ebenfalls gute Dienste. Falls Reflexe entdeckt werden, könnten am Objektiv Kompendien und an der Lichtquelle Neger Abhilfe schaffen. Sollten diese Versuche nicht zum gewünschten Effekt führen, muß die Position der Lichtquelle oder der Kamera leicht verändert werden.

Spotlichter können aber auch
»negative Seiten«haben: Aus der
Gegenlichtposition können sie
unerwünschte Reflexe oder Nebenbilder in der Bildebene hervorrufen. Probleme können
durch die sehr hohen Kontraste
auch bei der Blitzbelichtungsmessung auftreten

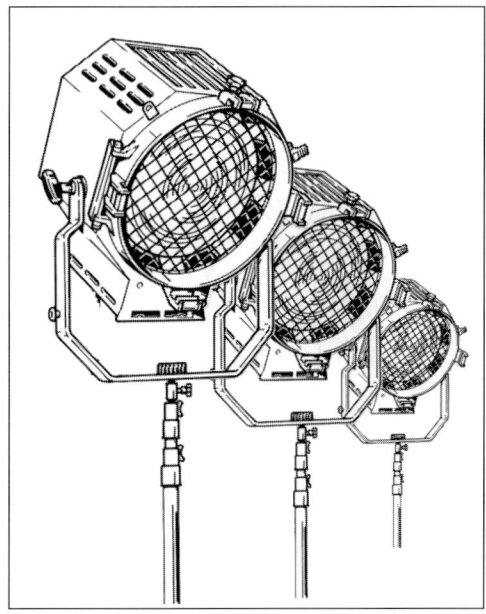

Die drei Stufenlinsenspots von Multiblitz sind nicht nur in der Größe, sondern auch in der Leistung sinnvoll abgestuft: Der größte Stufenlinser im Programm, Spotlite 64, kann bis 6400 Ws belastet werden. Das mittlere Gerät Spotlite 32 ist bis 3200 Ws und das kleinste, Spotlite 16, bis 1600 Ws belastbar. Die Stufenlinser sind speziell für den professionellen Einsatz geschaffen

Stufenlinsenspots

Die Stufenlinsenspots, die an klassische Filmscheinwerfer erinnern, sind hochprofessionelle Blitzgeräte, bei denen das Licht von einem Hohlspiegel auf die Fresnellinse zurückgeworfen wird. Die Fesnellinse, auch Stufenlinse genannt, besteht aus vielen kleinen konzentrischen Prismenringen und hat die Eigenschaft, die durchscheinenden Lichtstrahlen in einem Brennpunkt zu sammeln. Das austretende Licht wird sehr gleichmäßig verteilt, so daß es praktisch keinen Helligkeitsabfall in den Randzonen gibt. Durch den Einsatz einer Stufenlinse kann das Licht auch ohne ein aufwendiges optisches System (Kondensor) gebündelt werden. Der Lichtkegel läßt sich fokussieren und in seinem Winkel verändern. Stufenlinsenspots liefern ein sehr hartes, gerichtetes Licht.

Multiblitz bietet drei leistungsstarke Stufenlinsenspots für den Einsatz in der professionellen Studiofotografie. Spotlite 16 kann bis 1600 Ws belastet und mit einer 300 W Halogenlampe als Einstellicht bestückt werden. Spotlite 32 kann bis 3200 Ws belastet werden und das Einstellicht ist mit 650 W sehr hell. Das dritte und stärkste Gerät im Bunde trägt den Namen Spotlite 64 und kann bis zu 6400 Ws belastet werden. Das Einstellicht wird von einer 1000 W Halogenlampe geliefert. Der Durchmesser der Fresnellinse beträgt beim leistungsschwächeren Gerät 15 Zentimeter, 25 Zentimeter beim mittleren und 30 Zentimeter beim leistungsstärksten Gerät der Serie. Vor der Fresnellinse befindet sich eine Fronttür mit Schutzgitter und Zubehörhalteklammern. An den Halteklammern können Farbfilter oder

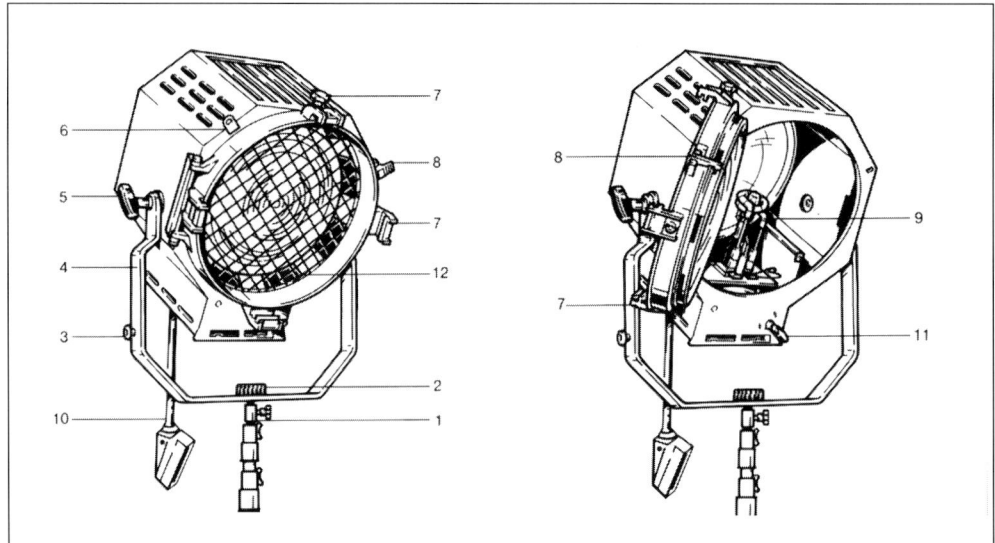

Die Bedienungselemente sind bei den drei Stufenlinser gleich:

1. Stativhülse für 5/8"
2. Handrad für Gerätebügel und Hülse
3. Aufhänger für die Zugentlastung
4. Gerätebügel
5. Knebelschraube für die Neigung
6. Befestigungsöse und Zubehörsicherung
7. Knebelschraube für die Zubehörhalteklammer
8. Verriegelungsbügel für die Fronttür
9. Blitzröhre und Halogenlampe
10. Kabel mit Lampenstecker (5 m)
11. Vorderer Fokussierknopf
12. Fronttür mit Schutzgitter und Fresnellinse

Als Zubehör sind eine drehbare Vierflügeltorblende und Farbfilter erhältlich

eine drehbare Vierflügeltorblende angebracht werden. Die Geräte Spotlite 32 und Spotlite 64 sind mit je einem kräftigen Kühlgebläse ausgestattet, das auch beim Verstellen des Fokussiersystems stets unter der Lichtquelle bleibt.

Fokussiert werden die Spotlite-Geräte über einen leichtgängigen Spindeltrieb. Der Winkel des Lichtkegels kann zwischen 10° und 50° stufenlos eingestellt werden. Die Konturen des Leuchtkreises sind nicht, wie bei den Projektionsspots, scharf definiert, sondern weich verlaufend.

Daß Stufenlinsenscheinwerfer auch bei Dreharbeiten eingesetzt werden, verdanken sie ihrem Lichtcharakter. Aus größerer Entfernung auf ein Objekt gerichtet, erzeugen Stufenlinsenscheinwerfer oder -spots eine Lichtwirkung, die dem direkten Sonnenlicht sehr ähnlich ist, nämlich hartes Licht, in dem das Objekt hell beleuchtet wird und dunkle Schatten wirft. Bei einem geringeren Abstand zwischen Stufenlinsenspot und Objekt sind die Schatten weniger ausgeprägt.

In der Fotografie eignen sich Stufenlinsenspots sehr gut als richtungsweisendes Hauptlicht, wobei je nach gewünschter Lichtstimmung die Schatten mit Aufheller oder einem Aufhellicht mehr oder weniger aufgehellt werden können. Wenn bestimmte Motivpartien gezielt angeleuchtet werden sollen, kann man die Leistung drosseln und die Vierflügeltorblende zur Einengung des Lichtkegels einsetzen. In der harten und gleichmäßigen Beleuchtung der Stufenlinsenspots kommen Materialien wie Textilien und Leder besonders gut zur Geltung. Stufenlinsenspots bewirken auch eine sehr hohe Farb-

sättigung und sind aus der professionellen Sach- und Modefotografie nicht mehr wegzudenken.

Lichttubus mit und ohne Wabenfilter

Eine recht harte, direkte Beleuchtung läßt sich auf einfache Weise auch mit einem Lichttubus realisieren. Der Lichttubus ist eine konische Konstruktion, die den Lichtkegel einengt. Multiblitz bietet für jedes seiner Systeme einen Lichttubus: PROBUS für Minilite 200, COMBUS für Profilite Compact 300 und RIBUS für Ministudio, Variolite Compact, Studiolite Compact, Magnolite-Leuchten und Spotlite 250. Bei den

Der konische Lichttubus kann mit oder ohne Wabenfilter benutzt werden, und zwar sowohl bei generatorbetriebenen Leuchten als auch bei Kompaktblitzgeräten. Der Lichttubus mit Wabenfilter liefert eine recht harte Beleuchtung, die als Effektlicht oder als sogenanntes Kopflicht oft eingesetzt wird

Der Engstrahler RIENG kann mit drei Wabenfiltern bestückt werden, die unterschiedlich große Waben-öffnungen haben. Dadurch lassen sich verschiedene Beleuchtungseffekte realisieren, wie in den Vergleichsaufnahmen oben zu sehen ist. Damit die Wirkung besser sichtbar ist, wurde nur ein Reflektor als Seitenlicht von links eingesetzt, wobei rechts neben der Büste ein schwarzer Rondoflex positioniert wurde, um eine Aufhellung zu vermeiden

Bild oben: Engstrahler RIENG ohne Wabenfilter, relativ harte und grelle, aber gleichmäßige Beleuchtung, Schatten etwas heller

Bild Mitte: Engstrahler RIENG mit Wabenfilter RIWANG-L, mit großen Wabenöffnungen, etwas weniger grelles Licht, Verlauf akzentuierter

Bild unten: Engstrahler RIENG mit Wabenfilter RIWANG-S, mit kleinen Wabenöffnungen, Streulicht weitgehend unterdrückt, Kontrast durch deutlich dunkleren Hintergrundverlauf erhöht, Schatten dunkel und konturiert
Fotos: Artur Landt

Geräten Minilite 200 wird der Lichttubus an das Wabenfilter PROWAB, also ohne Reflektor, angeschlossen. Der Lichttubus COMBUS wird an die Geräte Profilite Compact 300 direkt, also ebenfalls ohne Reflektor, montiert. Bei den anderen Geräten wird der Lichttubus RIBUS an den Schutz- und Schirmreflektor befestigt (ausgenommen Varispot 250, wo der Tubus an den fest eingebauten Reflektor angebracht werden muß).

Der Lichttubus begrenzt das vom Schutz- und Schirmreflektor (Minilite und Profilite: direkt von der Blitzröhre) reflektierte Licht auf einen Leuchtwinkel von etwa 40°. Weil das reflektierte Licht im Wortsinne beschnitten, und nicht durch ein Kondensorsystem gebündelt wird, erhöht sich die Lichtausbeute dadurch nicht, sondern wird sogar etwas reduziert. Direkt eingesetzt liefert der Tubus ein recht hartes Licht, das zu einem dunklen und relativ konturierten Schattenwurf führt.

Jeder Lichttubus kann zusätzlich mit einem Wabenfilter bestückt werden, das vorne an der Lichtöffnung befestigt wird (ausgenommen Minilite, wo sich das Wabenfilter zwischen Leuchte und Tubus befindet). Das Wabenfilter engt den Leuchtwinkel auf etwa 25° ein, indem es die Streuung des Lichtes nach außen verhindert. Das Wabengitter ist nämlich so konstruiert, daß nur geradeaus gerichtetes Licht die wabenförmigen Öffnungen passieren kann. Durch den Einsatz eines Wabenfilters vor dem Lichttubus wird die Lichtausbeute nochmals verringert. Das Licht ist weniger hart als ohne Wabenfilter, doch der Schattenwurf ist dunkler und besser konturiert. Ein noch schärfer konturierter Schatten kann nur noch mit Projektionsspots oder Stufenlinsenscheinwerfer erzielt werden (allerdings bei wesentlich härterem Licht).

Der Leuchtwinkel des Lichttubus (40°) ist ohne Wabenfilter um etwa 5° weiter als beim Engstrahler RIENG (35°). Damit ist eine eng begrenzte Lichtführung, vor allem bei größerer Leuchtdistanz, nicht möglich. Das Licht wird zwar größtenteils auf die mittlere Partie der beleuchteten Fläche abgestrahlt, doch der sehr breite Lichtsaum kann sich, je nach Intensität der gesamten Beleuchtung, mehr oder weniger störend auswirken. All das hat aber auf den Schattenwurf keinen Einfluß. Mit dem Wabenfilter läßt sich der Durchmesser des Lichtkegels erheblich reduzieren, so daß eine konzentrierte Lichtführung möglich ist. Damit lassen sich

spotähnliche Beleuchtungseffekte realisieren, ohne die sonst unvermeidliche Härte eines Projektionsspots oder eines Stufenlinsenscheinwerfers. Allerdings wird das austretende Licht nicht gleichmäßig verteilt. Der sogenannte Lichtkreis ist mehr rauten- oder sechseckförmig als rund und weist, je nach Leuchtdistanz, einen mehr oder weniger deutlich sichtbaren Randabfall der Helligkeit auf. Das ist aber kein Nachteil, wenn nicht unbedingt ein randscharfer, saumfreier Lichtkreis benötigt wird (der übrigens nur mit einem Projektionsspot möglich ist).

Der Lichttubus mit Wabenfilter eignet sich sehr gut als Akzent- oder Effektlicht im Stillife- und Porträtbereich. Beispielsweise können bestimmte Motivteile gezielt angeleuchtet und Spitzlichter oder Streiflichter gesetzt werden. Besonders interessante Beleuchtungseffekte ergeben sich auch bei Anordnung der Lichtquelle mit dem Tubus in eine Gegenlichtposition.

Reflektoren mit und ohne Wabenfilter

Direktes, relativ hartes Licht kann auch mit einigen Reflektoren erzeugt werden. Dafür eignet sich beispielsweise der Normalreflektor sämtlicher Geräte und vor allem der Engstrahler RIENG für die Geräte der Serien Ministudio, Variolite, Studiolite und Magnolite. Der Engstrahler RIENG hat einen Abstrahlwinkel von 35° und bietet höchste Lichtausbeute auch über größere Entfernung. Der Abstrahlwinkel ist enger als beim Lichttubus ohne Wabenfilter und liefert bei direkter Lichtführung eine grelle Beleuchtung mit recht dunklen aber weniger scharf konturierten Schatten. Aus großer Entfernung eingesetzt, ist auch die Wirkung des Normalreflektors ähnlich.

Eine eng begrenzte Beleuchtung kann mit dem Engstrahler, dem Normalreflektor oder sogar mit dem Schirm- und Schutzreflektor STUSCH (ohne Schirm) erzielt werden, wenn die Reflektoren mit einem Wabenfilter bestückt werden. Die Beleuchtung ist etwas weniger grell und die Schatten sind geringfügig dunkler und konturierter als beim Einsatz ohne Wabenfilter.

Weiches, gestreutes Licht

Weiches, gestreutes Licht kann auf zweifache Weise entstehen, nämlich durch Diffusion oder durch Reflexion. Wenn Licht von einem dünneren in ein dichteres Medium eintritt, wird es durch kleine Teilchen von der ursprünglichen Fortpflanzungsrichtung abgelenkt, so daß es zu einer sogenannten Lichtstreuung durch Diffusion kommt. Und genau das passiert, wenn das Licht einer Blitzleuchte sich zunächst durch das Medium Luft fortpflanzt (im Inneren einer Lichtwanne) und anschließend durch das Diffusionsmaterial (Plexiglasscheibe, Stoff) einer Lichtwanne gestreut wird.

Bei der Reflexion wird direktes Licht von einer reflektierenden Fläche (im Fachjargon: Grenzfläche zwischen zwei verschiedenen Medien) zurückgeworfen. Die Reflexion kann, je nach Beschaffenheit der Reflexionsfläche, diffus oder spiegelnd sein. Eine diffuse Reflexion, auch Remission genannt, entsteht an nichtspiegelnden oder unpolierten Flächen (genauer, an rauhen Flächen, deren Rauhigkeit etwa die Größenordnung der Wellenlängen des auffallenden Lichtes hat). Das Licht wird in viele Richtungen zerstreut zurückgeworfen. Gesetzmäßigkeiten (Lambert'sches Kosinusgesetz) gelten nur für eine nahezu vollkommen diffus reflektierende Fläche, die der Lambert'schen Fläche nahekommt. Doch die Lambert'sche Fläche oder der Lambert'sche Strahler sind ideale Konstruktionen, die in der Studiofotografie eigentlich nicht anzutreffen sind.

Sehr genau definiert und für die Studiofotografie von großer Bedeutung sind die Gesetze der sogenannten spiegelnden Reflexion, die an spiegelnden oder polierten Flächen entsteht (genauer, an glatten Flächen, deren Rauhigkeit kleiner ist als die Wellenlängen des auffallenden Lichtes). Das Reflexionsgesetz besagt dreierlei: Der einfallende und der reflektierte Strahl bilden mit dem Flächenlot gleiche Winkel. Der einfallende Strahl, der reflektierte Strahl und das Flächenlot liegen in einer Ebene (Einfallsebene). Der reflektierte Lichtstrom ist schwächer als der einfallende. Das Verhältnis zwischen beiden Lichtströmen gibt Auskunft über das Reflexionsvermögen der reflektierenden Fläche. Das Reflexions-

vermögen ist auch abhängig von der Einfallsrichtung und der Wellenlänge des Lichtes. Das Verhältnis des reflektierten zum einfallenden Lichtstrom bei senkrechtem Einfall wird als Reflexionsgrad oder Reflexionskoeffizient bezeichnet. Wenn der Reflexionsgrad für alle Wellenlängen des Lichtes gleich groß ist, spricht man von weißer Reflexion. Ist dagegen der Reflexionsgrad der reflektierenden Fläche nicht für alle Wellenlängen des Lichtes gleich groß, sprich man von selektiver Reflexion. Einen besonderen Fall stellt die metallische Reflexion dar, weil das Licht, mit wenigen Ausnahmen, elliptisch polarisiert wird. Die Kenntnis der Reflexionsgesetze ist in der Studioarbeit unter anderem wichtig wenn es darum geht, Reflexe zu vermeiden oder bewußt zu setzen.

Die Farbtemperatur des Lichtes kann durch Diffusion oder Reflexion oft unerwünschterweise verändert werden: bei der Diffusion durch die Farbe des Diffusionsmaterials und bei der Reflexion durch die Farbe der Reflexionsfläche. Die Farbbeschichtung des Reflektors spielt in beiden Fällen eine wichtige Rolle.

Weiches, gestreutes Licht ist in der professionellen Studiofotografie die wohl am

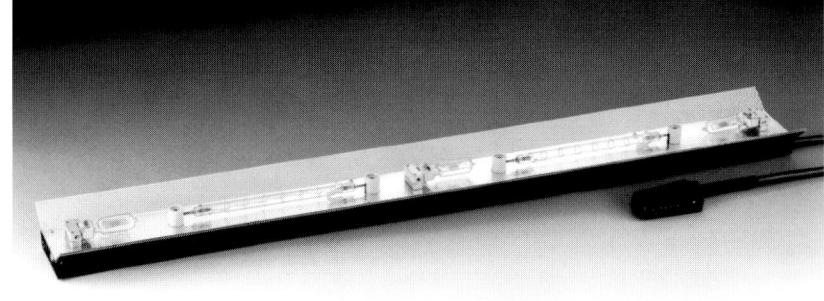

meisten eingesetzte Lichtart. Gestreutes Licht bewirkt sanfte Übergänge zwischen Licht und Schatten, wobei die Schatten recht schwach und unscharf begrenzt sind. Die effektive Größe der Lichtquelle beeinflußt das Ausmaß der Streuung und den Beleuchtungskontrast: Je größer die Lichtquelle, desto gestreuter das Licht und geringer der Kontrast. Weiches, gestreutes Licht ist optimal für die Ausleuchtung von Aufnahmeobjekten mit glänzender Oberfläche, wie Glas oder Chrom. Allerdings kann, je nach Beleuchtungsabstand und Größe der Diffusionsfläche, die Form der Lichtquelle im glänzenden Objekt

Weiches, gestreutes Licht ist die in der professionellen Studiofotografie wohl am meisten eingesetzte Lichtart und kann sowohl durch Diffusion als auch durch Reflexion entstehen

Die Farbtemperatur der Blitzröhre kann bei Diffusion oder Reflexion verändert werden, und zwar durch die Farbe und Beschaffenheit des Diffusionsmaterials oder der Reflexionsfläche

Langfeldleuchte MADUL für Großlichtwannen mit zwei Stabblitzröhren und drei Halogenlampen

sichtbar werden. Eine Flächenleuchte kann auf diese Weise bewußt in die Oberfläche des Objektes eingespiegelt werden. Bei einem Reflexionsschirm ist jedoch größte Vorsicht geboten, zumal die Spiegelung eines»Regenschirmes«in der glänzenden Objektfläche nicht gerade das Können des Fotografen unter Beweis stellt.

Die Lichtführung mit weichem, gestreuten Licht ist in den meisten Fällen einfacher und weniger aufwendig als die mit hartem, gerichteten Licht. Das verleitet viele Fotografen dazu, weiches, gestreutes Licht inflationär zu verwenden. Zu viel gestreutes Licht kann jedoch zu einer mitunter sehr flachen Beleuchtung führen, die dem Objekt jede Plastizität und Struktur nimmt.

Weiches, diffuses Licht kann erzeugt werden durch den Einsatz von Lichtwannen, textilen Softboxen, Weichstrahler, Reflexionsschirmen, Diffusionsfolien oder einfach durch indirekte Beleuchtung.

Starre und textile Flächenleuchten

Als Flächenleuchte wird eine großformatige Lichtquelle bezeichnet, die aus einem voluminösen Reflektor und einer ausgedehnten Diffusionsfläche besteht. Der Re-

Reflektoren mit Gegenreflektor ebenfalls so genannt werden. Üblicher ist daher die Bezeichnung Lichtwanne für die starren, und Softbox für die textilen Flächenleuchten. Die Diffusionsfläche der starren Flächenleuchten gibt es normalerweise in zwei Ausführungen, nämlich als Folie oder als Plexiglasscheibe. Bei den faltbaren Softboxen ist die Diffusionsfläche üblicherweise ebenfalls faltbar, damit die gesamte Einheit für den Transport oder zum Verstauen zusammengelegt werden kann. Die Flächenleuchten können mit einer oder mehreren, meist stabförmigen Blitzröhren und Halogenlampen für das Einstellicht bestückt werden, wie zum Beispiel die Modulite Lichtwannen von Multiblitz. Andere Lichtwannen, wie beispielsweise Multilite 40 oder Multilite 110 sind als Reflektoren konzipiert, die an eine Leuchte des Magnolite-Systems oder an die Kompaktblitzgeräte der Serien Variolite, Studiolite und Ministudio angeschlossen werden können.

Flächenleuchten liefern ein weiches, diffuses Licht bei geringem Beleuchtungskontrast. Der Schattenwurf ist schwach und nicht konturiert. Die Helligkeitsverteilung ist bei den starren Flächenleuchten in der gesamten Objektebene sehr gleichmäßig. Textile Softboxen dagegen können einen geringen Lichtabfall in den Ecken aufweisen, der sich aber meistens nicht störend

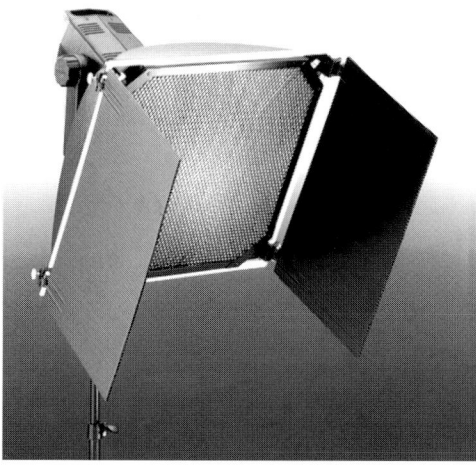

Sowohl die starren als auch die faltbaren Flächenleuchten von Multiblitz haben eine scharfe, rechtwinklige Leuchtfeldbegrenzung, so daß sie für Einspiegelungen in glänzenden Objekten hervorragend geeignet sind

Linkes Bild: Die kleine quadratische Lichtwanne Multilite 40 für die Systeme Variolite, Studiolite, Ministudio und Magnolite besteht aus starrem Kunststoff, ist innen weiß beschichtet und mit einer Streufolie versehen

Rechtes Bild: Die quadratische Lichtwanne COMMUL 50x50 cm für die Geräte Profilite Compact ist aus festem Kunststoff gebaut und mit einer Diffusionsfolie versehen. Die Abschirmklappen und das große Wabenfilter sind als Zubehör erhältlich

flektor mit einer hochreflektierenden Beschichtung kann aus hartem Kunststoff oder aus einem Textilmaterial gefertigt sein. Dementsprechend spricht man von starren oder von faltbaren, textilen Flächenleuchten. Im Fachjargon werden Flächenleuchten auch als Weichstrahler bezeichnet, was aber oft irreführend ist, weil die großen

auswirkt. Es gibt sogar Fotografen, die vor allem in der Modefotografie den Helligkeitsabfall der Softboxen gezielt in die Bildgestaltung miteinbeziehen.

Wabenfilter kommen nicht nur bei harter, direkter Beleuchtung zum Einsatz, sondern auch bei einigen starren Lichtwannen. Durch das Wabenfilter kann das Licht nur geradlinig aus der Leuchtfläche heraustreten, so daß die unkontrollierte Lichtstreuung wirkungsvoll verhindert wird. Das erleichtert eine gezielte Lichtführung. Der Lichtcharakter wird durch Wabenfilter so gut wie nicht verändert.

Vor allem große Flächenleuchten bewirken trotz ihres weichen Lichtcharakters eine relativ gute Farbsättigung, die zwar nicht das Niveau von gerichtetem Licht erreicht, aber deutlich höher ist als beispielsweise beim Einsatz von Reflexschirmen. Das ist auch ein Grund dafür, daß in vielen Studios die Flächenleuchten, vor allem die faltbaren Softboxen, die Reflexschirme ablösen. Der andere wichtige Grund dürfte darin liegen, daß die Spiegelung einer Flächenleuchte im Objekt sich weniger störend auswirkt als die Spiegelung eines Reflexschirmes. Die faltbaren Softboxen bieten aber auch eine Reihe anderer Vorteile: Sie sind erschwinglich (wenn auch nicht so billig wie ein Reflexschirm), lassen sich mit wenigen Handgriffen auf- oder abbauen und können platzsparend transportiert oder verstaut werden. Faltbare Softboxen sind somit ideale Lichtquellen auch für die Arbeit »on location«.

In der professionellen Studioarbeit werden jedoch weitere Anforderungen an die Flächenleuchten gestellt, und zwar in Bezug auf die Größe und auf die Form. Die Größe der Flächenleuchte sollte in Abhängigkeit von der jeweiligen Objektgröße gewählt werden. Der Lichtcharakter hängt in entscheidender Weise auch vom Verhältnis der Leuchtfläche zur Objektgröße ab: Je größer die Leuchtfläche im Verhältnis zur Objektgröße, desto weicher das Licht (und umgekehrt). Einen entscheidenden Einfluß auf den Lichtcharakter hat auch die Leuchtdistanz. Je näher die Lichtquelle am Objekt plaziert wird, desto größer sollte die Leuchtfläche sein (nicht zuletzt auch wegen der gleichmäßigen Ausleuchtung). Vor dem Hintergrund dieser beiden Anforderungen bietet Multiblitz Flächenleuchten in praxisgerechter Abstufung zwischen 40x40 Zentimeter und 2x8 Meter, so daß jede fotografische Aufgabe damit erfüllt werden kann.

Eine weitere Anforderung an die Flächenleuchte betrifft die Form. Flächenleuchten können größere Reflexe (und sogar Spitzlichter) auf glänzenden Oberflächen hervorrufen, so daß Form und Größe dieser Reflexe der Form und Größe der Aufnahmeobjekte angepaßt werden muß. Aus diesem Grund

bietet Multiblitz Flächenleuchten nicht nur in verschiedenen Größen, sondern auch in verschiedenen Formen an: quadratisch, rechteckig, rund und striplineförmig. Die Kanten der Flächenleuchten müssen genau und scharf begrenzt sein, damit sie in glänzende Objektoberflächen eingespiegelt werden können. Im Multiblitz-System findet der

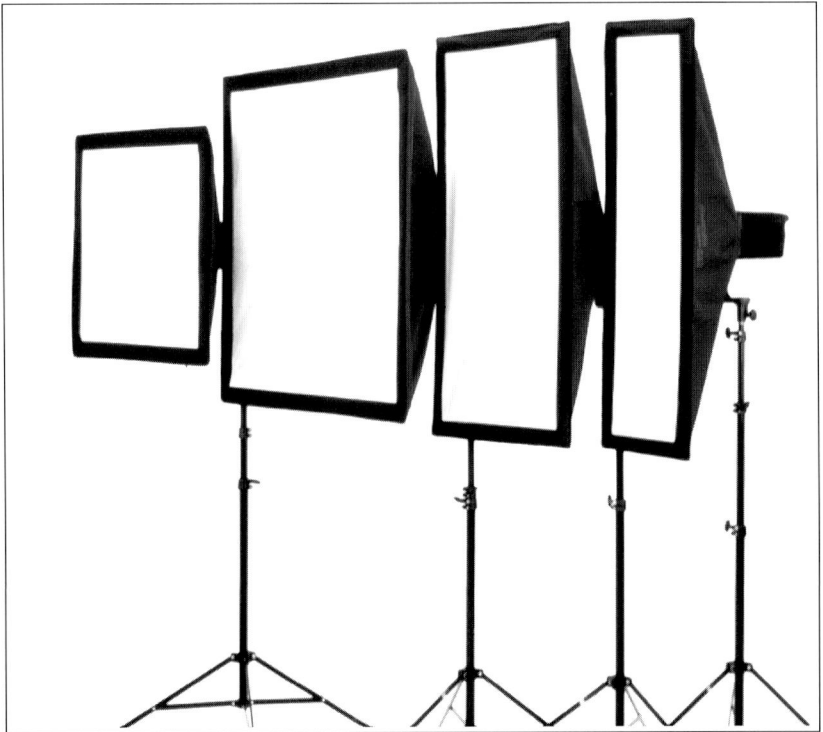

Profifotograf Flächenleuchten in unterschiedlichen Größen und Formen:

Für die Geräte Minilite 200 und Profilite Compact 300 sind vier textile Softboxen erhältlich: Multiflex-50 und Multiflex-75 mit einer Fläche von 50x50 cm respektive 75x75 cm, Multirec-40 mit den Maßen 40x85 cm sowie Multirip-25, ein striplineförmiger Reflektor von 25x95 cm. Die Faltreflektoren haben eine silberbeschichtete Reflexfläche und eine weiße Diffusorfläche, was eine neutrale Farbwiedergabe bewirkt. Die Leuchtfläche ist durch schwarze Kanten genau begrenzt. Die Softboxen können auch an den Reprolite-Leuchten und an den älteren Profilite-Geräten befestigt werden. Mit den neuen textilen Softboxen lassen sich nun auch mit den kleineren Studioblitzgeräten von Multiblitz professionelle Beleuchtungen realisieren. Im Lieferprogramm gibt es auch starre Lichtwannen, und zwar Multilite 40 mit 40x40 cm für Minilite 200 sowie Multilite 50 mit 50x50 cm für Profilite Compact 300. An beiden Lichtwannen, die aus weißbeschichtetem Kunststoff gefertigt sind, kön-

Die faltbaren, textilen Softboxen Multiflex, Multirec und Multirip für die Geräte Profilite Compact und Minilite 200 sind hochwertige Flächenleuchten, die sich durch hohe Lichtausbeute und gleichmäßige Ausleuchtung auszeichnen, so daß auch mit den kleineren Multiblitz-Geräten eine professionelle Beleuchung zu realisieren ist

Rechte Seite:
Die Moped-Aufnahme auf 9x12 cm Planfilm wurde mit vier Multiblitz-Softboxen realisiert, die an vier Variolite Compact 900 Geräten befestigt waren. Die textilen Softboxen lassen eine direkte Lichtführung zu, weil die Blitzröhre nicht

durch einen Gegenreflektor abgedeckt wird. Das führt trotz diffuser Beleuchtung zu einer hohen Farbsättigung bei materialgerechter, neutraler Farbwiedergabe und guter Detailschärfe. Überhaupt werden in immer mehr Studios Kompaktblitzgeräte für die Aufnahme kleiner und mittelgroßer Objekte eingesetzt, weil diese eine individuelle und viel genauere Leistungsregulierung als Generatoren erlauben. Wenn die Leistung der Kompaktblitzgeräte nicht ausreicht, beispielsweise beim Betrieb großer Lichtwannen, können die Kompaktblitzgeräte von Multiblitz mit generatorbetriebenen Leuchten des Magnolite-Systems kombiniert werden. Selbstverständlich ist auch das lichtformende Zubehör (Reflektoren, Wabenfilter, Softboxen) der Multiblitz-Kompaktgeräte Variolite, Studiolite und Ministudio mit den Leuchten des Magnolite-Systems Dank identischem Bajonett voll kompatibel

nen Wabenfilter und Abschirmklappen befestigt werden.

Wesentlich umfangreicher ist jedoch das Angebot an Flächenleuchten für die Systeme Magnolite, Studiolite, Variolite und Ministudio. Die Flächenleuchten sind so gut abgestuft, daß es eigentlich keinen Bereich professioneller Studiofotografie gibt, den man nicht damit bewältigen könnte.

Auf der photokina 1992 wurden die neuen textilen Softboxen mit Rotationsbajonett vorgestellt. Durch die silberbeschichtete Re-

flexfläche und die weiße Diffusionsfläche wird eine neutrale Farbwiedergabe erreicht. Die Leuchtfläche ist durch schwarze Kanten scharf begrenzt und somit auch für Einspiegelungen und Reflexe auf glänzenden Objektoberflächen gut geeignet. Das Druckgußbajonett läßt sich um 360° drehen, so daß die Softboxen auf einfache Weise genau ausgerichtet werden können. Die Faltreflektoren bestehen aus einer hochwertigen, strapazierfähigen Bespannung (außen schwarz und innen silberbeschichtet), aus vier Glasfieberstangen, die im Druckgußbajonett befestigt

werden, und aus einer speziellen Diffusionsfläche, die mit Klettband gespannt wird. Die Softboxen mit Rotationsbajonett gibt es in sechs verschiedenen Ausführungen mit folgenden Maßen: Multiflex-75 mit 75x75 cm, Multiflex-100 mit 100x100 cm, Multirec-50 mit 50x140 cm, Multirec-100 mit 75x100 cm, Multirec-140 mit 100x140 cm sowie Multirip-25 mit 25x140 cm.

In vergleichbarer Ausführung, aber ohne Rotationsbajonett, sind aber auch andere textile Softboxen erhältlich, wie beispielsweise die quadratischen Faltreflektoren Multiflex 50x50 cm, 75x75 cm und 100x100 cm. Die rechteckigen Multirec-Softboxen in den Formaten 50x140 cm und 75x165 cm sind mit einem stabilisierenden Innenrahmen ausgestattet und können wahlweise im Hoch- oder Querformat befestigt werden. Ebenfalls hoch- oder querformatig lassen sich die zwei schmalen Multistrip-Softboxen anbringen, die in den Formaten 20x140 cm und 40x165 cm erhältlich sind.

Größer und wesentlich leistungsfähiger ist die Großflächenleuchte Multilux. Die 100x200 cm große Flächenleuchte aus Stoff mit Alu-Basis und Schwenkbügel kann mit bis zu drei Leuchten des Magnolite-Systems bestückt werden, so daß die maximale Blitzleistung bei 19200 Ws liegt.

Unter der Bezeichnung Multioc bietet Multiblitz zwei spezielle Flächenleuchten mit innen angebrachter Blitzleuchte und Gegenreflektor. Die achteckigen Reflektoren haben einen Durchmesser von 135 cm beziehungsweise 180 cm. Die Flächenleuchten Multilux und Multioc werden aber demnächst aus dem Multiblitz-Programm verschwinden.

Eine sehr gleichmäßige Lichtverteilung ist das Merkmal der starren Multilite-Lichtwannen, die aus einem innen weiß beschichteten Kunststoffkörper bestehen. Die kleineren Modelle, Multilite 40 und Multilite 50, deren 40x40 cm beziehungsweise 50x50 cm große Leuchtfläche mit einer Streufolie versehen ist, können an die Kompaktblitzgeräte der Systeme Variolite, Studiolite und Ministudio befestigt werden.

Für den Betrieb mit Leuchten des Magnolite-Systems ist die Flächenleuchte Multilite 110 konzipiert. Die 110x110 cm große Leuchtfläche ist mit einer Plexischeibe bestückt und als Haupt- oder Oberlicht für Stills hervorragend geeignet. Beide Lichtwannen eignen sich auch sehr gut für

Im Multiblitz-System gibt es zahlreiche Flächenleuchten, die von den Formaten und den Größen her so gut abgestuft sind, daß es eigentlich keinen Bereich der professionellen Studiofotografie gibt, den man nicht damit bewältigen könnte

Abbildungen links:
Sehr praxisgerecht ist das Rotationsbajonett der Softboxen, das sich um 360° drehen läßt. Dadurch ist es sehr einfach, die Softbox in der gewünschten Position genau auszurichten. Mit dem Rotationsbajonett sind alle Multiblitz-Softboxen ausgestattet, die seit der photokina 1992 auf dem Markt sind

Sämtliche Flächenleuchten von Multiblitz zeichnen sich durch gleichmäßige Ausleuchtung, neutrale Farbwiedergabe und hohe Lichtausbeute aus

Einspiegelungen auf glänzenden Oberflächen.

Speziell für die Auto- und Möbelfotografie wurden die Großlichtwannen Modulite entwickelt. In praxisgerechter Abstufung

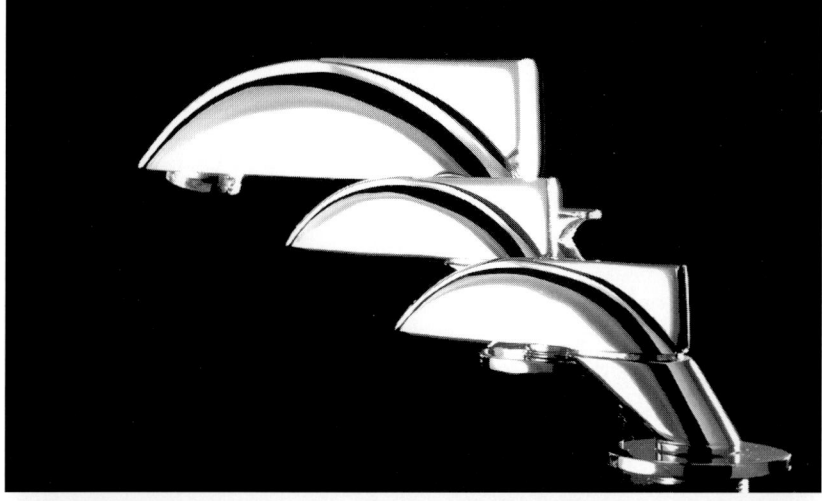

Flächenleuchten sind optimal für die Beleuchtung verchromter oder glänzender Objekte. Die Multiblitz-Flächenleuchten sind so konstruiert, daß die schwarzen, scharfen und rechtwinkligen Begrenzungen der Leuchtfläche in die Oberfläche glänzender Objekte eingespiegelt werden können. Bei rechteckigen Objekten ist das unproblematisch. Schwieriger wird es bei Einspiegelungen auf runde Objekte wie beispielsweise der Wasserhahn auf den beiden Bildern oben. Die drei Rundungen erforderten die Einspiegelung runder Kanten, so daß eine schwarze Pappmaske ausgeschnitten und auf der Leuchtfläche befestigt wurde. Die Einspiegelung der schwarzen Maske folgt den Rundungen und hebt sie plastisch hervor (Originale in Farbe)
Foto Image-Design/Korten

stehen sieben Modelle zwischen 1x2 m und 2x8 m zur Verfügung. Die Lichtwannen werden mit Magnolong-Stableuchten sowie Halogenlampen für das Einstellicht bestückt.

Das kleinste Modell kann bis maximal 6400 Ws, die zwei größten Modelle (1,5x8 m und 2x8 m) können bis maximal 25600 Ws belastet werden. Für die Maximalleistung von 25600 Ws müssen die Großlichtwannen mit jeweils vier Generatoren Magnolite 64 oder mit acht Magnolite 32 betrieben werden. Die Modulite Lichtwannen sind aus einer stabilen Rahmenkonstruktion aus Aluminiumprofil gefertigt, die mit einem speziellen schwarzen Stoff (innen silberbeschichtet) mit Klettband faltenfrei bespannt werden. Die Leuchtfläche besteht wahlweise aus einer Streufolie oder aus einer Plexischeibe.

Im Multiblitz-Vertrieb finden sich auch die faltbaren Großflächenleuchten Window-Light, die in vier Ausführungen erhältlich sind: 70x100 cm für maximal 6400 Ws, 110x150 cm für maximal 12800 Ws, 110x200 cm für maximal 16000 Ws und 110x300 cm für maximal 19200 Ws. WindowLight sind hochwertige Flächenleuchten, die aufgrund einer speziellen Konstruktion und eigens dafür hergestellten Stabblitzröhren (»Aladino«) eine gleichmäßigere Ausleuchtung als herkömmliche Softboxen erreichen.

Das Multiblitz-Sortiment bietet also für jede fotografische Aufgabe, vom kleinen Stillife bis zur Autofotografie, die passenden Flächenleuchten. Die quadratischen und die rechteckigen Flächenleuchten können, an leistungsstärkere Geräte angeschlossen, als Haupt- oder Führungslicht eingesetzt werden. Große und mittelgroße Flächenleuchten werden oft auch als Füllicht für die Grundhelligkeit benutzt. Die kleinen und mittelgroßen Softboxen oder Lichtwannen sind optimal für die Porträtbeleuchtung, weil sie eine weiche und differenzierte Wiedergabe der Hauttöne bewirken. Eine sehr gute Farbsättigung und Farbbrillanz sowie breit angelegte Reflexe können mit den Softboxen ohne Gegenreflektor erzielt werden. Die schmalen Softboxen sind gut geeignet für raffinierte Streiflichter. Flächenleuchten, ob starre Lichtwannen oder textile Softboxen, haben ihren festen Platz in jedem Sachbereich professioneller Fotografie.

Lichtbox und Striplite

Die Anpassung der Lichtquellen an das Aufnahmeobjekt kommt besonders deutlich zum Ausdruck in den speziellen Flächenleuchten Boxlite und Striplite. Unter der Bezeichnung Boxlite oder Lichtbox verbirgt sich eine kastenförmige Lichtquelle, die mit stabförmigen Blitzröhren und Einstellicht bestückt ist. Die Multiblitz-Lichtboxen sind in den Größen 20x30 cm und 30x40 cm erhältlich. Das kleinere Modell kann bis 1600 Ws, das größere bis 3200 Ws belastet und an entsprechende Magnolite-Generatoren angeschlossen werden. Das Besondere an dieser Lichtquelle ist die absolut gleichmäßige Lichtverteilung bis in die Ecken. Die Ausleuchtung ist so gleichmäßig, daß die Lichtboxen sogar für das Duplizieren

von Dias, vor allem von Großformatdias, problemlos verwendet werden können. Die durchgehende und gleichmäßige Leuchtfläche bietet sich auch, entsprechend gedrosselt oder nur mit Einstellicht betrieben, als Untergrund für schattenlose Aufnahmen kleiner Objekte an. Das eigentliche Einsatzgebiet der Lichtboxen ist jedoch die Stillife- und Sachfotografie kleinerer Gegenstände oder Arrangements.

Eine weitere Besonderheit der Lichtboxen geht aus ihrer Bauweise hervor. Die Kanten des glatten Gehäuses sind extrem schmal und eigentlich nur als dünne Linie wahrnehmbar. Daher können mehrere Lichtboxen neben- oder übereinander zu einer im Prinzip beliebig großen Lichtwand gestapelt werden. Die Lichtboxen können auch auf den Aufnahmetisch neben dem Objekt aufgestellt werden. Selbstverständlich sind die Lichtboxen aber auch mit einer Schwenkvorrichtung und einer Stativbefestigung ausgestattet.

Als Striplite wird eine langgezogene Flächenleuchte bezeichnet. Die striplineförmigen Faltreflektoren Multirip und Multistrip haben wir schon bei den Flächenleuchten kennengelernt. Sie werden an Kompaktblitz-geräte oder Leuchtenköpfe montiert und somit mit gewöhnlichen Blitzröhren betrieben. Das Striplite Magnostrip (MARIP) ist jedoch mit Stabblitzröhren ausgestattet, was natürlich besser zur Form der Leuchte paßt. Stabblitzröhren können, an Magnolite-Generatoren angeschlossen, bis maximal 3200 Ws belastet werden (Halogeneinstellicht maximal 600 W). Das 25x120 cm große Alugehäuse ist ventilatorgekühlt. Das Striplite kann liegend, stehend oder an einem Stativ befestigt eingesetzt werden. Die Stabblitzröhren, die Reflexionsfläche im Alugehäuse und der Diffusor aus Plexiglas bewirken eine sehr gleichmäßige Ausleuchtung, die den Vergleich zu den Lichtboxen durchaus zuläßt. Das Striplite kann als seitliches Hauptlicht oder für lange, schmale Reflexe im Objekt eingesetzt werden. Sehr beliebt für besondere Lichteffekte sind Striplites in der Mode- und Werbefotografie. Von vielen Profifotografen wird das Striplite auch gerne für die Hintergrundgestaltung benutzt, weil es, unter dem Aufnahmetisch angebracht, dem Hintergrund oft erst den gewünschten (Licht-)Verlauf gibt.

Bei dieser Aufnahme wurden ausschließlich Flächenleuchten eingesetzt, die an zwei Studiolite Compact 500 und an zwei Studiolite Compact 1000 befestigt waren. Alle Geräte waren auf Maximalleistung eingeschaltet, um mit Blende 45 auf 9x12 cm Planfilm fototgrafieren zu können. Von der Kamera aus gesehen wurde rechts in Streiflichtposition ein 1000er Studiolite mit einer Softbox 100x100 cm positioniert. Auf der entgegengesetzten Seite befand sich ein 500er Studiolite mit einer 75x75 cm Softbox. In Seitenlichtposition wurden auf der linken Seite zwei Geräte aufgestellt, nämlich ein 500er Studiolite mit einer starren Lichtwanne 40x40 cm und ein 1000er Studiolite mit einer Softbox 100x100 cm. Die schwarzen Streifen im verchromten Topf sind Einspiegelungen der schwarzen Ränder der Softbox 100x100 cm, während die verchromten Flächen dazwischen Spiegelungen der Leuchtfläche der Softboxen sind
Foto: Rainer Hochscherf

Die Aufnahme rechts ist einfach und schwierig zugleich. Als einzige Lichtquelle wurde ein Multirond-Großweichstrahler mit 80 cm Durchmesser verwendet, der sich sowohl in der Aufnahmeplatte als auch in den Glaskugeln und deren Spiegelbild in der Platte spiegelt. Schwieriger war es, den Wischeffekt zu erzeugen, der die Bewegung der fallenden Kugel symbolisieren soll. Wischeffekte als Symbole der Bewegung lassen sich erzielen, wenn die Verschlußzeit so lang ist, daß die Belichtung auch im flachen Teil der absteigenden Blitzentladungskurve, das heißt bei geringer Blitzintensität, erfolgt. Dann befindet sich aber der Schweif bei fallenden Objekten vor dem Objekt, so daß der visuelle Eindruck eines aufsteigenden Objekts entsteht. Norbert Balzer hat das Problem gelöst, indem er die Kugel nicht im Fall, sondern im Aufstieg fotografiert hat. Die »fallende Kugel« ist also nichts anderes als ein Tischtennisball, der nach dem Aufprall gegen die Aufnahmeplatte nach oben wegspringt *Foto: Norbert Balzer*

Eine raffinierte Aufnahme von Klaus Lorenz: Die Zigarettenschachtel liegt in einem flachen schwarzen Wasserbecken. Die passenden Farbtöne wurden erzielt, indem das auf eine Plexiglasscheibe montierte Gauloises-Logo (Transparentfilm mit dem blauen Helm auf rotem Untergrund) mit einem Blitzkopf von hinten auf die Wasseroberfläche projiziert wurde. Die konzentrischen Wellen wurden durch einen fallenden Wassertropfen hervorgerufen und sorgen für die »plastische Unschärfe« des Umfeldes. Als Hauptlicht wurde ein Stufenlinser als Seitenlicht von rechts eingesetzt

Die Boxlites sind ideale Lichtquellen für Sachaufnahmen kleiner Objekte. Sie sind belastbar bis 3200 Ws und in den Formaten 20x30 cm und 30x40 cm erhältlich. Die Boxlites können auch zu einer kleinen Lichtwand gestapelt werden

Das Striplite MARIP 25x120 cm ist eine langgezogene Flächenleuchte, die mit zwei Stabblitzröhren bestückt ist und bis 3200 Ws belastet werden kann (Halogeneinstellicht 600 W). Das Striplite kann als Streiflicht, als seitliches Hauptlicht oder für lange, schmale Reflexe im Objekt eingesetzt werden

Großflächige Spezialreflektoren

In der professionellen Studiofotografie wird für die allgemeine Helligkeit oder für eine bestimmte Porträtbeleuchtung oft ein leistungsstarkes aber weiches Licht gebraucht. Ein solches Licht kann von großflächigen Spezialreflektoren, auch Weichstrahler genannt, geliefert werden. Weichstrahler sind mit einem Gegenreflektor ausgestattet, der die Pyrexglocke und somit die Blitzröhre abdeckt. Dadurch entsteht ein indirektes, weiches Licht von höherer Intensität als bei einer Lichtwanne oder Softbox. Der Weichstrahler für die Geräte Minilite und Profilite hat einen Durchmesser von 35 cm. Der Durchmesser des Weichstrahlers für die Systeme Ministudio, Variolite, Studiolite und Magnolite ist mit 44 cm um 9 cm größer und liefert somit ein noch weicheres Licht. Die Weichstrahlreflektoren sind speziell für die Anforderungen der Porträtfotografie konzipiert, doch sie können, wenn eine größere Beleuchtungsintensität gefordert wird, als Fülllicht für die Grundbeleuchtung eingesetzt werden.

Ein Reflektor besonderer Art ist der Multirond-Großweichstrahler mit einem Durchmesser von 80 cm. Der Großweichstrahler ist mit einem Gegenreflektor ausgestattet und kann zusätzlich mit einer Softfolie oder einem Wabenfilter bestückt werden. Durch diese Kombinationsmöglichkeiten können verschiedene Lichtarten mit einem einzigen Reflektor erzeugt werden. Der Multirond-Großweichstrahler hat ein Bajonett für die Systeme Ministudio, Variolite, Studiolite und Magnolite. Für den Einsatz des Multirond-Großweichstrahlers bieten sich vor allem die Sachbereiche Porträt, Mode und Beauty an.

Ein weiterer Spezialreflektor, der Weitwinkelreflektor, leuchtet zwar einen Winkel von 120° relativ gleichmäßig aus, doch das Licht ist direkt und recht hart. Daher ist die Lichtwirkung des Weitwinkelreflektors nicht mit der eines Weichstrahlers zu vergleichen.

Der Multirond-Großweichstrahler hat einen Durchmesser von 80 cm, ist innen weiß beschichtet und mit einem Gegenreflektor sowie einer abnehmbaren Diffusionsfolie ausgestattet. Die Licht- charakteristik kann verändert werden, und zwar je nach dem, ob mit oder ohne Diffusionsfolie gearbeitet wird

Der Weitwinkelreflektor RIWEI hat einen Durchmesser von 33 cm und leuchtet einen Winkel von 120° relativ gleichmäßig aus. Das Licht ist jedoch direkt und hart, so daß die Lichtwirkung des Weitwinkelreflektors nicht mit der eines Weichstrahlers verglichen werden kann

Der Weichstrahler RIWEW hat einen Durchmesser von 44 cm und ist mit einem Gegenlichtreflektor versehen. Durch die weiße Reflexionsfläche und die indirekte Lichtführung ist der Weichstrahler eine optimale Lichtquelle für Porträt- und Aktaufnahmen. Die weiße Reflexionsfläche bewirkt eine nuancierte, tonwertrichtige Hautwiedergabe und die runden Reflexe bringen Glanz in die Augen und wirken natürlich

Diffusionsfolien

In vielen professionellen Fotostudios haben Diffusionsfolien ihren festen Platz. Von einer oder mehreren Leuchten angestrahlt, liefern Diffusionsfolien ein relativ weiches, diffuses Licht. Die Diffusionsfläche kann aus verschiedenen Materialien bestehen, wie beispielsweise opakes, weißes Plexiglas, verschiedene Kunststoff-Folien oder sogar bestimmte Textilmaterialien.

Die Arbeitsplatte aus weißem, opakem Plexiglas, die für den Leuchttisch MA 220 aus dem Multiblitz-Programm bestimmt ist, kann als Diffusionsfläche für Durchlicht benutzt werden. Dabei kann die Plexiglasplatte auf dem Aufnahmetisch montiert oder stehend (an Stativen, Autopole-Rohren oder am Aufnahmetisch) befestigt werden. Mit mehreren Leuchten gleichmäßig angestrahlt, kann die Plexiglasplatte als Ersatz für eine Großlichtwanne dienen.

Unter der Bezeichnung Translum bietet Multiblitz eine opake Durchlichtfolie aus weißem Kunststoff, die als Diffusionsfläche gut geeignet ist. Translum ist auch besonders praktisch, weil es als Rollenmaterial geliefert wird. Die 1,37x5,48 Meter Rolle ist sogar für ein Lichtzelt ausreichend. Mit einem Striplite von unten beleuchtet, kann auf der Translum-Fläche (als Hohlkehle oder

gerade aufgebaut) ein Hell-Dunkel-Hintergrundverlauf erzeugt werden, wobei das Striplite auch mit Farbfolien abgedeckt werden kann. Ebenfalls im Multiblitz-Angebot ist auch der weiße Vliesstoff Di-Fuse zu finden, der auch für Durchlicht geeignet ist. Di-Fuse ist als 2,34x7,31 Meter Rolle erhältlich. Sowohl Translum als auch Di-Fuse

sind sehr preisgünstig. Als Diffusionsfläche gut geeignet sind auch die Rondoflex-Diffusoren und die weißen Rondoflex-Reflektoren, die in drei Durchmessern angeboten werden (50 cm, 95 cm und 120 cm).

Der Lichtcharakter ist abhängig vom Diffusionsvermögen des jeweiligen Materiales und von dem Abstand der Leuchten zur Diffusionsfläche. Beim Einsatz von Diffusionsfolien sollten jedoch folgende Aspekte beachtet werden: Falls nicht eigens für fotografische Zwecke hergestellte Diffusionsfolien oder Plexiglasplatten erworben werden (zum Beispiel im Baumarkt), sollte man stets darauf achten, daß sie frei von Farbstoffen sind.

Die Leuchte darf wegen der Hitzeentwicklung nicht zu nahe an der Diffusionsfläche aufgestellt werden, weil sonst Schmelz- oder sogar Brandgefahr besteht. Ist aber ein ausreichender Abstand der Leuchte nicht möglich, so bleibt dem Fotografen nichts anderes übrig, als auf die Vorzüge des Einstellichtes zu verzichten (weil die Hitzeentwicklung hauptsächlich auf das Halogenlicht zurückzuführen ist).

Um unerwünschte Lichtstreuung weitgehend abzuschirmen, kann zwischen Leuchte und Diffusionsfolie oder -platte ein schwarzer Stoff (zum Beispiel Ray-Velours von Multiblitz) oder schwarzgefärbte Pappe befestigt werden, wobei auch hier auf die Hitzeentwicklung besonders zu achten ist.

Reflexschirme

Reflexschirme stellen eine sehr preiswerte Möglichkeit dar, gestreutes Licht zu erzeugen. Multiblitz bietet Reflexschirme in verschiedenen Größen und mit weißen oder metallisierten Oberflächen an. Es gibt aber auch Schirme für Durchlicht, die mit einem Diffusionsmaterial bespannt sind. Je nach Größe und Beschaffenheit der Reflexions- oder Diffusionsfläche, entsteht ein mehr oder weniger weiches Licht. Bei einer großen Schirmfläche ist das Licht weicher und die Farbsättigung geringer als bei einer kleinen. Die weiße Reflexionsfläche erzeugt ein weicheres Licht als die silberbeschichtete. Die silberbeschichtete Fläche bringt dafür eine etwas bessere Farbsätti-

Als Diffusionsfläche geeignet sind einige Produkte aus dem Multiblitz-Programm, wie beispielsweise die Rondoflex-Reflektoren, die opake Durchlichtfolie Translum oder der Vliesstoff Di-Fuse. Translum und Di-Fuse sind als preisgünstige Rollenware erhältlich

Die Arbeitsplatte des Leuchttisches MA 220 besteht aus weißem, opakem Plexiglas und kann als Diffusionsfläche für Durchlicht benutzt werden. Die Plexiglasplatte kann aber auch stehend befestigt werden und von einer oder mehreren Leuchten angestrahlt werden

Der Reflexschirm VARES mit 80 cm Durchmesser und weißer Reflexfläche reflektiert ein stark gestreutes, weiches Licht, das bei Porträt- und Aktaufnahmen für eine gute Wiedergabe der Hauttöne sorgt

Der Reflexschirm VAREU hat einen Durchmesser von 110 cm. Die Bespannung ist umkehrbar, so daß wahlweise eine weiße oder eine silberne Reflexfläche zur Verfügung steht. Kontrastreichere und brillante Aufnahmen bei besserer Lichtausbeute lassen sich mit der silbernen Reflexfläche erzielen, während die weiße Seite eher gedämpftere Farbtöne hervorruft. Durch Verschieben in der Schirmhalterung kann das Licht gewissermaßen »fokussiert« werden

Rechte Spalte:
Weiches, gestreutes Licht ist optimal für kleinere Stilleben oder Sachaufnahmen mit verchromten Gegenständen und Flüssigkeiten (Original in Farbe)
Foto: Werbefotografie Haubold

Die Aufnahmen auf Seite 56 stammen aus einer aufwendigen Bildserie des Fotografen Manfred Ehrich. Rinden, Blätter und Früchte lagen waagerecht auf einem Aufnahmetisch. Für die Grundaufnahmen wurde links und rechts daneben jeweils ein Striplite auf den Aufnahmetisch gelegt. Ein Projektionsspot von der rechten Seite setzte im flachen Winkel die Lichtakzente. Die Lichtdosierung für die Mehrfachbelichtungen wurde durch Testschüsse auf Sofortbildmaterial ermittelt
Fotos: Manfred Ehrich

gung. Der Lichtcharakter wird aber auch von der Leuchtdistanz entscheidend beeinflußt. Bei einer großen Entfernung zwischen Lichtquelle und Objekt ist das Licht härter und die Farbsättigung höher als bei einer geringeren Leuchtdistanz.

Die Reflexschirme sollten an den Multiblitz-Geräten nur bei angesetztem Schutz- und Schirmreflektor benutzt werden, weil nur der Leuchtwinkel dieses Reflektors auf die Größe der Schirmfläche optimal abgestimmt ist. Die Wirkung des Reflexschirmes kann mit der einer Softbox verglichen werden. Die Lichtführung und die Begrenzung der Leuchtfläche ist nicht so genau wie bei einer Softbox. Reflexschirme werden aber, obwohl eigentlich jeder Studiofotograf einen oder mehrere Reflexschirme besitzt, in der Studioarbeit immer mehr von

textilen Softboxen verdrängt. Die Farbsättigung durch große Flächenleuchten ist höher als beim Einsatz von Reflexschirmen. Ferner wirkt sich die Spiegelung einer Flächenleuchte im Objekt weniger störend aus, als die Spiegelung eines Reflexschirmes.

Indirekte Beleuchtung

Gestreutes Licht kann auch mit herkömmlichen Reflektoren durch indirekte Lichtführung erzeugt werden. Am einfachsten ist es, wenn beispielsweise ein Normalreflektor gegen eine weiße Wand oder gegen eine große Styroporplatte gerichtet wird. Wenn ein Reflektor eine weiße Wand oder Decke anstrahlt, entsteht eine recht weiche und fast schattenlose Beleuchtung. Bei dieser Beleuchtungsart ist jedoch Vorsicht geboten, denn nur allzuleicht verschwindet das Objekt

in einer weichen »Lichtsoße« oder wirkt langweilig. Abhilfe können zum Beispiel Lichtakzente schaffen, die mit anderen Lichtquellen gesetzt werden. Außerdem kann es auch bei scheinbar weißen Wänden, je nach Farbton des Anstriches, zu Farbstichen oder sogar zu Farbverschiebungen kommen. Der auf den ersten Blick so einfach erscheinende Einsatz indirekter Beleuchtung ist tatsächlich recht problematisch. Daher dient dieser kurze Abschnitt mehr der Vollständigkeit und wird nicht zur Nachahmung empfohlen.

Die Lichtposition und ihre Wirkung

Professionelle Studiofotografie setzt die totale Kontrolle über die Beleuchtung voraus. Die Eigenschaften der Lichtquellen und Reflektoren kennen wir bereits aus den vorangegangenen Kapiteln. Nun geht es darum, die Lichtführung und ihre Wirkung kennenzulernen, bevor wir uns dann der Objektmodulation durch Licht und Schatten widmen.

Die Wirkung der Beleuchtung wird in entscheidender Weise von der Richtung und dem Strahlenwinkel des einfallenden Lichtes bestimmt. Am besten erkennt man die Lichtwirkung bei der direkten Beleuchtung mit einer einzigen Lichtquelle. Je nach Anordnung der Lichtquelle zum Aufnahmeobjekt einerseits, und andererseits zur imaginären Achse zwischen Kamera und Objekt (die mit der Objektivachse identisch ist), spricht man von Frontalbeleuchtung, Seitenlicht, Streiflicht, Oberlicht, Unterlicht oder Gegenlicht.

Bei Frontalbeleuchtung, Seitenlicht, Streiflicht und Gegenlicht sollte der Strahlenwinkel nicht mehr als etwa 45°-50° von der Waagerechten nach oben abweichen. Wenn das Licht mit einer Abweichung von bis zu etwa 30° von der Senkrechten auf das Objekt trifft, spricht man, je nach Richtung, von Oberlicht beziehungsweise von Unterlicht. Die Richtung und der Strahlenwinkel beeinflussen in entscheidender Weise die Objektmodulation, also die Betonung oder Unterdrückung der Formen, Konturen, Oberflächenstrukturen sowie die Lage und Größe der Schatten.

Es gibt nun aber viele Fotografen und Fachautoren, die eine richtungsabhängige Beleuchtungsanordnung mit Begriffen wie Hauptlicht, Aufhellicht, Effektlicht oder Hintergrundlicht bezeichnen. Diese Begriffe sind aber in diesem Zusammenhang etwas irreführend, weil sie nur die Gewichtung der einzelnen Lichtquellen innerhalb der Beleuchtungsanordnung beschreiben und dabei die Richtung und den Einfallswinkel außer Acht lassen.

Das Hauptlicht kann beispielsweise frontal, seitlich oder sogar als Gegenlicht gesetzt werden. Dasselbe gilt auch für Aufhellicht und Effektlicht. Sogar das Hintergrundlicht kann aus verschiedenen Richtungen kom-

Zu den Abbildungen auf Seite 58 oben:
Die Objekte wurden auf eine Hohlkehle aus blauem Plexiglas gestellt, die von hinten mit einem Blitzkopf angestrahlt wurde (Lichtfleck im Hintergrund). Ein Blitzkopf von links als Seitenlicht sorgte für die Grundhelligkeit. Ein Spot von links in leicht nach hinten versetzter Steiflichtposition und ein Spot von rechts aus Seitenlichtpo- sition setzten die Lichtakzente
Foto: Studio Bosshammer

unten:
Bei der Aufnahme des Recyclingmessers wurde ein Normalreflektor als Hauptlicht aus einer ausgeprägten Seitenlichtposition von rechts eingesetzt. Auf der linken Seite, fast frontal, wurde eine »abgenegerte« Multilite 40 Lichtwanne als Aufhellicht positioniert
Foto: Rainer Hochscherf

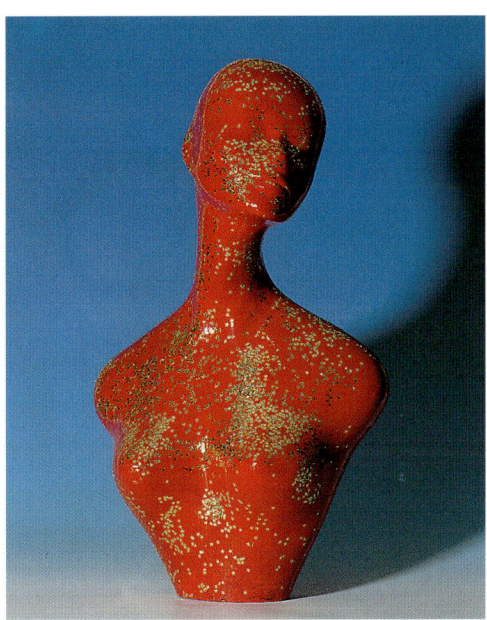
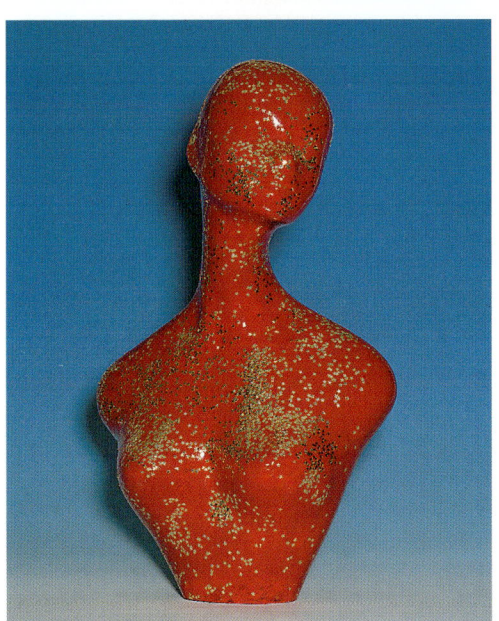

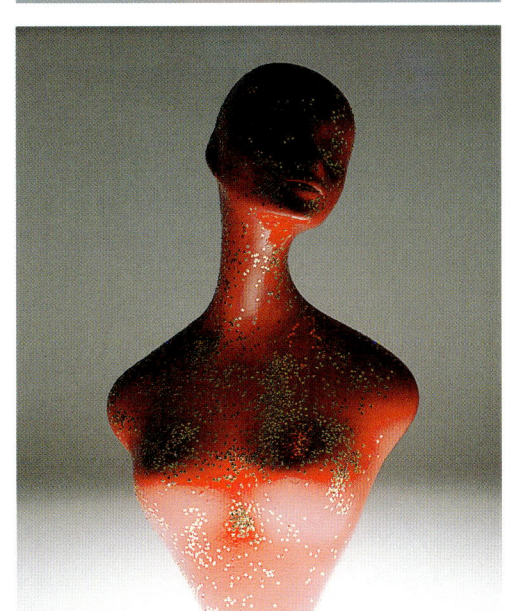

Die Lichtposition und ihre Wirkung:
1 Streiflicht von links
2 Seitenlicht von links
3 Vorderlicht (Frontalbeleuchtung), rechts unmittelbar neben der Kamera
4   Oberlicht, links und leicht schräg
5 Unterlicht, leicht vorgelagert
6 Gegenlicht, mit Durchlichthintergrund
Fotos: Artur Landt

men: von der Seite, von unten (Striplite direkt unter dem Hintergrund) oder als Gegenlicht (Durchlicht-Hintergrund). Daher werden wir die Begriffe Hauptlicht, Aufhelllicht, Effektlicht und Hintergrundlicht nur bei der Gewichtung der einzelnen Lichtquellen in einer Beleuchtungsanordnung verwenden.

Vorderlicht

Bei der Frontalbeleuchtung, auch als Vorderlicht oder Auflicht bezeichnet, befindet sich die Lichtquelle hinter oder unmittelbar neben der Kamera. Oder anders ausgedrückt: Die Achse Lichtquelle–Objekt sollte nicht mehr als etwa 15° von der Objektivachse abweichen. Die hundertprozentige Übereinstimmung der Lichtachse und der Objektivachse ist in der Studiopraxis eigentlich nicht zu erreichen. Normalerweise ist bei Frontalbeleuchtung die Lichtquelle so angeordnet, daß die Strahlen (nach oben) einen Winkel zwischen 0° und maximal 45° bis 60° zur Horizontalen bilden.

Das Aufnahmeobjekt wirkt bei Frontalbeleuchtung flach, die Konturen sind schwach und die Oberflächenstrukturen kaum sichtbar. Bei weitgehender Übereinstimmung von Lichtachse und Objektivachse verschwindet der Schatten mehr oder weniger hinter dem Objekt und ist von der Kameraposition aus nur sehr schwach erkennbar. Die Größe des Schattens ist von der Beleuchtungsdistanz abhängig. Das Objekt wird durch Vorderlicht nur unzureichend vom Hintergrund getrennt. All das kann, je nach Bildidee, von Vorteil oder von Nachteil sein. Im allgemeinen wird jedoch die Frontalbeleuchtung von Profifotografen eher vermieden. Gezielt eingesetzt kann Vorderlicht aber auch zur Lösung beleuchtungstechnischer Probleme beitragen.

Einen sehr hohen Kontrastumfang eines Aufnahmeobjektes (mit extrem hellen und extrem dunklen Partien) bekommt man mit Frontalbeleuchtung recht gut in den Griff. Die Frontalbeleuchtung kann mit guten Ergebnissen eingesetzt werden, wenn eine natürliche Farbwiedergabe gewünscht wird oder wenn große Farbflächen als Eigenschaft des Objekts hervorgehoben werden sollen. Vorderlicht eignet sich aber auch gut für die Grundhelligkeit beziehungsweise für die allgemeine

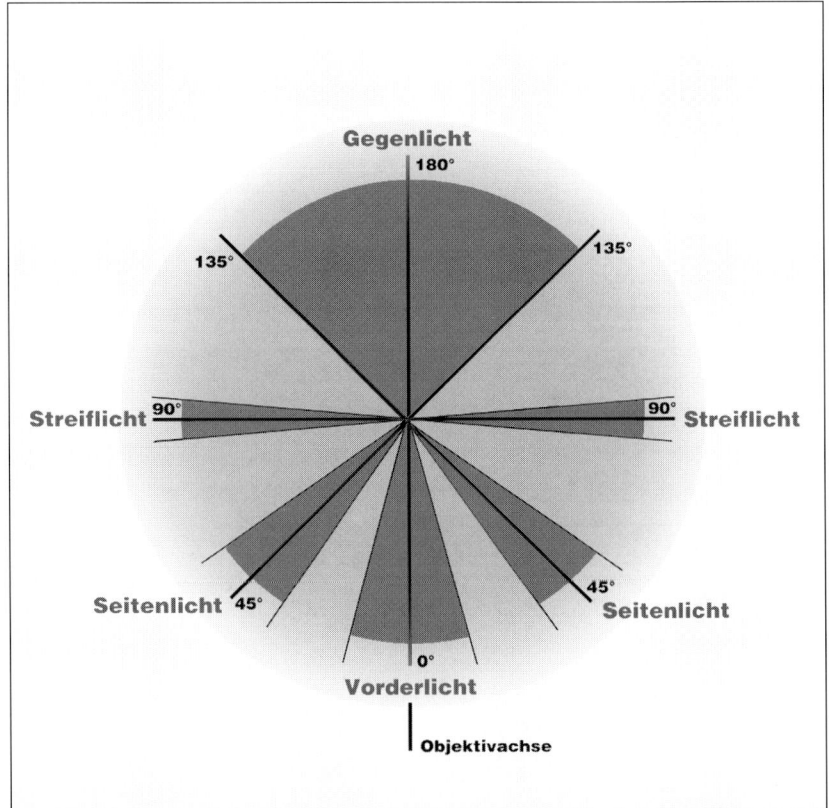

Beleuchtung, es sollte jedoch, um nicht langweilig zu wirken, mit zusätzlichen Effektlichtern ergänzt werden.

Schematische Darstellung der Lichtposition. Die Gradangaben beziehen sich auf die Achse Kamera-Objekt (das heißt auf die Objektivachse) und sind nur Annäherungswerte

Seitenlicht

Seitenlicht entsteht, wenn die Achse Lichtquelle–Objekt einen Winkel von etwa 45° zur Objektivachse bildet, wobei normalerweise die Abweichung (zum 45°-Winkel) nicht größer als etwa ±10° ist. Die Lichtquelle kann links oder rechts zur Objektivachse plaziert werden. Der Strahlenwinkel liegt üblicherweise zwischen 0° und etwa 45° bis 60° zur Waagerechten.

Seitenlicht erzeugt eine gute Helligkeitsmodulation und betont die Form und die Oberflächenstruktur des Aufnahmeobjektes. Der Schattenwurf ist recht kräftig und so gelagert, daß er natürlich wirkt. Es entsteht ein räumlicher, plastischer Eindruck und das Objekt wird vom Hintergrund gelöst. Die Farbwiedergabe ist relativ neutral, jedoch etwas gesättigter als bei Frontalbeleuchtung. Bei Schwarzweißaufnahmen erzielt man mit Seitenlicht eine gute Tonwertabstufung. Die direkte Beleuchtung mit Seitenlicht führt zu hohen Kontrasten, die aber

Seitenlicht ist die in der professionellen Studiofotografie wohl am meisten eingesetzte Lichtart. Streiflicht und Gegenlicht werden aber auch oft verwendet, wenn die »Dramaturgie« der Lichtführung nach einer besonderen Beleuchtung verlangt

oft auf einfache Weise mit einem Aufheller vermindert werden können.

In der Studiofotografie ist Seitenlicht die wohl meistverwendete Lichtart, weil sie eine gute Objektmodulation hervorruft, verhältnismäßig unproblematisch in der lichttechnischen Handhabung ist und normalerweise zu ausgewogenen Bildergebnissen führt. Diese Lichtart wird aber so häufig eingesetzt, daß die Gefahr groß ist, ins Klischeehafte abzugleiten.

Streiflicht

Als Streiflicht wird extremes Seitenlicht bezeichnet, das einen Winkel von zirka 90° zur Objektivachse bildet. Die Lichtachse sollte nicht mehr als etwa 5° vom rechten Winkel zur Objektivachse abweichen. Bei geringer Abweichung in Richtung Kamera werden die Objektstrukturen »herausgearbeitet«, bei Abweichung von der Kamera weg werden nur noch die Konturen betont. Der Strahlenwinkel liegt üblicherweise zwischen 0° und etwa 45° bis 60° zur Horizontalen und kann der Ausrichtung der Oberflächenstruktur des Aufnahmeobjektes angepaßt werden.

Streiflicht hat eine besondere Lichtwirkung: Es erzeugt eine ausgeprägte Objektmodulation, bei der sogar flache Oberflächenstrukturen plastisch sichtbar werden. Auch die Formen und Konturen werden betont und der Schatten ist kräftig. Streiflicht liefert eine dynamische Beleuchtung bei der die Kontraste verstärkt und die Farbsättigung erhöht werden.

Die Fotos von Seite 62 und 63 zeigen, wie man das Thema Papier durch Lichtformung und Lichtführung auf besondere Art und Weise fotografisch darstellen kann. Für die Grundbeleuchtung wurde schräg gegenüber der Kamera auf der linken Seite, fast in Gegenlichtposition, eine quadratische Lichtwanne Multilite 40 aufgestellt, die mit einer blauen beziehungsweise mit einer roten Filterfolie versehen war. Auf der rechten Seite wurde ein Aufheller angebracht. Die Lichtakzente wurden mit zwei Projektionsspots mit entsprechenden Masken erzeugt, die auf der linken Kameraseite positioniert waren
Fotos: Studio Bosshammer

Gegenlicht

Eine Gegenlichtsituation entsteht, wenn der Fotograf die Lichtquelle hinter dem Aufnahmeobjekt plaziert. Beim sogenannten reinen Gegenlicht befindet sich die Lichtquelle in der Objektivachse (hinter dem Objekt). Eine ausgeprägte Gegenlichtsituation kann aber auch bei Anordnung der Lichtquelle in einem Winkel von bis zu etwa 45° zur Objektivachse (nach links oder rechts) herrschen. Die Lichtquelle kann entweder im Bild sichtbar sein oder schräg unterhalb

beziehungsweise oberhalb des Objekts angebracht werden. Der Schatten wird in Richtung Kamera geworfen.

Es gibt keine Lichtart, die kontrastreicher und problematischer in der lichttechnischen Handhabung wäre. Gegenlicht ist aber aus der professionellen Studiofotografie nicht mehr wegzudenken, vor allem weil es besondere Effekte erzeugt: Das Objekt kann so dargestellt werden, daß es von einem Lichtsaum umgeben ist. Oder es kann als Silhouette abgebildet werden. Gegenlicht kann auch einen ausgeprägten Eindruck der räumlichen Tiefe hervorrufen. Wenn die Transparenz eines Aufnahmeobjektes dargestellt werden soll, gibt es dafür keine geeignetere Lichtart. Bei der Arbeit mit Gegenlicht sind einige Aspekte zu beachten. Wenn sich die Lichtquelle gegenüber der Kamera befindet, können Blendenreflexe und Überstrahlungen die Folge sein. Bei Gegenlichtaufnahmen in der Natur kann das durchaus seine Reize haben, in der Studiofotografie sind aber solche Erscheinungen normalerweise wenig erwünscht. Daher sollte der Fotograf im Sucher oder auf der Mattscheibe die Bildwirkung genau überprüfen. Falls unerwünschte Reflexe sichtbar werden, können »Neger« oder ein Kompendium vor dem Objektiv Abhilfe schaffen.

Der Helligkeitsunterschied zwischen Gegenlicht und Objekt überschreitet normalerweise den Kontrastumfang des Films. Das gilt im besonderen für Diapositivfilme. Der Fotograf kann entweder auf die Lichter oder auf die Schatten belichten. Wenn auf die Lichter belichtet wird, entsteht eine silhouettenhafte Abbildung des Objekts, bei der so gut wie keine Details sichtbar sind. Mit einem zusätzlichen Aufheller oder einem Aufhellicht kann der Kontrast reduziert und an den Kontrastumfang des Films angeglichen werden. Wenn man dagegen auf die Schatten belichtet, verschwindet der Hintergrund in einem »Lichtmeer«.

Die Lichtquelle kann hinter einem für Durchlicht geeigneten Hintergrund, wie beispielsweise die Plexiglasplatte des Aufnahmetisches MA 220 oder die Translum Durchlichtfolie, plaziert werden. Eine andere Möglichkeit, vor allem in der Akt- oder Porträtfotografie, besteht darin, einen hellen, reflektierenden Hintergrund mit einer leistungsstarken Lichtquelle anzustrahlen, die zwischen Objekt und Hintergrund angebracht ist.

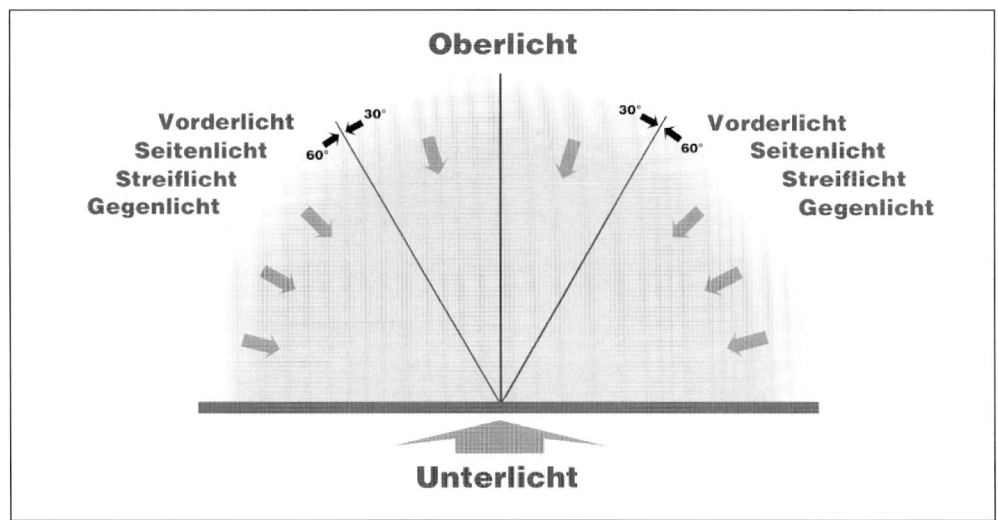

Schematische Darstellung der Lichtposition in der senkrechten Ebene. Die Gradangaben beziehen sich auf die Senkrechte bzw. auf die Waagerechte, sie sind aber nur als Annäherungswerte zu verstehen

Oberlicht

Wenn das Licht senkrecht von oben oder mit einer seitlichen Abweichung von maximal 30° auf das Objekt auftrifft, spricht man von Oberlicht. Die Wirkung dieser Lichtart kann verglichen werden mit der der Mittagssonne im Sommer, also mit jener Beleuchtung, die Profifotografen »on location« rigoros meiden. Das Aufnahmeobjekt wird unzureichend vom Hintergrund getrennt und der Schattenwurf ist klein und ungünstig. Direktes Oberlicht ist auch für die meisten Sachgebiete der Studiofotografie, vor allem für den Porträtbereich, nur bedingt geeignet. Diffuses Oberlicht, das beispielsweise von einer Flächenleuchte kommt, wird jedoch in der Stillife-, Food- und Sachfotografie oft verwendet.

Unterlicht

Wenn die Lichtquelle unterhalb des Aufnahmeobjektes plaziert wird, sprechen Profifotografen von Unterlicht (wohl in Angleichung an die Bezeichnung Oberlicht). Durch Unterlicht entsteht eine eher ungewöhnliche Beleuchtung. Ungewöhnlich nicht zuletzt auch deshalb, weil diese Lichtart in der Natur so gut wie nicht vorkommt. In der Studiofotografie wird diese Lichtart meistens von einer Flächenleuchte erzeugt (weil das direkte Licht der Reflektoren zu hart ist), so daß wir auf die Angabe des Strahlenwinkels verzichten. Das Unterlicht ist in der Studiofotografie ähnlich problematisch wie direktes Oberlicht und sollte nur verwendet werden, wenn es für die gewünschte Bildaussage unerläßlich ist. Das Licht von unten erzeugt einen theatralischen Effekt (»Rampenlicht«) und ist, vor allem im Porträtbereich, nur mit viel Fingerspitzengefühl einzusetzen. In der Sachfotografie wird Unterlicht auch dann eingesetzt, wenn man eine schattenlose Beleuchtung anstrebt.

Beleuchtungsdistanz

Daß die Wirkung der Beleuchtung in entscheidender Weise von der Richtung und dem Strahlenwinkel des einfallenden Lichtes bestimmt wird, haben wir anhand der Lichtführung mit einer Lichtquelle festgestellt. Einen großen Einfluß auf die Wirkung der Beleuchtung hat außerdem die Entfernung zwischen Lichtquelle und Aufnahmeobjekt, die auch als Beleuchtungsdistanz bezeichnet wird. Die Beleuchtungsdistanz beeinflußt die Farbsättigung und den Schattenwurf. Wir haben im Kapitel über die Lichtformung festgestellt, daß die Art und Größe der Lichtquelle ebenfalls eine ausschlaggebende Rolle spielt. Folgende Grundsätze gelten daher für Lichtquellen gleicher Art und Größe:

Bei kleiner Beleuchtungsdistanz ist das Licht weicher und die Farbsättigung geringer als bei einer großen Beleuchtungsdistanz. Eine große Beleuchtungsdistanz liefert ein härteres Licht und eine höhere Farbsättigung. Bei kleiner Beleuchtungsdistanz entsteht ein vergrößertes Schattenbild. Die Vergrößerung der Beleuchtungsdistanz bewirkt eine Verkleinerung des Schattenbildes.

Bei der Aufnahme der Blechcontainer wurde ein Stufenlinser als Hauptlicht von rechts aus einer Seitenlichtposition eingesetzt. Zwischen Stufenlinser und Kamera war eine große Softbox als Aufhellicht positioniert. In der offenen Schublade befindet sich ein Aufsteckblitzgerät, das den Engel in Licht einhüllt. Geblitzt wurde nur bei der Erstaufnahme, die ohne brennende Kerzen entstand. Bei der Zweitaufnahme wurden dann die brennenden Kerzen nachbelichtet, wobei ein Sterneffektfilter die gewünschte Wirkung erzeugt
Foto: Lorenz Fotodesign

Die Lichtführung mit einer Lichtquelle

Nachdem wir die Wirkung der Lichtformung durch Reflektoren und der Position der Lichtquelle kennengelernt haben, gilt es nun, das Aufnahmeobjekt durch gezielte Lichtführung der Bildidee entsprechend zu beleuchten.

Eine klassische Beleuchtung besteht üblicherweise aus Hauptlicht, Aufhellicht, Effektlicht und Hintergrundlicht. Die Funktion der Lichtführung kann am einfachsten nachvollzogen werden, wenn die einzelnen Beleuchtungselemente zunächst getrennt dargestellt werden. Die Wirkung der Lichtführung erkennt man am besten bei abgedunkeltem Studio. Jedes Licht ist so zu »führen«, daß es das Aufnahmeobjekt ohne zusätzliche Lichtquellen in der gewünschten Weise anleuchtet.

technischen Handhabung. Das Hauptlicht kann aber prinzipiell in jeder Position angebracht werden. Um nur einige Beispiele zu nennen: Wenn die Transparenz eines Objektes aus Glas oder durchsichtigem Kunststoff betont werden soll, dann wird das Hauptlicht in eine Gegenlichtposition angeordnet. Soll aber die flache Oberflächenstruktur eines Objektes »herausgearbeitet« werden, dann ist die Positionierung des Hauptlichtes als Streiflicht unerläßlich.

Welche Bedeutung dem Hauptlicht zukommt, kann man auch daran erkennen, daß erfahrene Profifotografen das »Setzen« dieses Lichtes erst dann als beendet betrachten, wenn die Bildaussage nur noch durch den Einsatz weiterer Lichtquellen verbessert werden kann. Oft ist es sinnvoll, schon in diesem Stadium das Hauptlicht durch eine Sofortbildaufnahme zu überprüfen. Die gewünschte Bildwirkung sollte bereits deutlich zu erkennen sein.

Für die Lichtführung mit einer Lichtquelle ist der Normalreflektor gut geeignet, wobei ein Aufheller zu empfehlen ist

Hauptlicht

Das Hauptlicht, auch Führungslicht genannt, ist wohl die wichtigste Lichtquelle, der alle anderen Lichtquellen unterzuordnen sind. Als Hauptlicht wird normalerweise gerichtetes Licht eingesetzt, wie es beispielsweise von Reflektoren (Normalreflektor, Engstrahler, Weichstrahler) erzeugt wird. Oft kann aber auch eine Flächenleuchte (Lichtwanne, Softbox) als Hauptlicht dienen. Die Wahl der Lichtquelle sollte aber auf jeden Fall der angestrebten Bildwirkung entsprechen.

Das Hauptlicht ist außerdem überwiegend auch für die Grundhelligkeit und die Objektmodulation, das heißt für die Verteilung von Licht und Schatten im Aufnahmeobjekt oder Motiv, verantwortlich. Folglich muß die Größe und die Form der als Hauptlicht eingesetzten Lichtquelle auch der Größe und Form des Aufnahmeobjektes angepaßt werden.

Die gewünschte Bildwirkung ist auch ausschlaggebend für die Positionierung des Hauptlichtes. Weitverbreitet ist die Anordnung der Hauptlichtquelle als Seitenlicht. Licht, das seitlich und leicht schräg von oben scheint, wird als natürlich empfunden und ist verhältnismäßig einfach in der licht-

Aufhellicht

Das Aufhellicht dient der Schattenaufhellung und der Kontrastreduzierung. Die Schattenpartien können, je nach angestrebter Bildwirkung, mehr oder weniger aufgehellt werden. Normalerweise werden die Schatten nur geringfügig aufgehellt, so daß Details in den dunklen Bereichen zu erkennen sind. Die Aufhellung kann, vor allem in der Sachfotografie, aber auch so stark sein, daß die Schatten so gut wie vollständig verschwinden. Normalerweise gilt jedoch auch für die Aufhellung die Binsenweisheit »so viel wie nötig und so wenig wie möglich«, wobei man im Zweifelsfall eher zu wenig als zu viel aufhellen sollte. Von großer Wichtigkeit ist jedoch folgender Grundsatz: Das Aufhellicht sollte den Charakter des Hauptlichtes und die bereits erzielte Bildwirkung nicht oder zumindest nicht wesentlich verändern.

Als Aufhellicht können Lichtquellen eingesetzt werden, die ein weiches, gestreutes Licht erzeugen, wie beispielsweise Softboxen oder Leuchten mit Reflexschirmen. Auf jeden Fall sollte das Aufhellicht eine wesentlich geringere Intensität als das Hauptlicht aufweisen. Die sogenannte »Lichtzange«, bei der zwei fast gleich starke Licht-

Eine konzentrierte, enge Lichtführung ist mit dem Wabenfilter RINOS-2 mit 33 cm Durchmesser möglich

Mit dem Wabenfilter PROWAL und den Abschirmklappen vor dem Normalreflektor lassen sich schon raffinierte Lichtakzente bei Porträts und kleineren Stilleben setzen

Der runde Lichtfleck im Hintergrund wird von einem hinter der jungen Dame plazierten und mit dem Engstrahlreflektor RIENG bestückten Blitzkopf erzeugt. Das Gesicht der porträtierten Dame wird von einer einzigen Lichtquelle beleuchtet, nämlich von einer als Hauptlicht eingesetzten quadratischen Lichtwanne Multilite 40
Foto: Manfred Ehrich

Die Aufnahmen auf den Seiten 68 und 69 stammen aus einer groß angelegten Serie der Fotografin Petra Stüning. Die Agentur stellte die Dummys des Buchstaben »S« zur Verfügung. Die Fotografin bekam freie Hand für die Aufnahmen. Petra Stüning baute selbst die passenden Hintergründe und Kulissen, wählte die gewünschte Perspektive und setzte ihre Multiblitz-Anlagen für die Lichtgestaltung so ein, wie es ihrer Bildvorstellungen entsprach. Das Resultat überzeugt
Fotos: Petra Stüning

quellen symmetrisch angebracht sind, sollte man tunlichst vermeiden, es sei denn, die Bildidee verlangt tatsächlich nach »kreuzweise« angeordneten Schatten.

Effektlicht

Das Effektlicht ist ein stark gebündeltes Licht, das, dezent »gesetzt«, bestimmte Objektpartien hervorhebt oder die allgemeine Bildwirkung auflockert. Projektionsspots und Stufenlinsenspots sind ideale Lichtquellen dafür, doch oft genügt auch ein Lichttubus mit Wabenfilter. Aus einer Gegenlichtposition erzeugt das Effektlicht einen Lichtsaum um das Objekt. In der Porträtfotografie wird das Effektlicht gerne als sogenanntes Kopflicht seitlich oder von

hinten eingesetzt, um Glanz in die Haare zu bringen. Das Effektlicht kann aber auch, je nach Position, Konturen, Details oder Strukturen betonen. Mit dem Effektlicht können aber auch Spitzlichter erzeugt werden, die der Beleuchtung und damit der Aufnahme eine gewisse Dynamik verleihen. Das Effektlicht muß sorgfältig plaziert werden und darf die allgemeine Beleuchtung nicht aus dem Gleichgewicht bringen.

Hintergrundlicht

Das Hintergrundlicht kann verschiedene Funktionen haben: Es kann den Hintergrund gleichmäßig ausleuchten oder einen Helligkeitsverlauf hervorrufen und außerdem den gewünschten Tonwertunterschied zwischen Objekt und Hintergrund bewirken.

Eine gleichmäßige Ausleuchtung des Hintergrundes kann beispielsweise durch zwei symmetrisch angeordnete Normalreflektoren erreicht werden. Den Helligkeitsverlauf realisiert man am besten mit einem Striplite, das hinter dem Objekt und direkt unterhalb des Hintergrundes plaziert wird. Einen farbigen Hintergrundverlauf erreicht man, indem das Striplite mit einer (hitzebeständigen) Farbfolie abgedeckt wird. Je nach Beleuchtungssituation kann es erforderlich sein, sogar einen von weiß nach farbig verlaufenden Hintergrundkarton mit einem Striplite zu beleuchten, um die weiße Fläche auch weiß wiederzugeben. Der Hintergrundverlauf kann beispielsweise aber auch mit einem Normalreflektor gestaltet werden, sofern dieser mit einem Wabenfilter bestückt ist und nur die Randbereiche der beleuchteten Fläche benutzt werden.

Bei einem Durchlichthintergrund kann die Lichtquelle hinter der Hintergrundfläche angebracht werden, wobei verschiedene Reflektoren benutzt werden können. Spotbeleuchtung eignet sich gut für besondere Lichtakzente, und mit einem Projektionsspot können sogar Masken projiziert werden.

Beim Aufstellen des Hintergrundlichtes ist darauf zu achten, daß kein Licht von dieser Lichtquelle auf das Objekt fällt. Das ist aber nicht immer so einfach, oft ist das »abnegern« der Lichtquelle erforderlich.

PARIS
930 9
NEW YORK
950 7
LONDON
1020 1
TOKIO
1030 8
MOSKAU
1050 9
BRUESSEL
1115 2

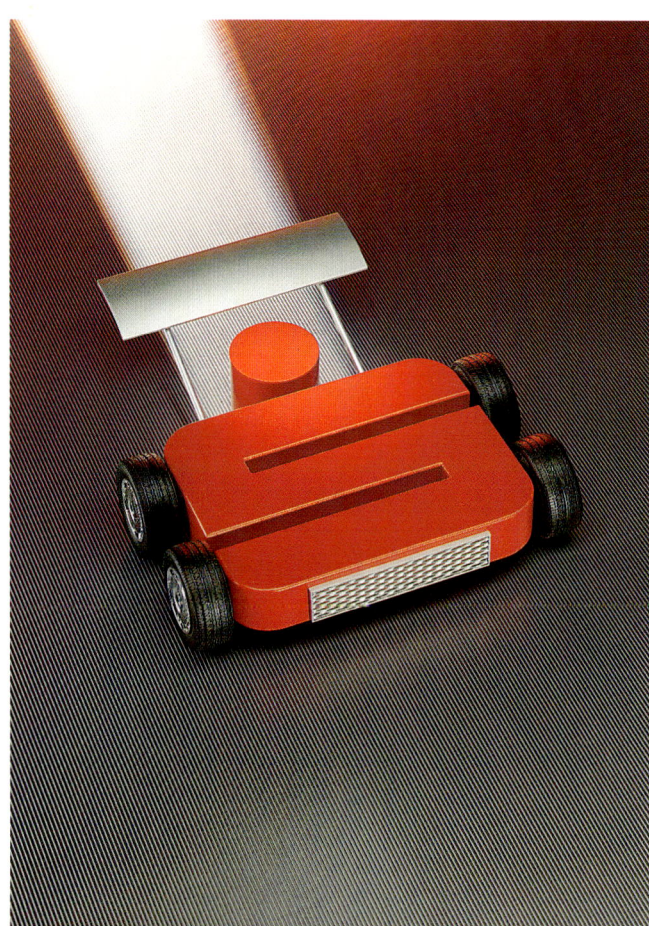

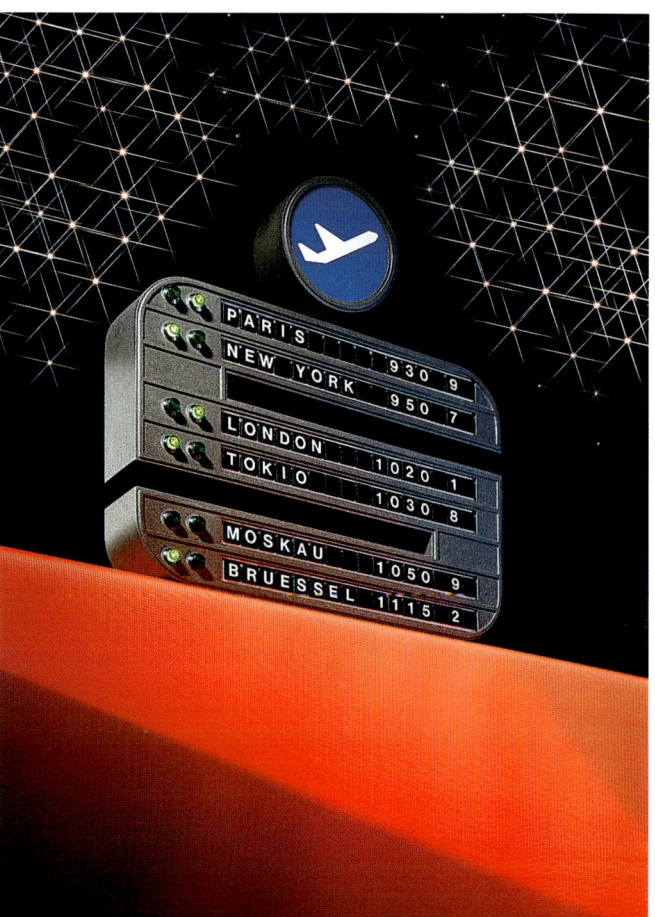

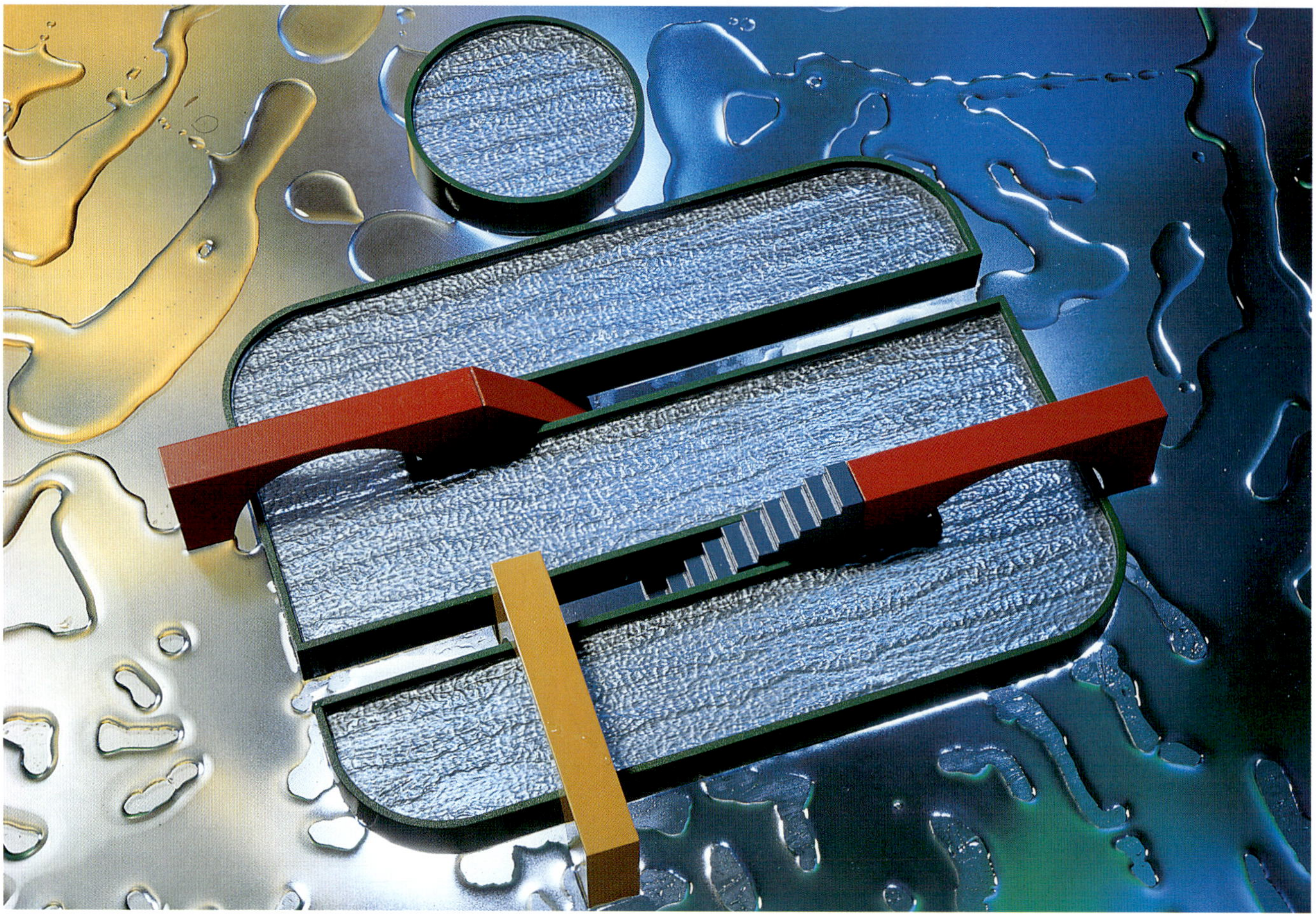

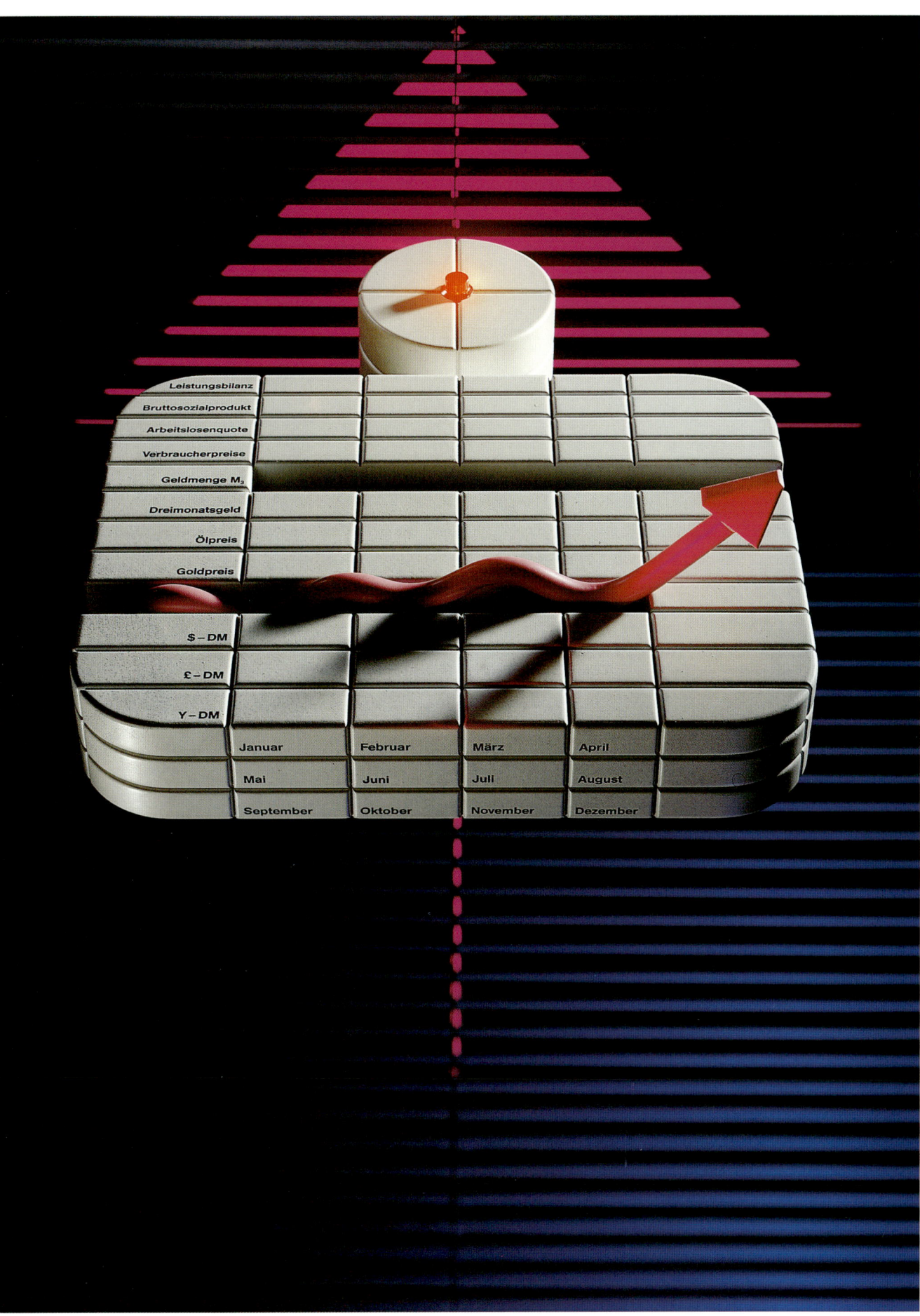

Die klassische Beleuchtung mit mehreren Lichtquellen

Im Prinzip kann der Fotograf mit einer einzigen Lichtquelle und einer Aufhellfläche nicht nur eine halbwegs akzeptable, sondern, je nach Motiv und Bildidee, sogar eine anspruchsvolle Beleuchtung realisieren. Doch das dürfte in der professionellen Fotografie eher die Ausnahme sein. Mit einer einzigen Lichtquelle stößt der Studiofotograf recht schnell an die Grenzen der kreativen Bildgestaltung mit Licht. Daher gehört der Einsatz mehrerer Lichtquellen zum Studioalltag der Profifotografen. Allerdings sollte der Fotograf der Versuchung widerstehen, den gesamten Leuchtenpark auf einmal einzusetzen. Das Resultat der inflationären Verwendung von Leuchten wird in den meisten Fällen eine »Lichtsoße« sein, die den Fotografen als Dilettanten entlarvt.

Professionelle Bildergebnisse können relativ einfach mit der sogenannten klassischen Beleuchtungsanordnung erzielt werden, die normalerweise aus Hauptlicht, Aufhellicht, Effektlicht und Hintergrundlicht besteht. Die klassische Beleuchtung führt üblicherweise zwar nicht unbedingt zu einer außergewöhnlichen Bildwirkung, zeugt aber von solidem Handwerk. Viele Profifotografen entscheiden sich für eine klassische Beleuchtung vor allem dann, wenn mehrere Aufnahmen in kurzer Zeit bei schlechtem Honorar gemacht werden müssen. Die klassische Beleuchtung ist sozusagen die Pflicht, die freie Gestaltung mit Licht dagegen die Kür.

Beim Aufbau einer klassischen Beleuchtung ist es empfehlenswert, einige wichtige Regeln zu beachten:

- Die Positionierung der Lichtquellen sollte in folgender Reihenfolge erfolgen: Hauptlicht, Aufhellicht, Effektlicht und Hintergrundlicht. Diese Reihenfolge einzuhalten ist sinnvoll, nicht aber zwingend. Es gibt auch Fotografen, die beispielsweise zuerst das Hintergrundlicht »setzen« und erst anschließend das Hauptlicht. Ungünstig ist jedoch diese Reihenfolge, wenn der Schatten auf den Hintergrund fällt. Wir schlagen daher die zuerst beschriebene Reihenfolge vor, die auch der Gewichtung der einzelnen Lichtquellen entspricht.

- Wichtig ist auch, daß die Lichtquellen von der schwachen zur starken Leistung geregelt werden. Wer von vornherein »Lichtorgien« veranstaltet wird, wenn überhaupt, nur mit viel Mühe die richtige Gewichtung der einzelnen Leuchten herausfinden können.
- Der Vorgang der Positionierung und Leistungsregelung eines jeden Lichtes ist erst dann als beendet zu betrachten, wenn eine Verbesserung der Bildwirkung nur noch mit zusätzlichen Lichtquellen oder Hilfsmitteln (Aufheller, Neger) erzielt werden kann.
- Die angestrebte Bildwirkung muß bereits nach dem »Setzen« des Hauptlichtes schon recht klar zu erkennen sein und sollte durch jede zusätzliche Lichtquelle noch deutlicher werden. Auf keinen Fall darf durch zusätzliche Leuchten oder Hilfsmittel eine Abschwächung der bereits erreichten Bildwirkung eintreten. Die Hilfslichter sollten außerdem den Charakter des Hauptlichtes nicht oder zumindest nicht wesentlich verändern.
- Der Einsatz von zwei oder mehreren Hauptlichtquellen aus verschiedenen Richtungen sollte unbedingt vermieden werden (es sei denn, der Fotograf will bewußt eine zumindest merkwürdige Beleuchtung erreichen). Die Hilfslichter sollten wesentlich schwächer als das Hauptlicht sein.

Beispiel für eine klassische Beleuchtung: Hauptlicht von links, Aufheller von rechts und gesonderte Beleuchtung des Hintergrundes
Foto: Fuji Film

Eine klassische Beleuchtung besteht aus Hauptlicht, Aufhellicht, Hintergrundlicht und gegebenenfalls auch aus einem dezent gesetzten Effektlicht

Und nun nochmals das Wichtigste in Kurzfassung:

Dem Hauptlicht als wichtigste Lichtquelle sind alle anderen Lichtquellen, die nur als Hilfslichter fungieren, unterzuordnen. Das Hauptlicht ist erst dann als richtig positioniert zu betrachten, wenn die Bildwirkung nur noch durch den Einsatz weiterer Lichtquellen verbessert werden kann, wobei die gewünschte Bildwirkung bereits deutlich zu erkennen sein sollte. Es kann auch hilfreich sein, die Wirkung des Hauptlichtes bereits in diesem Stadium durch einen Testschuß auf Sofortbildmaterial zu überprüfen.

Mit dem Aufhellicht werden die Schatten aufgehellt und der Kontrast reduziert. Die Schattenaufhellung kann, je nach angestrebter Bildwirkung, mehr oder weniger kräftig ausfallen. Das Aufhellicht sollte den Charakter des Hauptlichtes und die Bildwirkung nicht oder zumindest nicht wesentlich verändern.

Die klassische Beleuchtung ist die Pflicht des Studiofotografen, die freie Gestaltung mit Licht dagegen die Kür

Ein dezent »gesetztes« Effektlicht kann bestimmte Objektpartien hervorheben oder Dynamik ins Bild bringen. Aus einer Gegenlichtposition erzeugt das Effektlicht einen Lichtsaum um das Objekt. Effektlicht kann aber auch, je nach Position, Konturen, Details oder Strukturen betonen oder Spitzlichter erzeugen. Das Effektlicht muß sorgfältig plaziert werden und darf die allgemeine Beleuchtung nicht aus dem Gleichgewicht bringen.

Das Hintergrundlicht kann den Hintergrund gleichmäßig ausleuchten oder einen Helligkeitsverlauf hervorrufen und außerdem den gewünschten Tonwertunterschied zwischen Objekt und Hintergrund bewirken. Beim Aufstellen des Hintergrundlichtes ist darauf zu achten, daß kein Licht von dieser Lichtquelle auf das Objekt fällt.

Die hohe Kunst der Beleuchtung

Die klassische Beleuchtung ist sozusagen die Pflicht, die der Studiofotograf mit Routine erledigt. Falls sich die Bildidee mit einer klassischen Beleuchtung realisieren läßt, kann der Fotograf sogar eine anspruchsvolle Bildwirkung erzielen, die Kunden zufriedenstellen und das Honorar mit gutem Gewissen kassieren. Seine Kreativität und sein wahres Können zeigt der Profifotograf jedoch in der Kür, nämlich in der hohen Kunst der Beleuchtung, die eine totale Kontrolle über alle beleuchtungs- und aufnahmetechnisch relevanten Faktoren voraussetzt. Von der Bildidee und den Gegebenheiten des Aufnahmeobjektes ausgehend, setzt der Profifotograf die geeigneten Lichtquellen und Hilfsmittel in optimaler Anordnung für die angestrebte Bildwirkung ein. Natürlich spielen in der Praxis auch Faktoren wie Perspektive, Brennweite, Wahl der Kamera und des Filmmaterials eine wichtige Rolle und sogar Stativ oder Kompendium dürfen nicht vernachlässigt werden. Das eigentliche Medium kreativer Studiofotografie ist aber das Licht. Die Beleuchtung ist letztendlich auch ausschlaggebend für

Gegenlicht als gestaltendes Element einzusetzen, verlangt dem Fotografen großes Können und viel Fingerspitzengefühl ab (Original in Farbe)
Foto: Studio Artco/Pittack

die Umsetzung der Bildidee. Zur Not kann man, um nur einige Beispiele zu nennen, statt eines niedrigempfindlichen einen mittelempfindlichen Film benutzen, statt einer Großformatkamera eine Mittelformatkamera einsetzen, statt eines Studiostativs ein stabiles Dreibeinstativ verwenden, statt mit der Brennweite 210 mm mit der Brennweite 180 mm arbeiten. Die Bildergebnisse werden vielleicht nicht optimal sein, doch erfahrene Fotografen können immer noch das Beste daraus machen. Wenn aber die Gestaltung mit Licht, also die Beleuchtung nicht stimmt, dann ist die Bildwirkung verfehlt und das Bild mehr oder weniger ruiniert. Das heißt nicht, daß Profifotografen bei der Beleuchtung nicht improvisieren müssen, im Gegenteil, ohne Klebeband, Draht und Pappe kommt man sogar in bestausgestatteten Studios nicht aus. Dem fertigen Bild darf man das aber nicht ansehen.

In der kreativen Studiofotografie gibt es keine starren Regeln, oder zumindest keine, die man nicht bewußt durchbrechen könnte. Der handwerkliche Aspekt ist selbstverständlich vorhanden oder genauer, wird zwar vorausgesetzt, steht jedoch nicht im Vordergrund. Ausgangspunkt und Endprodukt aller Überlegungen ist die Bildidee. Ideen können aber nicht unmittelbar fotografiert werden sondern müssen durch eine kreative Konzeption in eine Fotografie umgesetzt werden. Das Hauptelement für diese Umsetzung ist die Beleuchtung. Oder anders ausgedrückt: Eine Bildidee kann in der Studiofotografie ohne entsprechende Beleuchtung nicht umgesetzt werden. Wie diese Beleuchtung auszusehen hat, hängt hauptsächlich von der Form, Größe und Struktur des Aufnahmeobjektes sowie von der Bildidee ab. Kreative Beleuchtung ist nicht mit Standardmuster für verschiedene Motivsituationen zu realisieren. Daher können an dieser Stelle keine allgemeingültigen Tips und Anregungen gegeben werden. Dennoch kann es aber hilfreich sein, sich an einigen Grundsätzen der klassischen Beleuchtung zu orientieren, die aber selbstverständlich jederzeit bewußt außer acht gelassen werden können.

Bei der freien, kreativen Gestaltung mit Licht steht, wie übrigens bei jeder professionellen Beleuchtung, die Qualität und nicht die Quantität des Lichtes im Vordergrund. Die Quantität, daß heißt die Lichtintensität, ist nur dann wichtig, wenn für die

Wo Licht ist, ist auch Schatten. Größe, Form, Konturen und Konsistenz eines Schattens werden bestimmt von der Art der Lichtquelle, vom Größenverhältnis zwischen Leuchtfläche und Objekt sowie von der Leuchtdistanz. Für die Schattenform ist auch die Art des Hintergrundes und seine Entfernung zum Objekt wichtig

Die Vergleichsaufnahmen auf Seite 72 zeigen die Wirkung der verschiedenen Reflektoren und Leuchten bei gleichbleibender Leuchtdistanz auf den Schattenwurf:

1. Stufenlinser Spotlite 32, deutlicher Schlagschatten, relativ dunkel und recht gut konturiert
2. Normalreflektor RINOS-2 mit silberner Reflexionsfläche, der Schatten ist etwas heller und weniger gut konturiert, die Form der Maske ist aber immer noch zu erkennen
3. Universal-Spotvorsatz, kräftiger, sehr dunkler Schlagschatten mit scharf definierten Konturen, lediglich die feinen Strukturen des Schleiers sind nicht so deutlich zu erkennen
4. Reflexschirm VARES, silberbeschichtet, der helle Schatten ist sehr schwach und undeutlich konturiert
5. Lichttubus mit Wabenfilter RIBUS, der Schatten der Maske und des Stabes ist etwas heller und weniger konturiert als beim Universal-Spotvorsatz, erstaunlich gut definierte Schattenprojektion der feinen Strukturen im Schleier
6. Softbox Multiflex 75, diffuse, weiche Beleuchtung, die einen Schatten ohne jegliche Konturen erzeugt
   Fotos: Artur Landt

Gestaltung mit der Schärfentiefe eine bestimmte Blendenöffnung erreicht werden muß. Ansonsten sollte der Fotograf der Versuchung widerstehen, den gesamten Leuchtenpark auf einmal einzusetzen. Das Resultat der inflationären Verwendung von Leuchten wird in den meisten Fällen eine »Lichtsoße« sein, die den Fotografen als Dilettanten entlarvt und mit der kreativen Lichtgestaltung nichts gemeinsam hat.

Normalerweise gehört auch zur freien, kreativen Beleuchtung ein Hauptlicht und einige Hilfslichter. Beim »Setzen« dieser Lichter kann es nicht schaden, sich an die Grundsätze der klassischen Beleuchtung weitgehend zu halten, die wir wegen ihrer großen Bedeutung hier nochmals in Erinnerung rufen:

- Die Positionierung der Lichtquellen sollte in der Reihenfolge ihrer Wichtigkeit erfolgen.
- Die Lichtquellen sollten von der schwachen zur starken Leistung geregelt werden. Wer von vornherein »Lichtorgien« veranstaltet, wird auch bei der freien, kreativen Beleuchtung, wenn überhaupt, nur mit viel Mühe die richtige Gewichtung der einzelnen Leuchten herausfinden können.
- Die Positionierung und Leistungsregelung eines jeden Lichtes gilt erst dann als beendet, wenn eine Verbesserung der Bildwirkung nur noch mit zusätzlichen Lichtquellen oder Hilfsmitteln (Aufheller, Neger) erzielt werden kann.
- Die angestrebte Bildwirkung muß bereits nach dem »Setzen« des Hauptlichtes schon recht klar zu erkennen sein und sollte durch jede zusätzliche Lichtquelle noch deutlicher werden. Durch zusätzliche Leuchten oder Hilfsmittel sollte keine Abschwächung der bereits erreichten Bildwirkung eintreten.
- Der Einsatz von zwei oder mehreren Hauptlichtquellen aus verschiedenen Richtungen sollte nach Möglichkeit vermieden werden (es sei denn, der Fotograf will bewußt eine zumindest merkwürdige Beleuchtung erreichen). Die Hilfslichter sollten wesentlich schwächer als das Hauptlicht sein.

Die Wiederholung der beleuchtungstechnischen Grundsätze an dieser Stelle soll vor allem zweierlei deutlich machen: Zum einen die Wichtigkeit, sich auf diese Grundsätze bei der Studioarbeit zu besinnen. Und zum anderen die Notwendigkeit, sich davon zu lösen, wenn die Umsetzung der Bildidee das verlangt. Das ist kein Widerspruch, sondern eine wichtige Voraussetzung für einen wirklich freien und kreativen Umgang mit der Beleuchtung.

Der Umgang mit Schatten

Jedes Licht erzeugt einen Schatten, wenn sich ein undurchsichtiges oder nicht völlig durchsichtiges Objekt im Strahlengang befindet. Das ist bei Studioaufnahmen eigentlich immer der Fall, so daß Schatten genauso zur Fotografie gehören wie das Licht. In der professionellen Studiofotografie sind Schatten darüberhinaus wichtige Elemente der Bildgestaltung und unerläßlich für den dreidimensionalen Raumeindruck in der zweidimensionalen Bildebene. Doch Schatten ist nicht gleich Schatten. Sie sind genauso verschieden wie die Lichtquellen und die Aufnahmeobjekte. Wie ein Schatten ausfällt, hängt von mehreren Faktoren ab. Diese Faktoren zu kennen, ist eine wichtige Voraussetzung für den professionellen Umgang mit Schatten.

Wenn in der Studiofotografie von Schatten die Rede ist, dann ist meistens ein mehr oder weniger ausgeprägter Schlagschatten gemeint. Wir halten uns im folgenden an diesen Sprachgebrauch. Größe, Form, Konturen und Konsistenz eines Schattens werden bestimmt von der Art der Lichtquelle, vom Größenverhältnis zwischen Leuchtfläche und Objekt sowie vom Beleuchtungsabstand. Wichtig für die Schattenform ist auch die Art des Hintergrundes und seine Entfernung zum Objekt.

Nahezu punktförmige, harte Lichtquellen, wie Projektionsspots und Stufenlinsenspots, erzeugen einen dunklen, kräftigen, scharf begrenzten Schatten. Diffuse Lichtquellen, wie Flächenleuchten oder Weichstrahler, erzeugen einen schwachen, unscharf begrenzten Schatten.

Für den durch nahezu punktförmige Lichtquellen erzeugten Schattenwurf gelten die Gesetze der Zentralperspektive. Eine geringe Beleuchtungsdistanz bewirkt ein

Vielen Aufnahmen, die auf den ersten Blick vielleicht einfach erscheinen, liegt oft eine aufwendige Lichtführung zugrunde. Das Modell wird von vier Lichtquellen beleuchtet: eine Multilite 40 Lichtwanne als frontales Oberlicht, eine rechteckige Softbox zur Schattenaufhellung als Seitenlicht von rechts, ein Stufenlinser als Streiflicht von links und ein nach hinten versetzter Stufenlinser als Kopflicht. Als Hintergrund diente eine LKW-Plane in 3,5 m Entfernung hinter dem Modell. Die Plane wurde mit einem Projektionsspot Spot 32 angeblitzt, in dem ein entsprechendes Gobo für die Streifen eingelegt war
Foto: Dietrich Brandenburg

Bei dieser Aufnahme wurde nur eine einzige Lichtquelle eingesetzt, nämlich ein Projektionsspot Spot 32. Mit dem Spot wurden sowohl das Modell als auch der rote Hintergrund angeblitzt. Der Schatten ist ganz bewußt Bestandteil der Bildkomposition. Für die vom Ohrring ausgehenden Strahlen war ein entsprechendes Filter erforderlich
Foto: Manfred Ehrich

Lichtformung mit Styroporplatten –
so könnte man etwas zugespitzt
diese Aufnahme beschreiben. Die
Leuchte stand mit der Diffusorfläche in einer leicht nach hinten ver-
setzten Streiflichtposition auf der
rechten Seite. Das Aufhellicht
(Leuchte gegen Styroporplatte) befand sich links.
Foto: Lorenz Fotodesign

stark vergrößertes Schattenbild (des Objektes). Mit zunehmender Beleuchtungsdistanz verringert sich die Größe des Schattenbildes. Diese Größenveränderungen sind umso ausgeprägter, je geringer der Beleuchtungsabstand ist. Bei einem sehr großen Beleuchtungsabstand fällt die Veränderung der Schattengröße recht moderat aus.

Der Abstand und die Ausrichtung der Projektionsfläche (also der Fläche, auf die der Schatten geworfen wird), können ebenfalls die Größe und die Form des Schattens beeinflussen. Je größer der Abstand zwischen Objekt und Projektionsfläche, desto ausgedehnter der Schatten und umgekehrt. Die Form des Schattens wird durch die Lage der Projektionsebene entscheidend verändert, oft sogar verzerrt. Wenn die Projektionsebene schräg zur Objektebene und zur Lichtachse liegt, vergrößert sich das Schattenbild. Wenn die Projektionsebene einen rechten Winkel zur Lichtachse bildet und die Objektebene schräg liegt, verkleinert sich das Schattenbild. Die Verkleinerung oder Vergrößerung des Schattens durch schräge Ebenen hat eine verzerrte Projektion der Objektform zur Folge. Eine unverzerrte Schattenbildung ist nur möglich, wenn Objektebene und Projektionsebene parallel zueinander und im rechten Winkel zur Lichtachse liegen. Die Größe des unverzerrten Schattenwurfs ist wiederum abhängig von der Beleuchtungsdistanz und vom Abstand zwischen Objekt und Projektionsfläche.

Einen anderen Charakter weist der Schattenwurf auf, wenn die Lichtquelle nicht punktförmig, sondern flächig ist. Der Schatten ist weicher, ohne scharfe Konturen und besteht normalerweise aus einem dunkleren Kernschatten und aus zwei helleren Halbschatten. Die Wirkung kann man sich anhand einer theoretischen Konstruktion am einfachsten vorstellen: Jeder Punkt der flächenförmigen Lichtquelle wirkt sozusagen wie eine punktförmige Lichtquelle. Jeder einzelne Punkt des Objektes wird von nahezu sämtlichen Punkten der flächenförmigen Lichtquelle angestrahlt. Je nach Beleuchtungsdistanz und Größenverhältnis zwischen Leuchtfläche und Objekt entstehen mehr oder weniger ausgeprägte Kern- und Halbschatten. Die Wirkung dieser Art von Schatten ist bei herkömmlichen Reflektoren (Normal-, Engstrahl- oder Weitwinkelreflektoren) ausgeprägter als bei Flächenleuchten und Weichstrahlern.

Auf die Fläche des Kernschattens fällt gar kein Licht, weil jeder Punkt dieser Schattenfläche vom Objekt abgedeckt wird (in der Theorie, in der Praxis kann man jedoch eine Aufhellung durch Reflexion nicht völlig verhindern). Die Größe des Kernschattens ist also abhängig von dem Größenverhältnis zwischen Lichtquelle und Objekt. Doch obwohl Lichtquelle und Objekt de facto gleich groß bleiben, bewirken die Gesetze der Zentralperspektive eine Veränderung des Größenverhältnisses in Abhängigkeit von der Beleuchtungsdistanz. Je größer die Beleuchtungsdistanz, desto größer der Kernschatten und desto geringer der Halbschatten und je geringer die Beleuchtungsdistanz, desto kleiner der Kernschatten und desto größer der Halbschatten. Das gilt nur, wenn jeweils der gleiche Reflektor verwendet wird. Bei gleicher Beleuchtungsdistanz (und Objektgröße) gilt folgendes: Je größer die effektive Leuchtfläche, desto kleiner der Kernschatten und desto größer der Halbschatten und umgekehrt.

Harte Beleuchtung, hohe Kontraste und tiefe, dunkle Schatten: Das harte, gerichtete Licht wird von einem Stufenlinser Spotlite 32 von oben rechts erzeugt
Foto: Lorenz Fotodesign

Bildkomposition mit Schatten

Schatten sind in der professionellen Studiofotografie wichtige Elemente der Bildgestaltung. Weil Schatten nur im dreidimensionalen Raum entstehen können, gelten sie als wichtige Raumsymbole in der zweidimensionalen Bilddarstellung. In den Raum geworfen, wird der Schatten zur Darstellung der räumlichen Tiefe eingesetzt. Schatten, die an den verschiedenen Seiten eines Objektes entstehen, geben einen Hinweis auf seine Körperlichkeit.

Auch die Formen, Konturen und Strukturen eines Objektes werden durch das Zusammenspiel von Licht und Schatten betont. So kann beispielsweise, je nach Richtung des Schattens, ein Relief oder eine Oberfächenstruktur vertieft oder erhaben erscheinen

Weiche Beleuchtung, ausgewogene Kontraste, schattenfreie Ausleuchtung: Das weiche, diffuse Licht wird von zwei Normalreflektoren, die gegen Styroporplatten gerichtet sind, indirekt erzeugt
Foto: Lorenz Fotodesign

(was aber überwiegend wahrnehmungspsychologische Gründe hat).

Schatten sind maßgeblich für den Kontrast eines Motives und können somit Spannung und Dynamik im Bild erzeugen. Aber auch die allgemeine Stimmung eines Bildes wird durch Schatten entscheidend geprägt. Je nach ihrer Tönung können Schatten volle Detailzeichnung aufweisen oder ganz »zugelaufen« sein. Die von weißem oder von farbigem Licht auf weißen Flächen erzeugten Schatten werden auch in der Farbfotografie immer in Grautönen wiedergegeben. Daß wir sie dennoch oft als farbig empfinden, ist (Farbstiche im Film oder Fotopapier ausgenommen) auf physiologische Vorgänge im Auge zurückzuführen.

Durch ihre Form können Schatten wichtige grafische Akzente setzen. Die Form kräftiger Schlagschatten kann sogar zum eigentlichen Motiv werden und als solches das beleuchtete und im Bild sichtbare Objekt buchstäblich »in den Schatten stellen«. Es gibt aber auch Bildkompositionen, bei denen nur der Schatten, nicht aber das Objekt im Bild zu sehen ist. Der Schatten kann, je nach angestrebter Bildwirkung, natürlich oder verzerrt sein.

In der professionellen Studiofotografie gilt es also den »lichttechnischen« Umgang mit Schatten zu beherrschen. Für die Art und Weise, wie der Fotograf im einzelnen die Schatten als Elemente in die Bildgestaltung mit einbezieht, gibt es jedoch keine Patentrezepte. Der Kreativität des Profifotografen sind in dieser Beziehung keine Grenzen gesetzt.

Schattenaufhellung

Dunkle, konturierte Schatten sind zwar ausdrucksstarke, bildwirksame Elemente, als solche aber nicht immer erwünscht. Oft lassen sich kräftige Schatten nicht mit der Bildidee in Einklang bringen oder stören einfach die Bildkomposition. Bei vielen Aufnahmen ist eine nuancierte Wiedergabe dunkler Motivpartien unerläßlich, doch »zugelaufene« Schatten weisen keine Detailzeichnung mehr auf. In der Praxis kann der Kontrastunterschied zwischen Lichter und Schatten den Belichtungsumfang des Filmes überschreiten. Besonders betroffen davon sind Diapositivfilme, also die in Fotostudios am meisten verwendeten Filme.

All diese Probleme lassen sich durch Schattenaufhellung auf einfache Weise entschärfen. Die Schattenaufhellung kann durch Blitzlicht oder durch Aufhellflächen erfolgen. Beim Einsatz von Blitzlicht werden eine oder mehrere Lichtquellen als Aufhellicht eingesetzt. Die Beleuchtungsintensität des Aufhellichtes sollte deutlich geringer sein als die des Hauptlichtes. Besonders geeignet sind diffuse Lichtquellen. Wenn große Schattenpartien aufgehellt werden sollen, können Flächenleuchten oder Reflexschirme eingesetzt werden.

Noch einfacher ist die Aufhellung mit sogenannten Aufhellern. Als Aufheller können beispielsweise Rondoflex-Reflektoren von Multiblitz oder weiße Styroporplatten oder Kartons eingesetzt werden. Bei der Wahl der Aufheller ist jedoch Vorsicht geboten. Die Farbe der Aufhellfläche sollte neutral sein, um keine Farbstiche zu erzeugen. Allerdings kann gelegentlich eine Veränderung des Farbtons erwünscht sein. Eine wärmere Farbtonwiedergabe wird beispielsweise mit den goldfarbigen Rondoflex-Reflektoren erzielt.

Schattenlose Beleuchtung

Wenn das Aufnahmeobjekt losgelöst aus jeglicher Bindung zum Hintergrund oder zum Raum aufgenommen werden soll, wie beispielsweise in der reinen Sachfotografie, greifen Profifotografen zur sogenannten schattenlosen Beleuchtung. Diese eher ungewöhnliche Art der Beleuchtung kommt auch in der experimentellen Fotografie für besondere Effekte oft zum Einsatz. Mit schattenloser Beleuchtung kann man, je nach Bildintention, eine sachliche Objektwiedergabe oder einen hohen Grad der Abstraktion erreichen.

Für eine schattenlose Beleuchtung eignen sich am besten diffuse, großflächige Lichtquellen, wie starre Lichtwannen und textile Softboxen. Die Flächenleuchten sollten symmetrisch angeordnet sein. Eine Beleuchtungsanordnung für größere Objekte könnte beispielsweise aus einer großen Lichtwanne oberhalb der Objekts und aus zwei großen Softboxen an beiden Seiten der Kamera in einem Winkel von etwa 45° zur Objektivachse bestehen. Bei dieser sogenannten weichen Lichtzange (oder Beleuchtungszange) ist darauf zu achten, daß

Abbildung Seite 79:
Für eine schattenlose Beleuchtung ist der Hintergrund sehr wichtig. Ein mattschwarzer Hintergrund beispielsweise »schluckt« nicht nur das Licht, sondern auch die Schatten. Den Hintergrund für die Aufnahme mit der Olivenölflasche bildet ein tief mattschwarzer, beflockter Velours, der unter der Bezeichnug Ray-Velours von Multiblitz als preisgünstiges Rollenmaterial angeboten wird. Eine rechteckige Softbox 50x140 cm auf der linken Seite und eine stripliteförmige Softbox 20x140 cm auf der rechten Seite leuchten die Szene mit der Olivenölflasche aus und sorgen für die Reflexe auf dem Flaschenhals. Die Lichtquellen mußten so »abgenegert« werden, daß kein Licht auf den Hintergrund fällt
Foto: Artur Landt

Die vollkommen gleichmäßige Leuchtfläche des Boxlites bietet einen gut geeigneten Untergrund für schattenlose Stillebenaufnahmen und zwar sowohl bei teilweise durchsichtigen (als Durchlicht) als auch bei undurchsichtigen Objekten
Foto: Dietrich Brandenburg

der Hintergrund so weit entfernt oder das Oberlicht so stark ist, daß tatsächlich keine sich kreuzenden Schatten entstehen.

Kleinere Objekte können in einem sogenannten Lichtzelt völlig schattenlos fotografiert werden. Ein Lichtzelt besteht aus einer Diffusionsfolie die faltenfrei rund um das Objekt aufgebaut wird. Die einzige Öffnung ist für das Objektiv gedacht. Beleuchtet wird das Lichtzelt mit mehreren Leuchten von außen. Die seitlich angebrachten Leuchten können auch verschiedene Beleuchtungsintensitäten haben, wodurch sogar eine Objektmodulation möglich ist. Aufnahmen im Lichtzelt sind bei hochglänzenden Objekten oft die einzige Möglichkeit, die Reflexion der Lichtquelle in der Oberfläche zu vermeiden.

Lassen sich problemlos für die Hintergrundgestaltung einsetzen: Gitterschablone und Lochblenden für die Spotprojektion, Wabenfilter für herkömmliche Reflektoren und Lichttubus mit Wabenfilter

Der Hintergrund und seine Gestaltung

Professionelle Studiofotografie ist ohne Hintergrundgestaltung eigentlich nicht denkbar. Die Bildwirkung wird nämlich in entscheidender Weise auch von der Hintergrundgestaltung mitbestimmt. Ein neutraler Hintergrund unterstützt normalerweise eine sachliche, nüchterne Objektdarstellung. Der Hintergrund kann aber auch als Farbe oder Struktur unmittelbar in die Bildkomposition mit einbezogen werden. Der Hintergrund kann beispielsweise aus einem einfachen Karton oder aus einem komplexen, dreidimensionalem Aufbau bestehen. Oft geht auch der Untergrund in den Hintergrund über (Hohlkehle). In den meisten Fällen wird der Hintergrund gesondert vom Objekt beleuchtet, oft sogar durch eine Zweitbelichtung separat auf Film belichtet. Was sich hier in wenigen Worten so einfach skizzieren läßt, erfordert in der Praxis eine gründliche Auseinandersetzung mit der Bildidee und eine sorgfältige Abstimmung der Hintergrundgestaltung auf das Aufnahmeobjekt.

Für den Hintergrund können verschiedene Materialien eingesetzt werden. Sehr einfach in der Handhabung sind spezielle Hintergrundrollen. Im Lieferprogramm von

Multiblitz werden BD-Hintergrundkartons in 37 Farbtönen und den Maßen 2,75x11 Meter angeboten. Einige Farbtöne sind auch in den Maßen 2,75x23, 2,75x46 und 3,60x30 Meter erhältlich. Die BD-Hintergrundrollen sind unifarben und können nach der Multiblitz-Musterkarte bestellt werden. Verlaufeffekte kann man auf einfache Weise durch spezielle Verlaufhintergründe erzielen, die ebenfalls im Multiblitz-Programm zu finden sind. Die Hintergrundrollen, ob unifarben oder verlaufend, sollten für eine reine Farbwiedergabe separat beleuchtet werden. Hintergrundkartons lösen sich bei entsprechender Beleuchtung sozusagen in Farbe auf und weisen keine Strukturen auf.

Im Sortiment von Multiblitz sind auch spezielle Materialien als Rollenware zu finden, wie beispielsweise die weiß-opake Durchlichtfolie Translum, der weiße Vliesstoff Di-Fuse, die metallische Kunststofffolie Ri-Flexio (in Gold und Silber) oder die silberfarbene Kunststoff-Spiegelfolie Mirra. Für eine lichtabsorbierende Wirkung eignen sich tief mattschwarze Hintergründe, wie das beflockte Velourmaterial Ray-Velours oder die Schaumstoffrolle Foam-Ett. Gut geeignet für Hintergründe sind auch Plexiglasplatten, Aluminiumbleche in verschiedenen Ausführungen, Stoffe, Farb- und Glanzfolien, Linoleum, Tapeten, PVC- oder Metalljalousien. Je nach Materialbeschaffenheit können die Folien und Platten als Auflicht- oder Durchlicht-Hintergründe eingesetzt werden.

Der Hintergrund kann als Horizont oder

Der Hintergrund kann auf verschiedene Weise gestaltet werden: als Hohlkehle oder als Horizont, als Verlauf oder als gleichmäßige Farb- beziehungsweise Graufläche, als Durchlicht oder als Hintergrundprojektion

Verschiedene Materialien können als Hintergrund dienen: spezielle Hintergrundkartons (mit oder ohne Verlauf), transparente, metallische oder schwarze Folien (die von Multiblitz als Rollenware angeboten werden), oder Aluminiumbleche, Stoffe, Tapeten, Linoleum, Jalousien

Die Front- oder Rückprojektion bieten weitere Möglichkeiten, den Hintergrund zu gestalten. Das geht zwar auch mit einem einfachen Diaprojektor, in der professionellen Studiofotografie wird jedoch meistens eine spezielle Projektionseinrichtung verwendet, die das Dia über einen teildurchlässigen Spiegel in die optische Achse des Objektivs projiziert

Der Hintergrund kann auch aus der Nebelmaschine kommen, wie in der Aufnahme von Peter Haubold
Foto: Werbefotografie Haubold

als Hohlkehle gestaltet werden. Wenn eine Trennlinie zwischen Untergrund und Hintergrund (sozusagen als Horizontlinie) gewünscht wird, können die Platten senkrecht oder leicht geneigt aufgestellt, oder die mit einer Gewichtleiste beschwerten Folien aufgehängt werden. Falls der Untergrund nahtlos in den Hintergrund übergehen soll, können die mehr oder weniger flexiblen Platten zur Hohlkehle gebogen oder die Hintergrundrollen entsprechend befestigt werden.

Eine Hohlkehle mit variablem Winkel bietet der Aufnahmetisch MA 220 von Multiblitz, der mit einer biegbaren Plexiglasplatte ausgestattet ist. Große Fotostudios verfügen über eine festgemauerte Hohlkehle, die üblicherweise für jede Aufnahme neu gestrichen werden muß.

Für welche Art des Hintergrundes sich der Fotograf jeweils auch entscheiden mag, eine gezielte Beleuchtung ist unerläßlich. Für eine gleichmäßige Beleuchtung können zwei oder vier Lichtquellen hinter dem Objekt so plaziert werden, daß sie lediglich den Hintergrund beleuchten, wobei sich die Lichtkegel weitgehend überlappen sollten. Für einen Helligkeitsverlauf setzt man am besten ein Striplite unmittelbar unter der Horizontlinie. Einen Farbverlauf erhält man, indem das Striplite mit einer Farbfolie abgedeckt wird. Bei einer Hohlkehle funktioniert das selbstverständlich nur mit einem Durchlichtmaterial. Die gezielte Beleuchtung kann oft auch bei einem gespritzten oder bedruckten Verlaufhintergrund erforderlich sein, sei es wegen der Farbsättigung, wegen der Schattenaufhellung oder wegen der Farbwiedergabe. Bei Hintergründen, die von weiß nach farbig verlaufen, wird nämlich die weiße Fläche als Grau wiedergegeben, wenn sie nicht gezielt, beispielsweise mit einem Striplite von unten, beleuchtet wird.

Eine weitere Möglichkeit, einen Helligkeitsverlauf auf gleichmäßigen, unifarbenen Hintergründen zu erzielen, besteht im Einsatz von Wabenfiltern. Für einen runden Verlauf eignen sich beispielsweise der Normalreflektor und der Engstrahler, wobei der Engstrahler mit drei Filtern mit verschieden großen Wabenöffnungen bestückt werden kann, so daß die Fläche und die Härte des Verlaufs genauer bestimmt werden können. Verlaufeffekte lassen sich auch mit schräg (zum Hintergrund) positionierten Flächenleuchten hervorrufen. Besonders stark ist der Verlaufeffekt, wenn die Flächenleuchte

mit einem Wabenfilter bestückt wird und wenn nur die Randbereiche des Lichtkegels den Hintergrund beleuchten.

Interessante Effekte ergeben sich beispielsweise auch durch Front- oder Rückprojektion. Damit kann beispielsweise eine exotische Aufnahmelocation nachgestellt oder vorgetäuscht werden. Die Hintergrundprojektion kann aber auch für surreale Effekte eingesetzt werden. Im Prinzip kann die Front- oder Rückprojektion mit einem herkömmlichen Diaprojektor und einer Leinwand durchgeführt werden. Allerdings setzt die Rückprojektion, bei der das Bild von hinten auf die Leinwand projiziert wird, einen recht großen Aufnahmeraum voraus und die Frontprojektion kann verzerrt ausfallen oder den Schatten des Objekts ungünstig werfen. Bei der professionellen Hintergrundprojektion wird eine spezielle Projektionseinrichtung eingesetzt, bei der das Dia durch einen teildurchlässigen Spiegel direkt in die optische Achse des Objektivs projiziert wird. Die Projektion erfolgt auf eine spezielle Leinwand ohne perspektivische Verzerrung. Bei dieser professionellen Hintergrundprojektion kann das Objekt direkt in den Strahlengang plaziert werden, ohne daß der Schatten im Bild sichtbar ist. Das Objekt muß dabei gezielt beleuchtet werden. Das Gleichgewicht zwischen Hintergrundprojektion und Objektbeleuchtung verlangt eine sehr feine Abstimmung der Beleuchtungsintensität.

Mit Stellwänden und Requisiten lassen sich auch aufwendige dreidimensionale Dekorationen aufbauen, die eine bestimmte Location nachahmen. Das kann ein nobles Bistro oder ein verkommener Geräteschuppen sein. Oft wird aber auch eine abstrakte oder eine surreale Szenerie konstruiert. Wenn man nur den Bereich aufbaut, der tatsächlich auf das Bild kommt, spart man sich viel Zeit und Mühe. Der Aufbau der Raumdekorationen muß so erfolgen, daß die Leuchten an der Stelle aufgestellt werden können, die für die gewünschte Lichtführung erforderlich ist. Bei der Arbeit mit Raumdekorationen sollte die Lichtstimmung der nachgestellten Location entsprechen, beispielsweise eine natürliche Beleuchtung bei dem Geräteschuppen oder eine künstliche beim Bistro.

Aufheller und Neger für anspruchsvolle Beleuchtung

Die Multiblitz-Geräte bieten Hochtechnologie sowie Reflektoren und Vorsätze für jeden Beleuchtungszweck. Zu einer anspruchsvollen, objektangepaßten Beleuchtung gehören aber auch so überaus bodenständige Hilfsmittel wie beispielsweise Styroporplatten oder schwarze Pappe, die unter den Bezeichnungen Aufheller beziehungsweise Neger in bestausgestatteten Fotostudios in zahlreichen Variationen zu finden sind.

Für die Aufhellung dunkler Schattenbereiche, sei es um den Kontrastumfang zu reduzieren oder die Detailzeichnung in den Schatten zu verbessern, werden oft Aufheller eingesetzt. Als Aufheller werden helle, mehr oder weniger reflektierende Flächen bezeichnet, die Teile des Hauptlichtes auf Schattenpartien zurückwerfen. Dadurch umgehen viele Fotografen die Gefahr der Bildung eines zweiten Schattens durch ein Aufhellicht. Normalerweise wird mit weißen oder grauen Auf-

hellflächen gearbeitet, je nachdem ob der Fotograf eine starke oder eine schwache Aufhellung anstrebt. Wenn die Aufhellfläche aber nicht streng farbneutral ist (weiß oder grau), können sogar geringe Farbpigmente einen Farbstich erzeugen.

Die Wirkung und das Ausmaß der Aufhellung werden bestimmt von den Reflexionseigenschaften der Aufhellfläche, dem Winkel des Aufhellers zur Lichtachse und der Entfernung zwischen Aufheller und Objekt. Hervorragende Merkmale zeichnen die Rondoflex-

Reflektoren von Multiblitz aus. Sie sind in verschiedenen Oberflächen und Durchmessern erhältlich. Weiße Rondoflex-Reflektoren sind vor allem in der Porträtfotografie beliebt, weil sie eine gedämpfte Aufhellung bewirken. Silberbeschichtete Rondoflex-Reflektoren besitzen eine optimale Reflexionsfähigkeit und bewirken eine deutliche Abstufung der Farb- und Grautöne. Rondoflex-Reflektoren mit goldfarbener Oberfläche erzeugen einen wärmeren Farbton. Die zusammenfaltbaren Rondoflex-Reflektoren, die mit Durchmessern von 50, 95 oder 120 Zentimetern erhältlich sind, können über spezielle Gelenkarme an jedem Leuchtenstativ befestigt werden.

Besonders gut eignen sich auch weiße Styroporplatten als Aufheller. Sie sind farbneutral und haben gute Reflexionseigenschaften.

Einen guten, vielseitig verwendbaren Aufheller kann man sich aber auch selbst basteln. Wir empfehlen folgendes: In einer leeren Fotopapierschachtel, die es in verschiedenen Größen gibt (bis 50x60 cm), kann eine zerknitterte und wieder halbwegs geglättete Alufolie eingelegt und befestigt werden. Dadurch erhält man einen hochreflektierenden Aufheller. Die Alufolie ist im Innern der Schachtel gegen mechanische Beanspruchung gut geschützt und die schwarze Rückseite der Schachtel kann auch als Neger benutzt werden.

Für eine starke, punktuelle Aufhellung oder für bestimmte Spitzlichter benutzen viele Profifotografen kleine Spiegel, wie Kosmetik- oder Rasierspiegel.

Eine besondere Art der Aufhellung wird in der Stillife- und Werbefotografie eingesetzt. Wenn beispielsweise Getränke oder Parfums fotografiert werden sollen, werden kleine Stücke einer Alufolie in der Form der Flasche ausgeschnitten. Diese kleinen Aufheller werden unmittelbar hinter der Flasche mit Haftmasse oder Draht befestigt. Auf diese Weise erscheint dann die Flüssigkeit buchstäblich »im richtigen Licht«.

Unter der auf den ersten Blick vielleicht rassistisch klingenden Bezeichnung »Neger« verbirgt sich nichts anderes als eine tief mattschwarze Fläche, die Licht absorbiert oder zumindest zurückhält. Diese Bezeichnung ist sicher nicht sehr geglückt, doch sie ist durch den alltäglichen Gebrauch in jedem Studio sozusagen in den Rang eines Terminus technicus erhoben worden, so daß uns gar

In der professionellen Studiofotografie werden neben den Blitzgeräten auch so bodenständige Hilfsmittel wie Styroporplatten oder schwarze Pappe für eine anspruchsvolle Beleuchtung benötigt

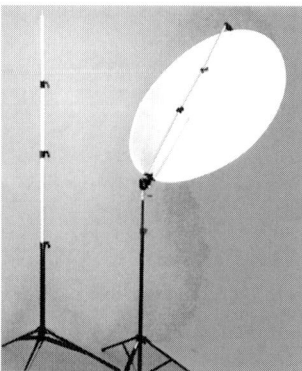

Ausgezeichnete Eigenschaften und problemlose Handhabung zeichnen die Rondoflex-Reflektoren aus, die Teil des Multiblitz-Programms sind. Die zusammenfaltbaren Rondoflex-Reflektoren werden in verschiendenen Oberflächen und mit drei Durchmessern (50, 95 und 120 cm) angeboten. Multiblitz bietet außerdem spezielle Gelenkarme, mit denen die Rondoflex-Reflektoren an jedes Leuchtenstativ angebracht werden können

Linke Spalte:
Bei der Aufnahme von Klaus Lorenz wurden die Schatten mit weißen Styroporplatten aufgehellt, so daß das Bild den gewünschten Kontrastumfang erhält
Foto: Lorenz Fotodesign

nichts anderes übrig bleibt, als uns dem allgemeinen Sprachgebrauch anzuschließen.

Neger werden vor allem eingesetzt um störendes Licht abzuhalten. Sie können entweder um das Objekt herum, außerhalb des im Bild sichtbaren Bereichs aufgestellt oder direkt an der Leuchtenfläche angebracht werden. Die Form kann dem Objekt oder der Leuchte angepaßt werden. Eine ähnliche Funktion haben die Flügeltorblenden an manchen Reflektoren, sie sind aber nicht so vielseitig einsetzbar. Als Neger können beispielsweise schwarze Pappkartons oder schwarz gestrichene Styroporplatten verwendet werden. Für großflächiges »Abnegern« sind auch schwarze Rondoflex-Reflektoren geeignet.

Wo viel Licht ist, ist auch viel Styropor. Daß dieser Satz ernst gemeint ist, kann man an unserem Beispiel feststellen. Als Hauptlicht wurde eine rechteckige Softbox 50x140 cm schräg über das Motiv plaziert. Auf dem Boden befindet sich im Hintergrund links und rechts je eine seitlich »abgenegerte« Leuchte mit Normalreflektor, über der je eine Diffusionsfolie befestig war. Die zwei Styroporplatten wirken als Aufheller und halten gleichzeitig Streulicht vom Motiv ab. Der Rasierspiegel lenkt das Licht vom Stufenlinser auf das große weiße Ei, das im farbigen Originaldia rötlich angehaucht ist
Foto: Petra Stüning

Material- und oberflächen-gerechte Beleuchtung

Jedes Aufnahmeobjekt wird nicht nur durch seine Form, sondern auch durch seine Oberfläche bestimmt. Je nach Bildidee kann die Oberfläche beziehungsweise die Oberflächenstruktur betont oder unterdrückt werden, materialgerecht oder verfremdet wiedergegeben werden. Wie eine Oberfläche dargestellt wird, hängt wesentlich von der Beleuchtung ab, wobei in erster Linie die Art und Anordnung der Lichtquelle, oder anders formuliert, der Lichtcharakter und die Lichtführung gemeint sind.

Matte Oberflächen sind relativ einfach zu fotografieren, weil sie das auffallende Licht gleichmäßig in alle Richtungen reflektieren, beziehungsweise remittieren. Außerdem spiegelt sich die Lichtquelle nicht in der matten Oberfläche. Glänzende und hochglänzende Oberflächen, die eine sehr starke Lichtreflexion erzeugen, bereiten dagegen vielen Fotografen nachhaltige Schwierigkeiten. In hochglänzenden Oberflächen spiegeln sich nur allzuleicht die Lichtquellen und oft sogar große Teile des Fotostudios samt Fotograf, Kamera und Assistenten. Der professionelle Studiofotograf muß folglich in der Lage sein, jede Oberfläche durch darauf abgestimmte Beleuchtung der Bildidee entsprechend wiederzugeben.

eingespiegelt werden. Besonders gut geeignet sind Striplites für längliche Reflexe oder Boxlites für breit angelegte Einspiegelungen. Die Flächenleuchten von Multiblitz haben scharf abgegrenzte Leuchtflächen und eignen sich somit ebenfalls sehr gut für Einspiegelungen. Die Form der Reflexe kann durch »Abnegern« der Leuchtfläche nach Wunsch verändert werden. So kann man beispielsweise die Spiegelung eines Fensters simulieren, indem man mit einem schwarzen Klebeband oder schwarzer Pappe die Form eines »Fensterkreuzes« auf der Leuchtfläche eines Boxlites oder einer kleineren Lichtwanne anbringt.

Die Konturen können am besten mit Kartonstücken (Negern) betont werden, die möglichst nahe am Objekt plaziert werden (ohne aber im Bild sichtbar zu sein). Die Form der Kartons kann so geschnitten werden, daß sie dem Objekt und dem gewünschten Reflex entspricht. Bei einem hellen Hintergrund erreicht man die besten Ergebnisse mit schwarzen Kartons, bei einem dunklen Hintergrund mit hellen Kartons. Die Wirkung der Einspiegelung kann verstärkt werden, indem die Reflexflächen zusätzlich und gezielt beleuchtet werden.

Für die Beleuchtung von Glas sind Flächenleuchten optimale Lichtquellen. Die Transparenz eines Glasobjektes kann durch behutsam eingesetztes Gegenlicht hervorgehoben werden.

Ein Objekt wird nicht nur durch seine Form, sondern auch durch seine Oberfläche bestimmt. Die Oberfläche kann, je nach angestrebter Bildaussage, materialgerecht oder verfremdet dargestellt werden

Glas

Durch seine besonderen Eigenschaften zählt Glas beleuchtungstechnisch zu den schwierigsten Materialien. Farbloses Glas ist im Grunde völlig transparent und somit eigentlich unsichtbar. Bei Glasobjekten gilt es also, die Form und die Konturen zu betonen und gleichzeitig die Transparenz zu erhalten.

Die erste Voraussetzung für eine gute Glasaufnahme ist die Sauberkeit des Objektes. Das Glasobjekt sollte sauber gespült und fusselfrei abgetrocknet werden. Die Form und die Konturen des Glasobjektes können am besten durch großflächige Reflexe herausgearbeitet oder moduliert werden. Für die Objektmodulation können Flächenleuchten gezielt in die Glasoberfläche

Flüssigkeiten

Oft werden die Glasobjekte, vor allem Flaschen, Gläser und Parfumflakons, mit entsprechendem Inhalt gefüllt, abgebildet. Eine Flüssigkeit im Glasobjekt, die mit abgebildet werden soll, erhält die nötige Brillanz durch eine kleine Alufolie (eventuell auf Pappe aufgezogen), die in der Form der Flasche oder des Glases zugeschnitten und hinter dem Objekt aufgestellt wird. Am besten wird die Alufolie in einem Abstand von einigen Zentimetern hinter der Flasche aufgestellt. Der zugeschnittene Aufheller sollte von der Lichtquelle beleuchtet werden, darf aber selbstverständlich auf dem Bild nicht sichtbar sein.

Die bei vielen Aufnahmen obligatorischen Wassertropfen auf Gläsern und Fla-

Bei der Aufnahme, die Jonathan Lovekin für Ilford gemacht hat, war die hohe Kunst der materialgerechten Beleuchtung gefragt. Es ging also auch darum, Glas, Flüssigkeit und hochglänzende Metallgegenstände in Schwarzweiß so darzustellen, wie es ihren Materialeingenschaften entspricht. Bei der Aufnahme mit der an ein Wasserglas angelehnten Gabel ist die gute Wiedergabe der Wasseroberfläche im Glas hervorzuheben, während das Glas und die Gabel doch etwas stumpf wirken und teilweise ausbleichen. Vielleicht wäre es sinnvoll gewesen, eine glänzende Struktur in die angelehnte Gabel einzuspiegeln, anstatt sie ausbleichen zu lassen, doch das ist sicher Geschmackssache
Foto: Jonathan Lovekin/Ilford

schen kommen meistens von einem Zerstäuber, mit dem man eine Mischung aus Wasser und Glyzerin aufsprüht. Die ebenfalls obligatorischen Kohlensäurebläschen läßt man aufsteigen indem man Natriumbicarbonat vor der Aufnahme bestimmten Flüssigkeiten hinzugibt. Mit einem Röhrchen kann man zusätzliche Luftbläschen erzeugen, die meistens die Schaumbildung verstärken. Wenn warme Getränke richtig dampfen sollen, dann hilft die Zugabe einer Ammoniaklösung (Salmiakgeist).

Textilien und Leder

Bei der Aufnahme von Textilien wird normalerweise großer Wert auf die Wiedergabe der Struktur gelegt. In der Modefotografie wird außerdem auch eine brillante und dennoch natürliche Farbwiedergabe von den Kunden gewünscht (gilt nicht unbedingt für Pastelltöne). Beides zu verbinden, nämlich Struktur- und natürliche Farbwiedergabe, ist nicht so einfach, wie es auf den ersten Blick vielleicht scheint. Die Struktur kann durch hartes Streiflicht oder extrem flaches Seitenlicht gut moduliert werden, doch die Farbwiedergabe ist dabei nicht optimal. Folglich muß der Aufbau aus einer anderen Richtung zusätzlich beleuchtet werden.

Noch problematischer wird es, wenn es bei Modeaufnahmen auch auf eine gute Wiedergabe der Hauttöne ankommt. Das ist aber immer der Fall, wenn die Kleider von Modellen vorgeführt werden. In solchen Aufnahmesituationen kann man mit den textilen Flächenleuchten von Multiblitz sehr gute Ergebnisse erzielen. Die Softboxen liefern ein weiches Licht bei guter Farbsättigung und sind durch verschiedene Größen und Formen (quadratisch, rechteckig oder stripliteförmig) vielseitig einsetzbar. Eine materialgerechte Beleuchtung könnte beispielsweise aus einer großen Softbox als Hauptlicht und einem Striplite als Streiflicht bestehen.

Für Leder gilt im Prinzip dasselbe, mit einem kleinen Unterschied jedoch: Beim genarbten Leder kann das Streiflicht etwas kräftiger ausfallen während beim glatten Leder eine geringfügig weichere Beleuchtung zu empfehlen ist.

Metall

Die Beleuchtung von Metallobjekten wird davon bestimmt, ob die Oberfläche matt oder hochglänzend ist. Matte Oberflächen bereiten beleuchtungstechnisch keine Probleme und können ohne weiteres, der Bildidee entsprechend beleuchtet werden. Es ist nur darauf zu achten, daß die matten Objekte nicht leblos und langweilig wirken. Effektlichter und Lichtakzente können etwas Dynamik ins Bild bringen.

Hochglänzende Metallobjekte dagegen haben schon so manchem Fotografen schlaflose Nächte beschert. Als erstes fällt auf, daß sich die Lichtquellen in der Oberfläche spiegeln. Mit möglichst großen Flächenleuchten kann man bedingt Abhilfe schaffen. Doch kaum ist dieses Problem entschärft, entdeckt der Fotograf das Spiegel-

bild seiner Selbst und seines Studios im metallischen Griff eines Kessels oder auf der Schneide eines Messers. Die konsequente Lösung dieser Probleme wäre der Aufbau eines Lichtzeltes um das Objekt, wie in dem Abschnitt über die schattenlose Beleuchtung beschrieben. Doch dieser Art der Beleuchtung fehlt oft die persönliche Note des Fotografen. Die Aufnahmen im Lichtzelt zeugen mehr von handwerklicher Präzision als von Kreativität. Daher scheuen viele Profifotografen die Mühe einer anspruchsvollen Beleuchtung nicht, es sei denn, der Kunde wünscht unbedingt eine rein sachliche Aufnahme.

Für eine optimale Beleuchtung hochglänzender Metallobjekte sind Flächenleuchten sehr gut geeignet. Die Größe und

Bei Textilien und bei Leder ist oft eine getreue oder sogar eine betonte Darstellung der Materialstruktur gefragt.

Sehr schwierig ist die materialgerechte Wiedergabe glänzender Metallobjekte. Diffuse Grundbeleuchtung mit sparsam gesetzten Spitzlichtern (Sterneffktfilter) hat bei dieser Aufname zur gewünschten Darstellung geführt
Foto: FotoDesign E. Schnabel

Ein von rechts als Oberlicht eingesetzter Stufenlinser sorgt für eine gute Wiedergabe der Haut und der verchromten Teile des Motorrads. Auf der linken Seite wurde eine rechteckige Softbox 50x140 cm als Aufhellicht aufgestellt. Die Beleuchtung des Hintergrundes erfolgte durch zwei symmetrisch angeordnete Leuchten mit Normalreflektor. Die Gefahr der Spiegelung war in den geschwungenen und recht kleinen Teilen des verchromten Motorrads nicht allzu groß. Problematisch war lediglich die Rückseite der Spiegel. Im rechten Spiegel (links auf dem Bild) ist sogar die Spiegelung der Softbox genau zu erkennen
Foto: Peter Salek

die Form der Flächenleuchte kann passend zum Objekt gewählt werden. Die genaue Anpassung erfolgt durch »Abnegern« der Leuchtfläche. Die Flächenleuchten von Multiblitz können dank ihrer scharf begrenzten Kanten problemlos eingespiegelt werden.

Ähnlich wie beim Glas, kann der Fotograf auch bei hochglänzenden Metallobjekten besondere Reflexe durch gezielt eingesetzte und paßgenau zugeschnittene Neger und Aufheller erzeugen. Reflexschirme sind für diese Art der Beleuchtung wenig geeignet, und eigentlich nur dann zu empfehlen, wenn der Fotograf oder Kunde die Spiegelung eines »Regenschirmes« im Metallobjekt haben möchte.

Unerwünschte Reflexe an bestimmten Stellen können mit einem sogenannten Dulling-Spray unterdrückt oder beseitigt werden. Das Dulling-Spray mattiert die Oberfläche und läßt sich normalerweise auch leicht entfernen. Spiegelungen an bestimmten Stellen kann der Fotograf mit schwar-

zem Samt wirkungsvoll verschwinden lassen, und zwar folgendermaßen: Aus einem schwarzen Samt wird ein Stück herausgeschnitten, das genau dieselbe Form und Größe hat wie die reflektierende Stelle im Objekt. Anschließend wird das Samtstück an der gewünschten Stelle mit einem leicht lösbaren Kleber befestigt. Die so behandelte Stelle darf allerdings nicht sehr groß sein, damit sie tatsächlich unsichtbar bleibt.

Holz

Die Beleuchtung von Holzobjekten, wie Möbel, Spielzeug, Schnitzereien, sollte auf die Form und vor allem auf die Art der Oberfläche abgestimmt sein. Polierte oder lackierte Oberflächen können mit großen Flächenleuchten weich ausgeleuchtet werden. Die Holzmaserung kann durch ein zusätzliches Streiflicht betont werden. Bei glänzenden Oberflächen kann das Licht von einem Striplite kommen. Ähnlich wie bei Metallen, können auch Neger oder Aufheller in die polierte oder lackierte Oberfläche eingespiegelt werden. Die glatte Holzfläche sollte sauber und am besten mit Pflegemittel oder Öl vor der Aufnahme behandelt werden. Auf jeden Fall aber sollte Holz als Naturmaterial lebendig dargestellt werden. Falls die Maserung betont und die Reflexe ausgeschaltet werden sollen, kann die Beleuchtung mit polarisiertem Licht zum Erfolg führen.

Kunststoff

Das Entscheidende bei der Beleuchtung von Kunststoffobjekten ist ebenfalls die Oberfläche. Die Beleuchtung richtet sich danach, ob die Oberfläche matt, hochglänzend, durchsichtig oder strukturiert ist. Matte Oberflächen sind recht unproblematisch zu beleuchten. Hochglänzende oder metallisierte Kunststoffoberflächen kann man beleuchtungstechnisch ähnlich wie hochglänzendes Metall behandeln. Große Flächenleuchten, Neger und Aufheller die auch eingespiegelt werden können, sind die Stichworte zu diesem Thema. Die Struktur einer rauhen Kunststoffoberfläche kann zusätzlich durch Streiflicht betont werden.

Etwas heikler ist die Beleuchtung durchsichtiger Kunststoffobjekte. Im Prinzip können sie ähnlich wie Glas beleuchtet werden. Das eigentliche Problem ist aber ein anderes: Auf der transparenten Kunststoffoberfläche auftreffendes Licht wird diffus gestreut, was zu Lasten der Formgebung geht. Falls man aber auch durch ausgiebige Tüftelei mit Aufhellern und Negern nicht die gewünschte Objektmodulation erreicht, helfen nur noch Tricks aus der Profikiste. Manche Profifotografen setzen halbmattes oder glänzendes Dulling-Spray ein oder stellen das Objekt vor der Aufnahme in die Tiefkühltruhe, so daß sich anschließend ein dünner Beschlag bildet.

Nahrungsmittel für Foodaufnahmen

Das in Foodaufnahmen so appetitlich und frisch aussehende Obst oder Gemüse hat meistens einige kosmetische Korrekturen oder sogar Eingriffe hinter sich. Obst und Gemüse müssen für eine Foodaufnahme richtig präpariert werden. Beispielsweise kann Öl oder Glyzerin für besseren Glanz sorgen. Wasser oder noch besser eine Mi-

Weiße Eier abzubilden ist gar nicht so einfach, wie es auf den ersten Blick scheint. In unserem Beispiel hat der Fotograf das Problem durch die Objektmodulation mit Licht, Schatten und Reflexen sowie durch den Weichzeichnereffekt gelöst
Foto: Jonathan Knowles/Ilford

schung aus Wasser und Glyzerin kann aufgesprüht werden, so daß kleine Tropfen zusätzlich die Frische betonen. Die Farbbrillanz und Farbsättigung mancher Obst- und Gemüsearten kann sogar durch Auftragen farbiger Tusche verstärkt werden. Mit (von der Kamera aus nicht sichtbaren) Stecknadeln und Büroklammern kann man fehlende Blätter durch andere ergänzen.

Obst und Gemüse müssen frisch sein und eine gute Form haben (es sei denn, es ist eine andere Bildwirkung erwünscht). Die von den Halogen-Einstellampen erzeugte Wärme kann aber Obst und Gemüse schnell verwelken lassen. Daher ist es sinnvoll, die späteren Aufnahmeobjekte bis unmittelbar vor der Aufnahme im Kühlschrank aufzubewahren, und den Motiv- und Lichtaufbau mit anderem Obst und Gemüse (derselben Sorte, versteht sich) vorzubereiten. Nachdem sämtliche Aufbauarbeiten abgeschlossen sind, werden nun die eigentlichen »Hauptdarsteller« aus dem Kühlschrank geholt und entsprechend dem »Kontrollpola« anstelle der nicht mehr ganz frischen aufgebaut.

Blumen sind zwar keine Nahrungsmittel, doch bei Stillife-Aufnahmen können sie, mit Ausnahme der Aufbewahrung im Kühlschrank, ähnlich wie Obst oder Gemüse präpariert und gehandhabt werden.

Als Lichtquellen für Foodaufnahmen eignen sich Flächenleuchten, zumal oft auch hochglänzendes Besteck oder Porzellan mitfotografiert wird. Effektlichter können durch gezielte Lichtakzente den nötigen »Schwung« in die Foodaufnahmen bringen.

Bei dieser Aufnahme wurde sozusagen die »Materialbeschaffenheit« der Lebensmittel (Käse und Brot) durch gezielt eingesetzte Effektlichter hervorgehoben
Foto: Jonathan Knowles/Ilford

Abbildung Seite 89
Die Multiblitz-Geräte lassen sich durch verschiedene Reflektoren und Flächenleuchten an jedes Motiv anpassen. Die Szene wurde von hinten links mit der kleinen quadratischen Lichtwanne Multilite 40 weich beleuchtet und von vorne rechts mit einem weißen Pappkarton aufgehellt. Ein Effektlicht von hinten links sorgt für Spitzlichter. Sowohl die Tomaten als auch das Papier werden materialgerecht wiedergegeben
Foto: Werbefotografie Haubold

Objektmodulation durch Licht, Schatten und Reflexe

Dreh- und Angelpunkt professioneller Studiofotografie ist die Objektmodulation, das heißt die bildwirksame »Gestaltung« oder »Formgebung« eines Aufnahmeobjektes durch das Zusammenspiel von Licht, Schatten und Reflexen. Die Objektmodulation kann beispielsweise sachlich, künstlerisch oder experimentell sein. Auf jeden Fall ist aber die Objektmodulation unerläßlich für die Umsetzung der Bildidee und bestimmt maß-geblich die Bildwirkung.

Durch die Objektmodulation können die Formen, Konturen und Strukturen der Aufnahmeobjekte betont, objektgerecht oder abgeschwächt wiedergegeben werden. Eine gekonnte Objektmodulation kann bewirken, daß ein langweiliges oder alltägliches Objekt wie ein besonderer Kunstgegenstand erscheint.

Das Wesentliche über den Umgang mit Licht und Schatten wurde in den vorangegangenen Kapiteln vermittelt. Nun geht es darum den Umgang mit Reflexen als wichtigen Bestandteil der Objektmodulation kennenzulernen.

Aufnahmeobjekte reflektieren mehr oder weniger das auftreffende Licht. Matte, nicht spiegelnde Oberflächen streuen das Licht diffus, man spricht von Remission. In glänzenden Oberflächen entsteht eine spiegelnde Reflexion. Um diese Art von Reflexion geht es hauptsächlich in der professionellen Studiofotografie bei der sogenannten Reflexsteuerung. Die meisten Aufnahmeobjekte, ob schwarz, weiß, grau oder bunt, reflektieren, je nach Reflexionsvermögen der Oberfläche, mehr oder weniger Licht. Bei hochglänzenden Metallobjekten beispielsweise kann die Reflexion so stark sein, daß die eigentliche Oberfläche gar nicht mehr als solche wahrgenommen wird.

Sichtbar ist lediglich die Spiegelung der Lichtquelle oder der Umgebung in der metallischen Oberfläche. Das kann, je nach Art der Reflexe und nach Bildidee, erwünscht oder unerwünscht sein. Die Reflexsteuerung ist aber unerläßlich für die Helligkeitsmodulation glänzender und sogar halbmatter Objekte. Wenn es in der professionellen Studiofotografie darum geht, Reflexe zu vermeiden oder bewußt zu setzen, ist die

Kenntnis der Reflexionsgesetze von großer praktischer Bedeutung. Wir sind bereits in dem Kapitel über weiches, gestreutes Licht auf diese Gesetze eingegangen, so daß wir an dieser Stelle nur die wichtigsten Punkte zusammenfassen:

Die Reflexionsgesetze besagen dreierlei: Der einfallende und der reflektierte Strahl bilden mit dem Flächenlot gleiche Winkel. Der einfallende Strahl, der reflektierte Strahl und das Flächenlot liegen in einer Ebene (Einfallsebene). Der reflektierte Lichtstrom ist schwächer als der einfallende. Das Verhältnis zwischen beiden Licht-

Eigentlich eine Low-key-Aufnahme, bei der sich der dunkle Hintergrund in der verchromten Armatur spiegelt. Durch das Zusammenspiel von Hell und Dunkel, das der Armaturform folgt, werden die Konturen und die räumliche Ausdehnung des Aufnahmeobjektes deutlich herausgearbeitet. Die extremen Kontraste steigern diesen Eindruck erheblich (Originaldia in Farbe)
Foto: Thomas Peters

Starkes Oberlicht, sparsame Aufhellung von vorne, gezielt gesetzte Akzentlichter sowie genau ausgeschnittene Aufheller hinter den Flaschen bringen sowohl die gewünschte Objektmodulation, als auch die richtige Lichtstimmung
Foto: Jonathan Knowles/Ilford

strömen gibt Auskunft über das Reflexionsvermögen der reflektierenden Fläche. Das Reflexionsvermögen ist auch abhängig von der Einfallsrichtung und der Wellenlänge des Lichtes. Das Verhältnis des reflektierten zum einfallenden Lichtstrom bei senkrechtem Einfall wird als Reflexionsgrad oder Reflexionskoeffizient bezeichnet. Wenn der Reflexionsgrad für alle Wellenlängen des Lichtes gleich groß ist, spricht man von weißer Reflexion. Ist dagegen der Reflexionsgrad der reflektierenden Fläche nicht für alle Wellenlängen des Lichtes gleich groß, spricht man von selektiver Reflexion. Einen besonderen Fall stellt die schon erwähnte metallische Reflexion dar, weil das Licht mit wenigen Ausnahmen, elliptisch polarisiert wird.

Die effektive Größe der Lichtquelle beeinflußt das Ausmaß der Streuung und den Beleuchtungskontrast: je größer die Lichtquelle, desto gestreuter das Licht und geringer der Kontrast. Weiches, gestreutes Licht ist optimal für die Ausleuchtung von Aufnahmeobjekten mit glänzender Oberfläche wie Glas oder Chrom. Allerdings kann je nach Beleuchtungsabstand und Größe der Diffusionsfläche die Form der Lichtquelle im glänzenden Objekt sichtbar werden.

Die Lichtquelle wird vor allem bei glänzenden Objekten auch gezielt eingespiegelt. Flächenleuchten erzeugen großflächige und gut sichtbare Reflexe in der Oberfläche des Objektes. Die Flächenleuchten von Multiblitz haben, ob Lichtwanne oder Softbox, eine scharfe Leuchtfeldbegrenzung, so daß sie problemlos eingespiegelt werden können.

Vorsicht ist beim Einsatz von Reflexionsschirmen geboten, weil die Spiegelung eines »Regenschirmes« in der glänzenden Objektfläche oft dilettantisch wirkt. Für Spitzlichter und kleinflächige Lichtreflexe eignen sich am besten fokussierbare Spots oder kleine (Hohl-)Spiegel.

Reflexe kann man aber nicht nur mit Lichtquellen sondern auch mit Aufhellern, Negern oder Spiegeln erzeugen. Großflächige aber auch schmale Reflexe können durch entsprechend große Pappstücke durch »Einspiegelung« hervorgerufen werden. Bei hellen oder durchsichtigen Objekten eignen sich eher dunkle und bei dunklen Objekten eher helle Pappstücke für die Einspiegelung.

Die Pappstücke sollten so plaziert werden, daß sie direkt angestrahlt werden können oder zumindest genügend Licht von einer der Lichtquellen erhalten. Die Pappstücke sollten glatt und möglichst ohne erkennbare Strukturen sein. Falls die Aufheller oder Neger erkennbare Strukturen aufweisen, sollten sie so weit vom Objekt aufgestellt werden, daß sie sich (beziehungsweise ihre Spiegelung) bei Fokussierung auf das Objekt jenseits der Schärfentiefe befinden (es sei denn, die Spiegelung der Strukturen ist erwünscht).

Eine leuchtende und brillante Wiedergabe von Getränken oder anderen Flüssigkeiten (in transparenten Gefäßen) wird erreicht, indem man eine mit Alufolie beklebte Pappe oder eine Spiegelfolie in der etwas verkleinerten Form des Gefäßes (Flasche, Glas) zuschneidet und hinter dem Gefäß aufstellt. Der Abstand sollte so groß sein, daß die reflektierende Fläche genügend Licht erhält. Selbstverständlich ist darauf zu achten, daß nichts von der Pappe im Sucher oder auf der Mattscheibe sichtbar wird.

Das alte Werkzeug mag ja nostalgisch aussehen, das Foto erhält aber erst durch die Beleuchtung die richtige Stimmung. Eine leistungsreduzierte Leuchte mit einer Softbox Multiflex 75x75 cm als Oberlicht sorgt für eine diffuse, weiche Allgemeinbeleuchtung, während ein schräg oben plazierter Projektionsspot Spot 32 ein Gobo-Muster auf das Motiv projiziert. Um die volle Leistung des Projektionsspots zu erreichen, wurde er an einen separaten Generator Magnolite 32 angeschlossen
Foto: Dietrich Brandenburg

Stimmung und Ausdruck durch Beleuchtung

Die Bildwirkung wird in entscheidender Weise von der Beleuchtung beeinflußt. Das Zusammenspiel von Licht, Schatten und Reflexen bestimmt die Stimmung und den Ausdruck eines Bildes. Diese Faktoren, nämlich die Stimmung und der Ausdruck eines Bildes, sind ausschlaggebend für die Eindrücke und Emotionen des Betrachters. Das zu berücksichtigen ist sowohl in der Kunst- als auch in der Werbefotografie von Wichtigkeit. So kann beispielsweise die helle Lichtstimmung einer High-key-Beleuchtung beim Betrachter angenehme,

freudige Empfindungen auslösen. Eine dunkle Low-key-Beleuchtung kann eine schwere, düstere, vielleicht sogar bedrückende oder bedrohliche Stimmung hervorrufen. Farbsättigung und Kontrast sind weitere Faktoren, die Einfluß auf die Bildwirkung und somit auf die Eindrücke des Betrachters haben. Durch entsprechende Beleuchtung kann der Fotograf auch diese Faktoren weitgehend bestimmen.

Die Beleuchtung eines Objektes kann, um nur die wichtigsten Arten zu nennen, natürlich, naturalistisch, abstrakt oder surreal sein. Wir bevorzugen diese Einteilung und diese Bezeichnungen, die aber keineswegs zwingend sind, weil die Beleuchtungsarten nicht genau definiert oder normiert sind.

Die eigenartige Stimmung dieser Aufnahme kommt von der unkonventionellen Beleuchtung. Vor schwarzem Hintergrund wurde ein einziger Stufenlinser als Gegenlicht für das Profil verwendet. Die rechte Seite wurde im Kompendium mit einer Maske »abgenegert«. Für den Weichzeichnereffekt genügte eine mit Dulling-Spray behandelte Glasscheibe
Foto: Petra Stüning

Bei der Aufnahme des roten Salons galt es die vorhandene Lichtstimmung zu erhalten. Als Aufhellicht wurden zwei Blitzleuchten mit Reflexionsschirmen eingesetzt. Der Blitzlichtanteil bei der Aufhellung wurde über die Blende bestimmt, während die Verschlußzeit für den Anteil des vorhandenen Lichtes verantwortlich war
Foto: Petra Stüning

Bei der natürlichen Beleuchtung und Darstellung eines Objektes wird die Charakteristik des Tageslichtes, genauer der einzigen Lichtquelle in der Natur, nämlich der Sonne, nachgeahmt. Die Beleuchtung kommt folglich von einer einzigen Hauptlichtquelle und die Schatten werden durch ein Aufhellicht oder durch Aufheller mehr oder weniger abgeschwächt. Die Lichtführung entspricht in etwa der Sonnenstrahlung. Das Licht kommt also meistens von schräg oben, Unterlicht existiert praktisch nicht. Das Licht eines bewölkten Tages kann mit Flächenleuchten gut nachgeahmt werden. Die Stimmung und die Atmosphäre entsprechen gewöhnlichem Tageslicht. Das Objekt wird naturgetreu in einer natürlichen Umgebung und bei natürlich wirkendem Licht dargestellt. Allerdings sollte der Fotograf darauf achten, daß die Aufnahme bei diesem Licht nicht alltäglich wirkt, es sei denn, genau das wird angestrebt.

Die sogenannte naturalistische Beleuchtung bewirkt ebenfalls eine weitgehend naturgetreue Darstellung des Objektes, ohne aber das Tageslicht nachzuahmen. Die Lichtführung kann mit verschiedenen Lichtquellen erfolgen und auch unkonventionell sein. Es kann eine besondere Lichtstimmung erzeugt werden, wobei das Licht weich oder hart sein kann. Wichtig ist nur eine naturgetreue Objektmodulation, bei der Form, Farbe und Struktur des Objektes der Realität entsprechen.

Bei der abstrakten Beleuchtung kann das Objekt beispielsweise noch als solches zu erkennen sein, doch seine Form, Farbe und Struktur kann durchaus verändert dargestellt werden. Dasselbe gilt für den Hintergrund und die anderen Teile des Motivs. Die abstrakte Beleuchtung ruft oft hohe Kontraste hervor und das Objekt wird auf wenige Elemente reduziert. Ein gutes Beispiel für abstrakte Beleuchtung ist ein Stilleben, bei dem lediglich die Konturen des Objekts als Lichtsaum zu erkennen sind.

Die sogenannte surreale Beleuchtung entspricht am wenigsten unseren Sehgewohnheiten. Diese Art von Licht kommt in der Natur eigentlich nie vor und erweckt oft einen phantastischen Eindruck. Projektionsspots, Farbfilterfolien, Regenbogenmaschinen oder Hintergrundprojektionen werden bei dieser Beleuchungsart oft eingesetzt. Es können aber auch gewöhnliche Lichtquellen in ungewöhnlichen Positionen

aufgestellt werden (beispielsweise Unterlicht). Besonders wirkungsvoll ist diese Beleuchtung wenn die Objekte verfremdet sind. Das kann mit einfachen Mitteln geschehen, indem man beispielsweise einen Apfel oder ein Ei mit silberfarbigem Felgenspray besprüht. Zusätzliche Arrangements aus Pappe, Akryl, Styropor, Spiegelfolien können die Wirkung steigern.

Durch die Art der Beleuchtung kann der Fotograf dasselbe Objekt in verschiedener Weise darstellen. Ein Aufnahmeobjekt, sagen wir eine Banane, kann beispielsweise natürlich, naturalistisch, abstrakt oder surreal beleuchtet und abgebildet werden. Dementsprechend wird auch die Stimmung und der Ausdruck des Bildes sein. Für welche Art der Beleuchtung sich der Fotograf entscheidet, hängt von der angestrebten Bildwirkung ab.

Die »Location« für die Aufnahme war eine verlassene Fabrik. Beleuchtet wurde die Szene nur mit einer Softbox 100x100 cm, die oberhalb der Kamera angebracht war. Das vorhandene Licht ging ebenfalls in die Belichtung ein
Foto: Peter Salek

Der Einfluß der Raumverhältnisse auf die Beleuchtung

Ob ein Objekt naturgetreu oder verfremdet dargestellt wird, hängt im entscheidenden Maße auch von der Art der Beleuchtung ab, die nach einer groben Einteilung natürlich, naturalistisch, abstrakt oder surreal sein kann

Die Raumverhältnisse, sprich Höhe, Fläche und Anstrich, haben einen weitaus größeren Einfluß auf die Beleuchtung, als man zunächst vermuten würde.

Die Höhe und die Größe hängt von den Motiven ab, die man überwiegend fotografiert. Für kleine Stills, Porträts, Food- und Aktaufnahmen genügt zur Not ein umfunk-

Weiße Wände und Fenster die man mit lichtdichten Vorhängen verdunkeln kann, ermöglichen eine gute Arbeitsatmosphäre, weil der Aufbau bei Tageslicht vorgenommen werden kann. Für die Probeschüsse und die eigentliche Aufnahme werden Raum und Fenster mit den Vorhängen verdunkelt, was auch bei Mehrfachbelichtungen unerläßlich ist
Foto: Petra Stüning

tionierter Wohnraum. Mode- und Beautyaufnahmen sowie größere Stilleben erfordern eine Mindestraumhöhe von etwa 3 Metern. Das Studio für diese Art von Aufnahmen kann auch in einer Altbauwohnung eingerichtet werden, wobei es sinnvoll wäre, die Aufnahme- oder die Leuchtdistanz durch Öffnen der Türen vergrößern zu können. Werbe-, Möbel- und vor allem Autofotografie findet normalerweise in speziell dafür gebauten Studios statt, die eine (teilbare) Fläche von mehreren Hundert Quadratmetern und eine Raumhöhe von 5 bis 10 Metern haben.

Grundsätzlich gilt folgendes: je größer und höher das Studio, desto besser. Die Größe und die Höhe eines Studios entschei-

den nämlich , ob die gewünschte Lichtführung möglich ist oder nicht. Die Leuchten sollten praktisch in jede Position rund um das Objekt (360°) sowie oberhalb angeordnet und die Beleuchtungsdistanz frei gewählt werden können. Auf keinen Fall darf aber die Umsetzung der Bildidee daran scheitern, daß die erforderliche Lichtführung nicht realisiert werden kann.

Die Anstrichfarbe des Studios kann durch Lichtreflexion die Farbwiedergabe der Fotos beeinflussen. Daher ist es wichtig, daß Wände, Decke und sogar Fußboden und Türen eine neutrale Farbe haben. So kommt es dann auch, daß die meisten professionellen Fotostudios, je nach Vorliebe des Fotografen, weiß, grau oder schwarz angestrichen sind. Weiße Wände sind zwar farbneutral, können aber durch den sehr hohen Reflexionsgrad unerwünschtes Streulicht reflektieren. Ein mattschwarzer Anstrich wirkt absorbierend, so daß unkontrolliertes Streulicht wirkungsvoll unterbunden wird. Graue Wände stellen einen Kompromiß zwischen einem weißen und einem schwarzen Anstrich dar.

Schwarze und graue Wände können aber »aufs Gemüt drücken«, sich also negativ auf die Psyche auswirken. Das muß zwar noch keine Depressionen verursachen, kann aber durchaus die Kreativität beeinträchtigen. Wer bei der Lektüre dieses Satzes schmunzelt, sollte bitte bedenken, daß Profifotografen sich mehrere Stunden täglich, und das über viele Jahre hinweg, im Studio aufhalten. Daher schlagen wir folgende Kompromißlösung vor:

Die Wände sollten weiß angestrichen und Rundherum mit Vorhangschienen versehen sein, auf denen schwarze Vorhänge bewegt werden können. Das bringt gleich mehrere Vorteile. Der Aufbau kann sozusagen im Hellen erfolgen, für die letzten Einstellungen und die eigentlichen Aufnahmen werden die Wände schwarz verhängt. Das Vorhangsystem sollte auch eine vollkommene Abdunkelung des Studios erlauben, was beispielsweise für Mehrfachbelichtungen unerläßlich ist. Falls aber eine gewisse Grundhelligkeit durch diffuses Streulicht erwünscht ist, können die schwarzen Vorhänge zur Seite geschoben werden. Bei der Wahl der Anstrichfarbe sollte darauf geachtet werden, daß keine optischen Aufheller mit Fluoreszenzstoffen darin enthalten sind.

Blitzaufnahmepraxis

Die Aufnahme der Flasche mit der Körperlotion ist eine recht komplizierte Mehrfachbelichtung, die eigentlich jeder Werbefotograf beherrschen sollte. Die Ausgangslage für die Erstbelichtung: Die Flasche steht vor schwarzem Hintergrund auf der Verpackung. Den Untergrund bildet eine blaue Plexiglasscheibe, die von unten angeleuchtet wird. In Streiflichtposition ist eine Softbox 50x140 cm (rechts) und ein Striplite positioniert. Die Softbox wird relativ großflächig in die Flasche eingespiegelt, während das Striplite die Lichtkante auf der linken Seite erzeugt. Ein Stufenlinser ist auf den senkrechten Schriftzug gerichtet und der Deckel wird leicht aufgehellt. Für die Zweitbelichtung wurde der Stufenlinser auf den Schriftzug der Verpackung gerichtet und fokussiert. Die Leuchtfläche wurde so »abgenegert«, daß alles andere außer dem Schriftzug im abgedunkelten Raum in Dunkelheit gehüllt war. Die Mehrfachbelichtung für den »Wischeffekt« erfolgte durch Verschieben der Bildstandarte beim Einstellicht des Stufenlinsers, wobei ein entsprechendes Filter die Farbtemperatur des Einstellichtes auf die Farbtemperatur von 5500 Kelvin erhöhte. Für die Drittbelichtung wurde eine goldfarbene Rettungsfolie vor den schwarzen Hintergrund aufgespannt und mit vier Leuchten mit Normalreflektor gleichmäßig angestrahlt. In das Kompendium wurde eine in der Form der Flasche geschnittene Maske eingelegt. Der Grad der Unschärfe wurde durch die Blende gesteuert und die Nachbelichtung erfolgte durch das Einstellicht der vier Reflektoren
Foto: Petra Stüning

Eine noch so aufwendige und kreative Lichtführung ist wertlos, wenn sie nicht entsprechend der Bildvorstellung auf Filmmaterial belichtet werden kann. Die genaue Analyse der Beleuchtung und eine akkurate Meßtechnik sind die Voraussetzungen für eine optimale Belichtung. Der Fotograf, der den richtigen Umgang mit diesen Faktoren beherrscht, wird nicht nur seine Bildideen motivgerecht umsetzen können, sondern auch, durch Zeit- und Materialersparnis, die Produktionskosten senken.

Die totale Kontrolle über Beleuchtung und Belichtung ist jedoch nur möglich, wenn sämtliche Einflußfaktoren berücksichtigt werden. Unerläßlich ist vor allem die einwandfreie Beherrschung der Blitzbelichtungsmessung, der Kontrastanalyse und -steuerung, der Farbtemperaturmessung und Filtertechnik sowie die Kenntnis der Filmemulsion und der anschließenden Verarbeitung.

Die Blitzbelichtungsmessung

Professionelle Belichtung erschöpft sich nicht in der Ermittlung der korrekten Kombination aus Blende und Verschlußzeit in Abhängigkeit von der Beleuchtungsstärke. Professionell belichten bedeutet vielmehr, die Stimmung eines Motivs zu erhalten oder gezielt zu verändern, die Ton- und Farbwerte zu beeinflussen sowie nach der Aufnahme die Gewißheit zu besitzen, die Bildidee belichtungstechnisch einwandfrei umgesetzt zu haben.

Dasselbe Objekt kann bei vollkommen identischer Beleuchtung, je nach Belichtung, im fertigen Foto verschiedene Bildwirkungen erzeugen. So kann beispielsweise eine helle Belichtung zu einem zarten,

Freude ausstrahlenden Bildausdruck führen. Eine dunkle Belichtung kann eine schwere, dustere Stimmung erzeugen. Und natürlich kann manchmal sogar die korrekt belichtete Aufnahme langweilig wirken. Durch die Belichtung kann der Fotograf (in bestimmten Grenzen) die hellen oder die dunklen Töne differenziert wiedergeben oder betonen. Eine pastellartige oder eine plakative Farbwiedergabe kann durch entsprechende Belichtung erzielt werden (wobei auch andere Faktoren, wie beispielsweise die Beleuchtung, eine wichtige Rolle spielen).

Blitzbelichtungsmesser

Die einzig richtige Methode, die Belichtung bei einer professionellen Studioaufnahme exakt zu ermitteln, ist die Messung des Blitzlichtes mit einem Blitzbelichtungsmesser. Natürlich gibt es auch andere Methoden, wie beispielsweise die Messung des Einstellichtes mit einem Belichtungsmesser für Dauerlicht bei einer durch Tests ermittelten Verschlußzeit, oder die Belichtung nach der Leitzahl beziehungsweise der Blende in 2 Metern. All diese Methoden gehören der Vergangenheit an und sind in einem modernen Studio fehl am Platz. In ein modernes Fotostudio gehört ein professioneller Blitzbelichtungsmesser, der vielseitig einsetzbar ist. Dementsprechend hoch sind die Anforderungen an einen professionellen Blitzbelichtungsmesser: Das Gerät sollte Blitzlicht und Dauerlicht messen können, und zwar sowohl einzeln, als auch kombiniert. Sehr wichtig ist auch die Möglichkeit zur freien Einstellung der Torzeit. Auch sollte das Gerät gleichermaßen für Lichtmessung und für Objektmessung geeignet sein. Durch verschiedene Vorsätze sollten die Einsatzmöglichkeiten erweitert werden können. Dazu zählen bei der Objektmessung Vorsätze für Spot- und Integralmessung, flexible Lichtmeßfühler für Messungen an unzugänglichen Stellen (Nah- und Makrobereich) oder Sonden für Messungen direkt in der Bildebene der Fachkameras. Für die Lichtmessung sollten verschiedene Diffusoren verwendet werden können, wie beispielsweise Kalotten unterschiedlicher Lichtdämpfung oder Plandiffusoren für Messungen bei Reprovorlagen oder anderen ebenen Objekten. Weitere Features können oft eine große Arbeitserleichterung sein, so zum Beispiel ein drehbarer Meßkopf, gut ablesbare digitale und analoge Blendenanzeige, Meßwertspeicher, automatische Mittelwertbestimmung, Anzeige des Kontrastumfangs, Blitzbelichtungsmessungen mit und ohne Synchronkabel, Blitzaddition beziehungsweise Blitzkalkulation für Mehrfachblitzen. Die Meßzelle muß verzögerungsfrei auf Blitzlicht reagieren und beispielsweise sowohl die Leuchtdauer eines ultrakurzen Blitzes von 1/50000 Sekunde als auch die Leuchtzeit eines »langsamen« Blitzes von 1/125 Sekunde in vollem Umfang erfassen.

Professionelle Belichtungsmesser die all diese Anforderungen erfüllen, sind nicht gerade billig. Allerdings gibt es mittlerweile Belichtungsmesser die preisgünstig sind und einen praxisgerechten Kompromiß darstellen. Wir beschränken uns auf drei Beispiele: Der von Multiblitz vertriebene Calcu-Flash-II der US-Firma Quantum, der Minolta Auto Meter IV F und der Gossen Variosix F. Mit diesen relativ preiswerten Blitzbelichtungsmessern ist eine professionelle Arbeitsweise problemlos möglich.

Die Torzeit

Vereinfacht ausgedrückt wird die Zeit, in der ein Belichtungsmesser die Belichtung mißt, als Torzeit bezeichnet. Es gibt auch heute noch Blitzbelichtungsmesser, die nur über eine Torzeit, das heißt nur über eine feste Zeiteinstellung, normalerweise 1/60 Sekunde, verfügen. Diese Zeiteinstellung reicht aber für eine genaue Messung nicht aus, wenn beispielsweise an dem Zentralverschluß der Kamera 1/250 oder 1/500 Sekunde eingestellt wird, was bei Modeaufnahmen zum Studioalltag gehört. Dasselbe gilt auch für längere Belichtungszeiten als 1/15 Sekunde, die dann eingestellt werden, wenn bei Mischlichtsituationen das Dauer-

licht mehr berücksichtigt werden soll. Daher sollte der Profifotograf für eine genaue Messung nur Blitzbelichtungsmesser einsetzen, bei denen die Torzeiten frei eingestellt werden können. Das ist bei den oben erwähnten Blitzbelichtungsmessern der Fall.

Meßarten und Meßmethoden

Grundsätzlich gibt es zwei Arten der Belichtungsmessung: die Lichtmessung und die Objektmessung. Wir beschränken uns bei der Darstellung der Meßarten und Meßmethoden nur auf die Messung mit Handbelichtungsmessern, wie sie in der

professionellen Studiofotografie üblich ist, so daß wir auf Mehrfeld- oder Filmreflexionsmessung nicht eingehen.

Bei der Lichtmessung wird die Beleuchtungsstärke gemessen, die auf das Aufnahmeobjekt auftrifft. Die Messung erfolgt mit vorgesetzter Diffusorkalotte vom Objekt aus in Richtung zur Kamera. Die sphärische Diffusorkalotte ist für dreidimensionale Objekte unerläßlich, während für flächige Objekte oder Reprovorlagen eher ein Plandiffusor geeignet ist. Die sphärische Diffu-

Die Torzeit ist die Zeit, in der ein Belichtungsmesser die Belichtung mißt

In der professionellen Studiofotografie werden grundsätzlich zwei Arten der Belichtungsmessung angewandt, die Lichtmessung und die Objektmessung

Blitzlichtmessung mit dem Minolta Flash Meter IV und angesetzter spärischer Diffusorkalotte
Foto: Matthias Stolt

sorkalotte ist eigentlich eine opake Halbkugel, die, vor der Meßzelle befestigt, den Meßwinkel auf 180° erweitert.

Der Grad der Opazität ist so berechnet, daß lediglich 18% des auftreffenden Lichtes bei der Messung berücksichtigt werden. Dabei wird davon ausgegangen, daß ein Motiv durchschnittlicher Helligkeit etwa 18% des auftreffenden Lichtes in Richtung Kamera reflektiert, genauer remittiert. Eine Remission von 18% (genauer 17,68% beziehungsweise Dichte 0,70) entspricht dem logarithmischen Mittelwert zwischen Weiß und Schwarz. Auf diesen Wert sind sämtliche Belichtungsmesser geeicht, und zwar unabhängig davon, ob sie für Blitzlicht oder für Dauerlicht, für Objektmessung oder für Lichtmessung konzipiert sind.

Bei der Objektmessung wird die Motivhelligkeit gemessen, also das Licht, das vom Objekt in Richtung Kamera reflektiert beziehungsweise remittiert wird. Dabei gibt es mehrere Methoden der Objektmessung. Je nach Meßwinkel des Belichtungsmessers spricht man von Integral-, Selektiv- oder Spotmessung (von der Mehrfeldmessung sind die Handbelichtungsmesser glücklicherweise verschont geblieben). Der Meßwinkel ist bei der Integralmessung größer als 40° und beträgt bei der Selektivmessung zwischen 10° und 5° und bei der Spotmessung zwischen 3° und 1°. Die Messung wird vom Kamerastandpunkt aus in Richtung Objekt vorgenommen.

Möglichkeiten und Grenzen der Meßarten

Jede Meßart und jede Meßmethode hat ihre Vor- und Nachteile. Die Motivhelligkeit wird bei der Objektmessung sowohl von der Beleuchtungsstärke als auch von der Objekthelligkeit beeinflußt. Ein Belichtungsmesser kann dabei jedoch nicht unterscheiden, ob die gleiche Lichtmenge von einem dunklen Objekt bei großer Beleuchtungsstärke oder von einem hellen Objekt bei geringer Beleuchtungsstärke reflektiert beziehungsweise remittiert wird. Und weil sämtliche Belichtungsmesser auf das Standardgrau geeicht sind, wird jede angemessene Fläche im Positiv als Standardgrau wiedergegeben. Das zu wissen ist unerläßlich für die

Studiopraxis und erklärt auch, warum helle Motive unterbelichtet und dunkle Motive überbelichtet werden, wenn man in diesen Fällen den bei der Objektmessung ermittelten Wert unkorrigiert übernimmt.

Bei der Lichtmessung wird die Objekthelligkeit nicht berücksichtigt. Das bringt in der Praxis wichtige Vorteile, weil das Reflexionsvermögen (auch Objekthelligkeit oder Objektremission genannt) das Meßergebnis nicht beeinflussen kann. Auf diese Weise ist bereits durch eine einzige Messung eine korrekte Wiedergabe der Farb- und Tonwerte möglich, und zwar unabhängig davon, ob sie extrem hell oder extrem dunkel sind. Wenn aber der Motivkontrast höher als der Belichtungsumfang des Filmes ist, geht beim Belichten mit dem Wert der Lichtmessung die Detailzeichnung entweder in den Lichtern oder in den Schatten verloren. Eine genaue Bestimmung und Steuerung des Motivkontrastes, beispielsweise für Druckzwecke, ist mit der Lichtmessung ebenfalls nicht möglich.

Professionelle Blitzbelichtungsmessung

Die Lichtmessung ist vermutlich die in der professionellen Studiofotografie am meisten angewandte Meßart. Und das nicht, weil sie die totale Kontrolle über die Beleuchtung und Belichtung erlaubt, sondern weil sie wohl die einfachste Art ist, zu einer korrekten Wiedergabe der Farb- und Tonwerte zu gelangen. Für die Lichtmessung wird die Diffusorkalotte vor der Meßzelle befestigt, wobei bei flachen Objekten auch ein Plandiffusor eingesetzt werden kann. Bei der Ausrichtung der Meßachse gehen die Meinungen vieler Profifotografen auseinander. Einige richten die Diffusorkalotte vom Objekt zur Kamera aus, und zwar so, daß die Meßachse mit der Objektivachse weitgehend übereinstimmt oder zumindest parallel dazu verläuft. Andere wiederum schwören (bei dreidimensionalen Objekten) auf die Ausrichtung der Meßachse nach der Mitte des Winkels zwischen Hauptlichtachse und Objektivachse.

Wenn der Motivkontrast größer als der Kontrastumfang des Filmes ist, und eine gezielte Verschiebung der Tonwerte zur besseren Detailzeichnung in den Lichtern oder in den Schatten angestrebt wird, genügt die Lichtmessung nicht. Die Lichtmessung muß auch versagen, wenn eine genaue Kontrolle und Plazierung der Tonwerte, beispielsweise für ein Foto als Druckvorlage, erwünscht ist. In solchen Fällen hilft eine gezielte Anmessung bildwichtiger Motivpartien durch eine Methode der Objektmessung.

Die Integralmessung ist eher ungeeignet für gezielte Detailmessungen, weil dabei lediglich die Summe des reflektierten beziehungsweise remittierten Lichtes innerhalb des Meßwinkels gemessen und als Standardgrau »interpretiert« wird. Mit der Selektivmessung, oder noch besser, mit der Spotmessung lassen sich einzelne Details problemlos gezielt anmessen. Die Ersatzmes- sung auf die Graukarte mit 18% Remission oder die Einpunktmessung auf ein Motivdetail gleicher Helligkeit führt zum selben Ergebnis wie die Lichtmessung. Auch bei diesen Messungen bleibt jedoch der Motivkontrast unberücksichtigt.

Eine wesentlich genauere Methode für die Bestimmung der Belichtung in Abhängigkeit vom Motivkontrast ist die Zweipunktmessung. Mit der Selektiv- oder Spotmessung wird zunächst die hellste Stelle im Motiv gemessen, die im Positiv noch Zeichnung aufweisen soll. Anschließend wird die dunkelste Stelle im Motiv, die noch Zeichnung aufweisen soll, gemessen. Bei der Wahl der Meßpunkte ist darauf zu achten, daß keine Spitzlichter oder tiefe Schatten gemessen werden. Beide Messungen erfolgen bei gleichbleibender Torzeit und die Meßergebnisse werden in Blendenzahlen festgehalten. Der Mittelwert, der zu einer korrekten Belichtung führt, wird immer in Blendenstufen ermittelt. Wenn beispielsweise für die hellste Stelle Blende 16 und für die dunkelste Stelle Blende 4 gemessen wurden, liegt der Mittelwert bei Blende 8 (auf keinen Fall den arithmetischen Mittelwert der Blendenzahlen, hier 10, bilden). Moderne Blitzbelichtungsmesser bilden den Mittelwert per Knopfdruck automatisch.

Die Zweipunktmessung informiert außerdem zuverlässig über den Motivkontrast. Die Bestimmung des Motivkontrastes ist in der professionellen Studiofotografie enorm wichtig, sei es um den Kontrastumfang des Filmes nicht zu sprengen, oder um eine optimale Druckvorlage zu liefern.

Mit dem Mittelwert der Zweipunktmessung erhält man aber nur dann eine korrekte Belichtung, wenn der ermittelte Motivkontrast nicht größer ist als der Kontrastumfang des Films, beziehungsweise der im Druck reproduzierbare Kontrast. Wie man einen erhöhten Motivkontrast in den Griff be-

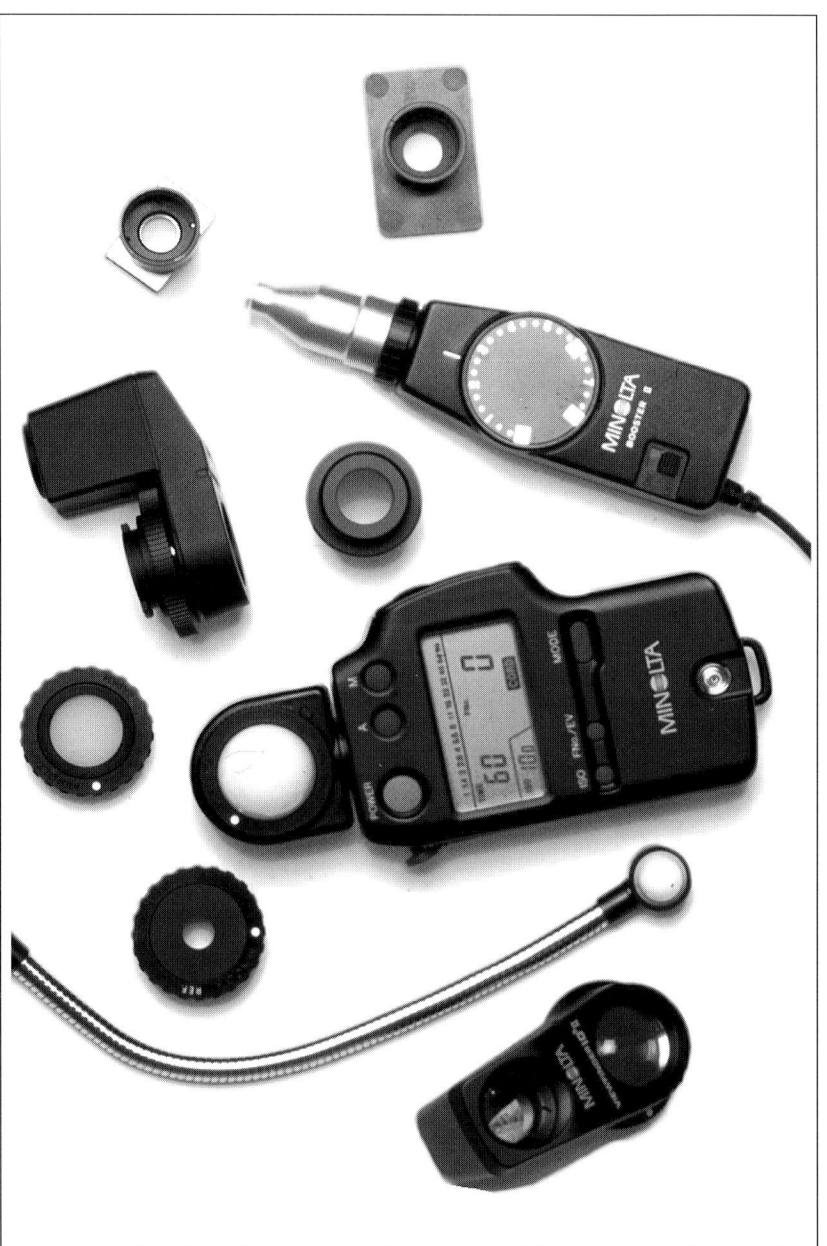

kommt, wird in den Kapiteln über die verschiedenen Kontraste und ihre Steuerung sowie über die Beleuchtung und Belichtung für den Druck näher beschrieben.

Die Mehrpunktmessung stellt für viele Fotografen gewissermaßen eine Steigerung der Zweipunkmessung dar. Bei der Mehrpunktmessung wird ein Mittelwert aus mehreren Meßpunkten ermittelt. So kann man beispielsweise zwei Messungen in den hellen, zwei in den dunklen und zwei in den

Der Minolta Autometer IV ist ein Belichtungsmesser, der sowohl für Messungen bei Dauerlicht als auch bei Blitzlicht geeignet ist. Durch zahlreiche Meßvorsätze ist wahlweise Objekt- oder Lichtmessung möglich, Integral-, Selektiv- oder Spotmessung, Messungen auf der Mattscheibe oder an unzugängliche Stellen
Foto: Minolta

mittelgrauen Motivbereichen vornehmen und anschließend den Mittelwert bilden. Diese Meßmethode ist verhältnismäßig aufwendig und führt ebenfalls nur dann zur korrekten Belichtung, wenn der Motivkontrast den vorgegebenen Rahmen nicht sprengt.

Eine relativ einfache und sehr genaue Blitzbelichtungsmessung kann wie folgt durchgeführt werden: Zunächst wird eine Lichtmessung durchgeführt, um einen Anhaltswert für die tonwertrichtige Wiedergabe zu erhalten. Anschließend wird mit der Zweipunktmessung der Motivkontrast ermittelt und der Mittelwert gebildet. Das geht schneller als man erwartet. Falls kein zweiter, identisch geeichter Belichtungsmesser vorhanden ist, werden für den Wechsel der Meßvorsätze zwei Lidschläge benötigt. Anhand dieser Messungen, nämlich der Lichtmessung und der Zweipunktmessung, erhält der Profifotograf alle belichtungsrelevanten Daten und kann gezielt belichten sowie gegebenenfalls die Kontraste und die Farbwiedergabe nach Wunsch steuern. Die Lichtmessung liefert einen zuverlässigen Anhaltspunt auch für die neutrale Farbwiedergabe, die sonst durch (vom Standardgrau) abweichende Belichtung verändert werden kann.

Bei der Arbeit mit Fachkameras ist es sinnvoll, die Belichtungsmessung in den Bildraum der Kamera zu verlagern. Die Messung in der Filmebene kann mit einer Meßsonde und einer entsprechenden Meßkassette erfolgen. Es gibt beispielsweise Meßsonden für die Blitzbelichtungsmesser Minolta Flashmeter III und IV oder Gossen Profisix und Mastersix. Eine andere Methode der Belichtungsmessung im Bildraum der Kamera ist die sogenannte Mattscheibenmessung. Einige Blitzbelichtungsmesser, wie beispielsweise der Minolta Auto Meter IV F lassen sich mit einem externen Sensor bestücken (Booster II), der durch einen Kalibrierverstärker auf die Lichtdurchlässigkeit der jeweiligen Mattscheibe eingestellt werden kann und somit exakte Messungen auf der Mattscheibe erlaubt. Die Sensoren der Sonden und Vorsätze haben eine relativ kleine Meßfläche, so daß die gezielte Anmessung bildwichtiger Partien möglich ist (Selektivmessung). Auf diese Weise läßt sich durch Zweipunkt- oder Mehrpunktmessung nicht nur die Belichtung, sondern auch der Motivkontrast sehr genau ermitteln.

Bei der Belichtungsmessung im Bildraum der Fachkamera handelt es sich um eine sogenannte TTL-Messung (through the lens). Bei der Messung durch das Objektiv werden sämtliche Einflußfaktoren mitge-

Im Vertrieb von Multiblitz findet der Profifotograf auch die Quantum-Blitzbelichtungsmesser Calcu-Flash mit umfangreichem Zubehör:
* Calcu-Flash S, Blitzbelichtungsmesser für Licht- und Objektmessung, Additionsmessung
* Calcu-Flash II, Belichtungsmesser für separate oder gemeinsame Messungen von Dauerlicht und Blitzlicht, Torzeiten zwischen 1/15 und 1/500 Sekunden

Bild oben
Calcu-Flash S mit der um 360° drehbaren Kalotte SDX

Bild Mitte
Calcu-Flash II mit angeschlossenem Synchronkabel

Bild unten
Calcu-Flash S mit Lichtleiteransatz FOX-1 für Objektmessung auf der Mattscheibe der Großformatkameras

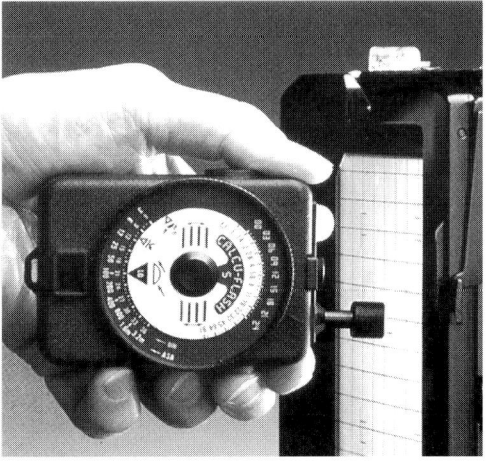

messen, wie beispielsweise Verlängerungsfaktoren für den Balgenauszug sowie der Lichtverlust, der durch Vignettierung bei Kameraverstellungen oder durch vagabundierendes Streulicht entsteht. Auch Verlängerungsfaktoren für Filter können direkt gemessen werden, wenn die spektrale Empfindlichkeit der Meßzelle durch die Filterfarbe nicht wesentlich verändert wird. Falls das Mattscheibenbild zu dunkel ist, kann man bei offener Blende messen und entsprechend verlängern. Ansonsten sollte die Messung jedoch immer bei Arbeitsblende durchgeführt werden, um Blendentoleranzen und Lichtverluste durch natürliche oder künstliche Vignettierung bei der Messung zu berücksichtigen.

Die verschiedenen Kontraste und ihre Steuerung

Der Kontrast ist, sowohl bildgestalterisch als auch belichtungstechnisch, eines der wichtigsten Elemente in der Fotografie. Unter diesem Sammelbegriff verbergen sich jedoch mehrere Einzelbegriffe, die für verschiedene Arten der Kontraste stehen. Die Einzelbegriffe werden aber in der Fachwelt recht unterschiedlich verwendet, so daß einige Erklärungsversuche sicher nicht fehl am Platz sind.

Die Kontraste

Der Motivkontrast gibt den Unterschied zwischen der hellsten und der dunkelsten Stelle eines Motivs an, und wird vom Beleuchtungskontrast und von der Objekthelligkeit bestimmt. Als Beleuchtungskontrast bezeichnet man die Differenz zwischen der größten und der geringsten Beleuchtungs-

stärke, wobei die Messung unmittelbar am Objekt erfolgt. Die Objekthelligkeit, auch Reflexionsvermögen genannt, ist die Fähigkeit eines Objektes, das auftreffende Licht mehr oder weniger zu reflektieren. Das Reflexionsvermögen eines Objektes ist als reine Materialeigenschaft unabhängig von der Beleuchtungsstärke. Der Unterschied zwischen der Stelle mit der geringsten Objekthelligkeit (=Reflexionsvermögen) und der Stelle mit der größten Objekthelligkeit wird in Fachkreisen auch Objektkontrast oder Objektumfang genannt (wobei aber auch andere Definitionen im Umlauf sind, die in Anlehnung an die entsprechende DIN-Norm den Objektkontrast dem Motivkontrast gleichsetzen). Das vom Objekt in Richtung Kamera reflektierte Licht wird als Motivhelligkeit bezeichnet und wird von der Beleuchtungsstärke und der Objekthelligkeit bestimmt. Das sind die belichtungstechnisch relevanten Kontraste im Gegenstandsraum. Die vor allem für die Bildwirkung relevanten Kontraste, wie beispielsweise Farb- oder Flächen-kontrast, klammern wir zunächst aus.

Wichtig für die Belichtung sind aber auch die Kontraste, die das Filmmaterial und die anschließende Verarbeitung betreffen. Der Belichtungsumfang ist die Differenz zwischen der geringsten und der stärksten Belichtung in der Filmemulsion. Im entwickelten Film wird die Differenz zwischen der geringsten und der größten Dichte (Schwärzung) als Dichteumfang bezeichnet. Als geringste Schwärzung gilt der Schwellenwert, also die erste meßbare Schwärzung über dem Schleier. Die größte Schwärzung wird normalerweise als Scheitelwert oder Maximalschwärzung bezeichnet, wobei diese Stelle keine Detailzeichnung mehr aufweist. Der Belichtungsumfang darf nicht mit dem Belichtungsspielraum eines Filmes verwechselt werden, der die Toleranz für Unter- oder Überbelichtung angibt. Der Kopierumfang bezeichnet den nutzbaren Bereich eines Fotopapiers, in dem sowohl Lichter als auch Schatten mit Detailzeichnung wiedergegeben werden können. Der Kopierumfang ist geringer als der Belichtungsumfang der Filme und wird im Druck nochmals reduziert.

Die Kontraste werden normalerweise in Blenden- oder Belichtungsstufen (Belichtungsdifferenz), in einem arithmetischen Zahlenverhältnis (Kontrast- oder Objektumfang) oder in logarithmischen Dichtewerten angegeben.

Der Motivkontrast gibt den Unterschied zwischen der hellsten und der dunkelsten Stelle eines Motivs an und wird vom Beleuchtungskontrast und der Objekthelligkeit bestimmt

Der Beleuchtungskontrast ist die Differenz zwischen der größten und der geringsten Beleuchtungsstärke in der Objektebene

Die Objekthelligkeit (=Reflexionsvermögen) ist die Fähigkeit eines Objektes, das auftreffende Licht mehr oder weniger zu reflektieren. Als reine Materialeigenschaft ist die Objekthelligkeit unabhängig von der Beleuchtungsstärke

Kontraststeuerung

Bei der Kontraststeuerung geht es vor allem um die genaue Abstimmung des Motivkontrastes auf den Belichtungsumfang des Films beziehungsweise auf den im Druck reproduzierbaren Kontrastumfang. Der Motivkontrast kann mit der selektiven Zweipunktmessung problemlos ermittelt werden. Dafür genügt eine Messung auf die hellste und eine auf die dunkelste Motivpartie, die noch Detailzeichnung aufweisen soll.

Bei diesem Motiv galt es, durch gezielte Steuerung des Beleuchtungskontrastes den Motivkontrast zwischen den dunklen Kaffeebohnen und der hochglänzenden Chromoberfläche der Espressomaschine in den Griff zu bekommen (Originaldia in Farbe)
Foto: Peter Haubold

Der Belichtungsumfang eines Filmes ist bei voller Detailzeichnung geringer als die Differenz zwischen Schwellenwert und Scheitelwert. Außerdem hängt der Belichtungsumfang von der Art des Filmes und seiner Empfindlichkeit ab. Ein mittelempfindlicher Diafilm hat einen Belichtungsumfang von etwa 6 Belichtungsstufen (Lichtwerte, Blendenstufen) und kann somit einen Motivkontrast von etwa 1:64 wiedergeben. Ein mittelempfindlicher Farbnegativfilm mit einem Belichtungsumfang von etwa 7 Belichtungsstufen kann einen Motivkontrast von etwa 1:125 wiedergeben. Den größten Belichtungsumfang haben mit 8 bis 9 Belichtungsstufen Schwarzweiß-Negativfilme, die einen Motivkontrast bis zu 1:250 oder 1:500 wiedergeben können (dieser Belichtungsumfang wird aber beim Vergrößern, je nach Fotopapiersorte, mehr oder weniger reduziert). Ein feinkörniger, niedrigempfindlicher Film hat normalerweise einen geringeren Belichtungsumfang als ein grobkörniger, hochempfindlicher Film. Allerdings wird die Abhängigkeit des Belichtungsumfangs von der Empfindlichkeit durch neue Filmtechnologien relativiert. Von der oft empfohlenen Addition des Belichtungsspielraumes zum Belichtungsumfang des Filmes raten wir in diesem Zusammenhang ab, weil der im Endprodukt reproduzierbare Kontrast dadurch nicht erweitert wird (es sei denn, der Diafilm ist ein Endprodukt, wie in der Projektion).

Die meisten Aufnahmen, die in professionellen Studios entstehen, sind für den Druck bestimmt, beispielsweise für Zeitschriftenanzeigen, Prospekte, Leporellos oder Bildbände. Im Druck kann, je nach Druckverfahren und Papierqualität, nur ein Kontrastumfang von 1:32 wiedergegeben werden. Dieser Kontrastumfang bezieht sich auf hochwertige Papierqualität und kann sich bei schlechter Papierqualität bis auf 1:8 verringern. Im besten Fall kann also ein Kontrastumfang von 5 Belichtungsstufen reproduziert werden (1:32). Weit verbreitet ist jedoch der Druck auf Papier mittlerer Qualität, bei dem ein Kontrastumfang von etwa 1:16 wiedergegeben werden kann, was einer Differenz von 4 Belichtungsstufen entspricht.

Ein wichtiger Teil der professionellen Studiopraxis besteht in der Abstimmung des Motivkontrastes auf den Verwendungszweck der Aufnahme. Im Idealfall ist der Motivkontrast mit dem im Endprodukt reproduzierbaren Kontrastumfang identisch und die Belichtung kann (eigentlich: muß) mit dem Mittelwert der Zweipunktmessung erfolgen. Eine vom Mittelwert abweichende Belichtung führt in dieser Situation zum Verlust der Detailzeichnung in den Lichtern oder in den Schatten (je nach Richtung der Abweichung). Falls der Motivkontrast aber nicht mit dem im Endprodukt reproduzierbaren Kontrastumfang übereinstimmt, muß der Fotograf korrigierend eingreifen. Korrigiert werden kann aber nur der Motivkontrast, weil der Fotograf auf den Kontrastumfang des Endprodukts eigentlich keine Einflußmöglichkeiten mehr hat.

Der Motivkontrast wird bekanntlich vom Beleuchtungskontrast und von der Objekthelligkeit bestimmt. Die Objekthelligkeit, auch als Reflexionsvermögen bezeichnet, ist eine reine Materialeigenschaft und kann, wenn überhaupt, nur bedingt beeinflußt werden. In bestimmten Grenzen kann beispielsweise das Reflexionsvermögen einer matten Oberfläche mit glänzendem Dulling-Spray oder das einer hochglänzenden Oberfläche mit mattierendem Dulling-Spray beeinflußt werden. Doch die Behandlung mit Dulling-Spray kann gleichzeitig auch die Bildwirkung in unerwünschter Weise verändern. Somit bietet der Beleuchtungskontrast die einzige wirkungsvolle Möglichkeit für eine Kontrastkorrektur. Um optimale Endprodukte zu erzielen muß also, vereinfacht ausgedrückt, ein zu hoher Beleuchtungskontrast reduziert und ein zu niedriger Beleuchtungskontrast erhöht werden. Bei einem zu hohen Kontrast würden entweder die Lichter »ausfressen« oder die Schatten»zulaufen«. Ein zu niedriger Kontrast kann, falls nicht für eine bestimmte Bildwirkung erwünscht, das Endprodukt flau oder sogar leblos erscheinen lassen.

Um den Beleuchtungskontrast zu ermitteln, müßte man theoretisch durch Lichtmessungen die Beleuchtungsstärke an verschiedenen Stellen des Objekts messen. Durch den großen Meßwinkel der Diffusorkalotte (180°) ist jedoch eine gezielte Lichtmessung der Beleuchtungsstärke auf kleinen Flächen nicht möglich. Denkbar wäre die Lichtmessung der einzelnen Lichtquellen, indem die anderen ausgeschaltet werden. Die Aufhellwirkung oder die Verstärkung der Beleuchtung durch das Zusammenwirken der einzelnen Lichtquellen bleibt dabei aber unberücksichtigt. Also muß der Beleuchtungskontrast sozusagen indirekt, oder genauer die Auswirkung des Beleuchtungskontrastes auf das Motiv ermittelt werden. Die geeignete Methode ist die Zweipunktmessung des Motivkontrastes.

Bei einem zu hohen Motivkontrast ist der Beleuchtungskontrast zu reduzieren. Das kann auf verschiedene Weise erfolgen:

durch stärkere Aufhellung der Schattenpartien, durch Reduzierung oder Erhöhung der Leistung einzelner Lichtquellen (die Angleichung darf aber nicht zu Lasten der Bildwirkung erfolgen), durch Drosselung (in einzelnen Fällen auch durch Verstärkung) der Allgemeinbeleuchtung.

Ist der Motivkontrast zu niedrig, was in der Studiopraxis selten vorkommt, kann der Beleuchtungskontrast erhöht werden, wobei die eben beschriebenen Methoden in Frage kommen – allerdings bei »umgekehrter« Anwendung: geringere Aufhellung, Verstärkung der Allgemeinbeleuchtung, Erhöhung der Leistung einzelner Lichtquellen.

Die Bildwirkung und den Motivkontrast kann man auch mit einem Testschuß auf Sofortbildfilm überprüfen (»Kontroll-Pola«). Der Einsatz des »chemischen Belichtungsmessers« beseitigt hier letzte Unsicherheiten, weil der Belichtungsumfang des Sofortbildmaterials in etwa dem im Druck reproduzierbaren Kontrastumfang entspricht.

Nachdem der Motivkontrast dem Kontrastumfang des Endproduktes angeglichen wurde, kann das Filmmaterial belichtet werden. Die Belichtung kann mit dem Mittelwert erfolgen oder, in bestimmten Grenzen, in Richtung der helleren oder der dunkleren Töne verschoben werden. Auf diese Weise können sogar Low-key- oder High-key-Aufnahmen belichtet werden, die im Druck reproduziert werden können.

Durch gezielte Steuerung des Beleuchtungskontrastes und darauf abgestimmte Belichtung können auch Objekte vor weißem oder schwarzem Hintergrund freigestellt werden. Der Hintergrund wird weiß abgebildet wenn er mindestens um eine Belichtungsstufe heller als die hellste, gerade noch Detailzeichnung aufweisende Objektpartie ist. Eine übermäßige Anstrahlung des Hintergrundes sollte aber vermieden werden, um die Gefahr der Über- strahlung, die einen »Freisteller« ruinieren kann, zu vermeiden. Ein Hintergrund, der schwarz wiedergegeben werden soll, muß mindestens eine Belichtungsstufe dunkler als die dunkelste, gerade noch Detailzeichnung aufweisende Objektpartie sein.

Der Motivkontrast wird vom Beleuchtungskontrast und der Objekthelligkeit bestimmt. Die Objekthelligkeit kann als reine Materialeigenschaft nur bedingt, wenn überhaupt, beeinflußt werden. Der Beleuchtungskontrast bietet somit die effektivste Möglichkeit für eine Kontrastkorrektur

Zu Abbildung Seite 105
Eine beleuchtungstechnisch schwierige Aufnahme von Norbert Balzer, bei der ein sehr hoher Motivkontrast zwischen dem schwarzen Schiefergestein und dem weißen Pulver zu bewältigen war
Foto: Norbert Balzer

Belichtung für den Druck

Die schlechte Qualität, mit der ihre Fotos gedruckt werden, verursacht bei vielen Profifotografen nachhaltigen Ärger. Die häufigste Ursache für die schlechte Wiedergabe ist, von Ausnahmen abgesehen, aber nicht in der schlampigen Arbeit in der Lithoanstalt oder der Druckerei zu suchen. »Ausgefressene« Lichter oder »zugelaufene« Schatten und Ton- und Farbwertverluste in Druckerzeugnissen sind meistens darauf zurückzuführen, daß die Vorlage (meistens Diafilm) einen höheren Kontrastumfang aufweist, als im Druck auf der jeweiligen Papiersorte wiedergegeben werden kann.

Eine optimale Druckvorlage sollte einen Kontrastumfang aufweisen, der mit dem im Druck reproduzierbaren Kontrastumfang genau übereinstimmt. Dabei spielt es keine wesentliche Rolle ob Negativ- oder Diapositivfilme verwendet werden. Entscheidend ist lediglich das Druckverfahren und die Papierqualität. Der Fotograf sollte also vor der Aufnahme wissen, in welcher Qualität das Foto gedruckt werden soll. Weit verbreitet ist der Druck auf Papier mittlerer Qualität, bei dem ein Kontrastumfang von 1:16 wiedergegeben werden kann, was einer Differenz von 4 Belichtungsstufen entspricht. Immer mehr Kunden entscheiden sich auch für den Druck auf hochwertigem Kunstdruckpapier, bei dem ein Kontrastumfang von 1:32 beziehungsweise von 5 Belichtungsstufen reproduziert werden kann. Beim Druck auf Papier minderer Qualität kann lediglich ein Kontrastumfang von 1:8, also von drei Belichtungsstufen, wiedergegeben werden. Die im Druck reproduzierbaren Kontraste sind geringer als der Kontrastumfang der Filme. Ein herkömmlicher Farbdiafilm kann einen Motivumfang von 1:64 oder von 6 Belichtungsstufen wiedergeben. Ein Farbnegativfilm hat einen Belichtungsumfang von mindestens 1:125 oder 7 Belichtungsstufen. In der Studiopraxis muß folglich der Beleuchtungskontrast so gesteuert werden, daß der Motivkontrast dem im Druck reproduzierbaren Kontrastumfang entspricht (siehe vorangegangenes Kapitel). Selbstverständlich muß auch die Belichtung darauf abgestimmt sein. Wenn aber der Kontrastumfang nicht stimmt, dann helfen auch keine flankierenden Belichtungen mehr.

Prinzipiell können sowohl Dias als auch Papierbilder gedruckt werden. Viele Fotografen machen von einem Motiv mehrere Aufnahmen, und zwar sowohl auf Diafilm, als auch auf Negativfilm. Damit hat der Fotograf die Möglichkeit, relativ preiswert auch Papierabzüge für den eigenen Gebrauch herzustellen und erhält dadurch auch eine zusätzliche »Belichtungssicherheit«, weil ein Negativfilm etwas »gutmütiger« als ein Diafilm ist. Allerdings zeugt der zweite Grund nicht unbedingt von Professionalität. Der Fotograf muß die »Belichtungssicherheit« vor allem bei Diafilmen haben. Diafilme werden nämlich im professionellen Geschäft als Druckvorlage bevorzugt.

Mit dem korrekt belichteten Dia, das genau den gewünschten Kontrastumfang aufweist, ist die Arbeit für den Profifotografen aber noch nicht beendet. Damit meinen wir nicht das Schreiben der Rechnung, sondern die Begleitnotizen für die Weiterverarbeitung der Dias. Der Fotograf muß dem Lithographen angeben, welche Meßpunkte er bei der Zweipunkt-Kontrastmessung ausgewählt hat. Es geht also darum, die hellste und die dunkelste Stelle anzugeben, die noch Detailzeichnung aufweisen soll. Die Meßpunkte können auf einem über dem Dia befestigten Transparentpapier oder auf dem sogenannten »Kontroll-Pola« eingezeichnet werden. Falls das Dia genügend »Fleisch« hat und ohnehin beschnitten werden muß, können auch ein Stufengraukeil und eine Farbtafel mit abgebildet werden.

Diese genaue Arbeitsweise mag auf den ersten Blick angesichts neuer Scanner- und Bearbeitungsverfahren vielleicht übertrieben erscheinen. Selbstverständlich können die Vorlagen beliebig verarbeitet werden. Ein unscharfes Bild kann durch elektronische Bearbeitung scharf wiedergegeben werden. Die Kontraste können komprimiert oder erweitert werden. Die Farbstiche und die Farbsättigung können nach Wunsch beeinflußt werden. Die entsprechenden Technologien sind so weit fortgeschritten, daß sogar partielle Eingriffe und Korrekturen möglich sind. Doch der Profifotograf wird nicht vom Kunden bezahlt, damit die Retuscheure und Lithographen das tun, was eigentlich die Aufgabe des Fotografen ist. Und nicht zu vergessen: Die nachträgliche Bearbeitung kostet viel Zeit und Geld, was der Kunde verständlicherweise nur ungern

Wenn Lithografen und Drucker ihr Bestes geben und der Profifotograf seine Bilder im Druck nicht wieder erkennt, dann war die Druckvorlage nicht optimal

Studiofotografen sollten stets bedenken, daß ihre Fotos fast immer nur Zwischenprodukte sind, die auf das Endprodukt (Druckerzeugnis) abgestimmt sein müssen

Ein Dia sollte als optimale Druckvorlage einen Kontrastumfang von etwa vier Blendenstufen aufweisen. Im Studio läßt sich der Motivkontrast über den Beleuchtungkontrast recht genau steuern

in Kauf nimmt. Folglich hat der Profifotograf einwandfreie, auf das jeweilige Endprodukt abgestimmte Vorlagen zu liefern.

Bildkontrolle mit Sofortbildmaterial

Professionelle Studiofotografie ist eigentlich nicht denkbar ohne die Bildkontrolle mit Sofortbildmaterial. Das sogenannte »Kontroll-Pola« ist vielseitig einsetzbar – am allerwenigsten aber als »chemischer« Belichtungsmesser. Mit einem Testschuß kann die Belichtung nur annähernd beurteilt werden, weil Sofortbildfilme oft andere Belichtungseigenschaften haben als herkömmliche Filme. So kann es beispielsweise Unterschiede in der effektiven Empfindlichkeit und Gradation geben, die keine genaue Beurteilung der zu erwartenden Belichtung auf herkömmlichen Filmen erlauben. Lediglich gravierende Abweichungen von der korrekten Belichtung fallen auf.

Eine Beurteilung der Farbwiedergabe und Farbsättigung ist ebenfalls nicht möglich, weil dem Sofortbildmaterial eine andere Farbstofftechnologie als den herkömmlichen Filmen zugrunde liegt. Eigentlich können nur kräftige Farbstiche mit einiger Übung erkannt werden. Allerdings ist dann die Abweichung meistens so groß, daß man sie auch mit bloßem Auge erkennen kann. Ein Ersatz für eine korrekte Belichtungs- und Farbtemperaturmessung ist der Testschuß also nicht. Und dennoch ist die Testbelichtung in der professionellen Studiofotografie unverzichtbar.

Testbelichtungen ermöglichen eine genaue Kontrolle des Bildaufbaus und der Bildwirkung. Anhand eines Testschusses kann die Lichtführung genau beurteilt und gegebenenfalls die Beleuchtungsanordnung verändert werden. Viele Profifotografen machen den ersten Testschuß bereits nach dem »Setzen« des Hauptlichtes oder wenn sie nicht sicher sind, ob weitere Leuchten tatsächlich erforderlich sind. Das »Kontroll-Pola« hat aber auch eine wichtige didaktische Funktion, indem es dem Fotografen sozusagen während der Arbeit das

entstehende Bild vor Augen führt. Korrekturen des Arrangements, der Kameraposition, der Lichtführung oder der Blendeneinstellung sind in diesem Stadium problemlos möglich, was eine reelle Verbesserung des gesamten Bildes zur Folge hat. Oder anders formuliert: Der Fotograf lernt unmittelbar aus seinen Fehlern und kann korrigierend eingreifen.

Eine präzise Beurteilung der Schärfentiefe ist aber nur bedingt möglich, weil das Auflösungsvermögen der Sofortbildmaterialien recht gering ist. Bei Schwarzweißaufnahmen kann man dagegen die Übertragung der Farben in Grautöne anhand eines Schwarzweiß-Polaroids sehr gut bewerten. Wichtig ist der Einsatz der Sofortbilder auch bei Mehrfachbelichtungen, wenn es darum geht, die einzelnen Belichtungen aufeinander abzustimmen. Oft sind Mehrfachbelichtungen nur mit einem hohen Verbrauch an Sofortbildmaterial zu realisieren.

Ein weiterer Vorteil der Testschüsse liegt in der Kontrolle der Kamerafunktionen. So kann auf einfache Weise vor der eigentlichen Aufnahme festgestellt werden, ob beispielsweise Verschluß- und Blendensteuerung einwandfrei funktionieren. Das ist wichtig, weil es auch Fehlfunktionen der Kamera gibt, die man oft erst zu spät feststellt, nämlich wenn die entwickelten Filme aus dem Labor zurückkommen. Allerdings kann es auch vorkommen, daß der Fotograf eine Einstellung an der Kamera oder am Objektiv vergessen hat, was durch ein »Kontroll-Pola« sofort auffällt. Durch Testschüsse kann der Profifotograf also unter Umständen Zeit und Geld sparen.

Der Belichtungsumfang der meisten Sofortbildmaterialien entspricht in etwa dem im Druck reproduzierbaren Kontrast. Auf diese Weise kann der Fotograf die Bildwirkung im Druck besser beurteilen und sofort erkennen, ob die Schatten und die Lichter die gewünschte Detailzeichnung aufweisen.

Sofortbilder haben auch in der Kommunikation zwischen Fotograf und Agentur, Art Director oder Kunde eine wichtige Funktion. Damit können alle an der Produktion beteiligten Parteien feststellen, ob der Bildaufbau und die Bildwirkung den Vorstellungen der Agentur oder des Kunden entsprechen und die Aufnahme freigegeben wird. Gegebenenfalls können auch Korrekturwünsche gezielt angegeben werden. Auf

Es gibt kaum einen professionell arbeitenden Studiofotografen, der auf die Bildkontrolle mit Sofortbildmaterial verzichtet. Mit einem Testschuß kann beispielsweise der Bildaufbau, die Lichtführung oder das Funktionieren der Kamera kontrolliert werden

Sofortbildfilme haben eine andere Filmtechnologie und andere Belichtungseigenschaften als herkömmliche Filme, so daß ein »Kontroll-Pola« nicht geeignet ist für eine genaue Beurteilung der Farbwiedergabe, der Farbsättigung oder der Belichtung

einem Sofortbild können auch Daten und Notizen für die Weiterverarbeitung in der Lithoanstalt oder der Druckerei festgehalten werden, wie beispielsweise die Angabe der Meßpunkte für die hellste und die dunkelste Stelle, die noch Detailzeichnung aufweisen soll, oder die Angabe wichtiger Tonwerte (Hauttöne), wie sie bei der Aufnahme gemessen wurden.

Sofortbildfilme können in einer entsprechenden Planfilmkassette mit jeder Fachkamera belichtet werden. Für Mittelformatkameras mit Wechselmagazin gibt es Sofortbild-Rückteile. Bei einigen Kleinbildkameras kann die Rückwand gegen eine spezielle Sofortbild-Rückwand ausgetauscht werden. Allerdings ist es sehr umständlich, die Rückwände bei jeder Aufnahme gegeneinander auszutauschen, so daß es empfehlenswert ist, die Sofortbild-Rückwand an einem Zweitgehäuse zu belassen.

Das größte Angebot an Sofortbildfilmen bietet die Firma Polaroid an. Die Konfektionierungen decken alle gängigen Aufnah-

meformate ab: 35 mm-Kleinbildfilm, 8x8 cm, 7,5x10,2 cm, 8,6x10,8 cm, 9x12 cm und 18x24 cm beziehungsweise 8x10 inch. Für die Kleinbildfilme und die 18x24 cm-Filme sind entsprechende Entwicklungsgeräte beziehungsweise Prozessoren erforderlich. Alle anderen Formate sind »selbstentwickelnd«. Polaroid bietet Sofortbildfilme mit verschiedenen Empfindlichkeiten an (bis ISO 3000/36° und ISO 20000/44°). Es ist jedoch sinnvoll, sich für einen Polaroidfilm zu entscheiden, dessen Empfindlichkeit dem eigentlichen Aufnahmematerial entspricht. Die Typenvielfalt im Polaroid-Lieferprogramm ist ebenfalls beeindruckend. Es gibt Schwarzweiß- und Farbfilme, Filme mit niedrigem, mittleren oder hohem Kontrastumfang, Spezialfilme für wissenschaftliche und technische Zwecke, Filme für Tageslicht oder für Kunstlicht. Besonders interessant ist der Schwarzweiß-Positiv-Negativ-Film, der gleichzeitig ein Positiv und ein hochauflösendes Negativ liefert, das für Vergrößerungen verwendet

Schwierige Aufnahme »on location«, die ohne Testschüsse auf Sofortbildmaterial nicht so genau zu realisieren wäre. Als Lichtquellen wurde eine Blitzleuchte mit Engstrahler und einem Gelbfilter davor als Streiflicht von rechts eingesetzt. Ein zweiter Engstrahler mit vorgesetzter Diffusionsfolie wurde als Frontalbeleuchtung eingesetzt. Die Arbeit mit den Engstrahlern war erforderlich, weil das Blitzlicht in einer großen Halle über große Entfernungen mit möglichst wenig Verlust »transportiert« werden mußte
Foto: Manfred Ehrich

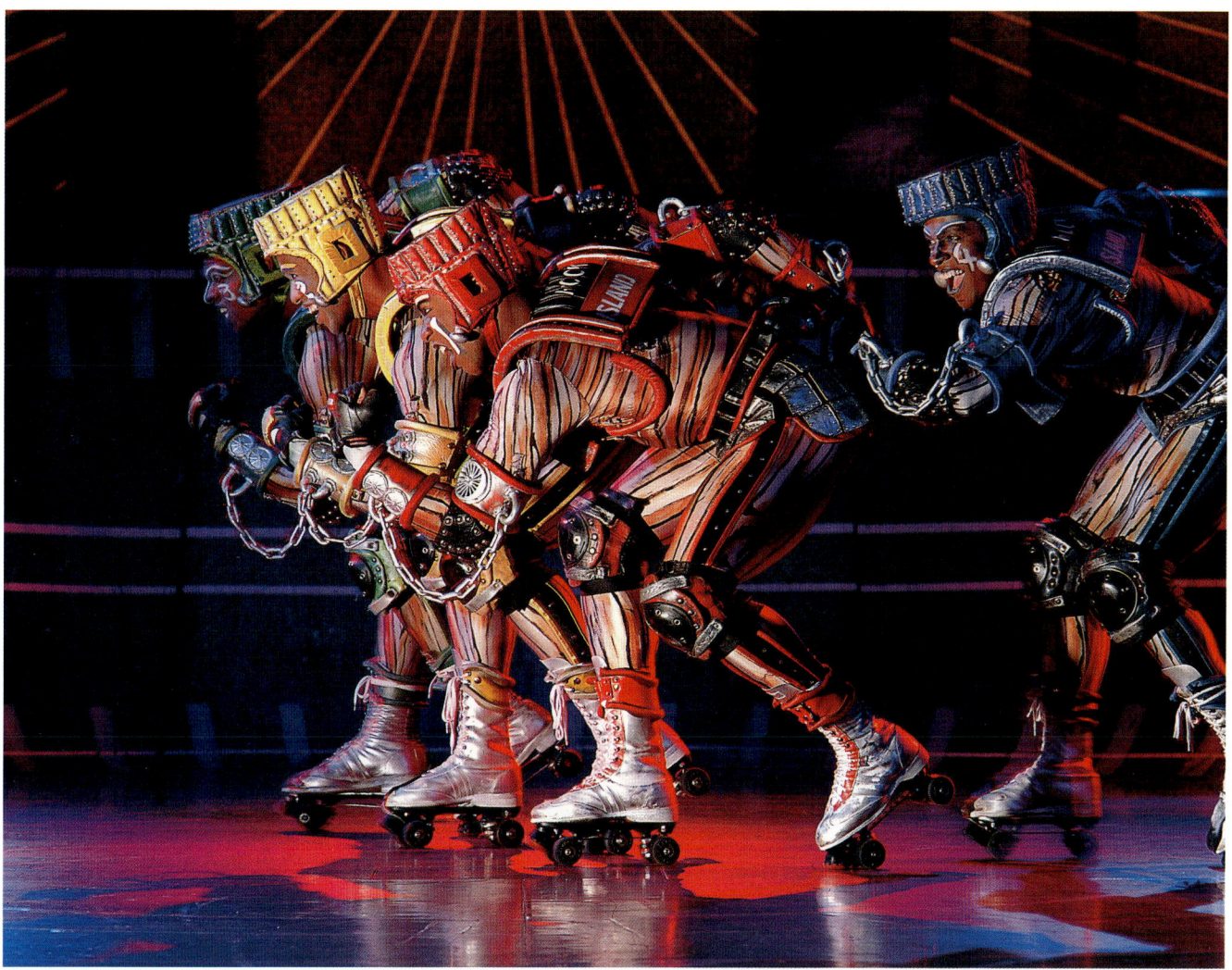

Auch diese Aufnahme stammt aus der Starlight-Express-Serie des Fotografen Manfred Ehrich. Bei der Aufnahme kam es darauf an, das Blitzlicht auf das vorhandene Dauerlicht aus der Showbeleuchtung nicht nur in der Intensität, sondern auch farblich abzustimmen. Die Blitzleuchten wurden mit verschiedenen Farbfilterfolien bestückt, wobei die Farbtemperatur sowohl einzeln als auch in der Gesamtwirkung gemessen wurde. »Kontroll-Polas« erleichterten die Lichtführung und die Farbabstimmung, allerdings ohne eine genaue Beurteilung der Farbtemperatur zu ermöglichen
Foto: Manfred Ehrich

werden kann. Wer die Bildwirkung lieber in der Durchsichtvorlage beurteilen möchte, kann zum Overheadfilm 691 oder 891 greifen. Eine besonders gute Bildqualität liefert der neue Polacolor Pro 100, der eine sehr gute Farbwiedergabe verspricht. Die Hauttöne werden recht natürlich wiedergegeben. Auch die Schärfe ist besser als bei anderen Sofortbildmaterialien. Der Polacolor Pro 100 ist auf Tageslicht oder Elektronenblitz abgestimmt und in zwei Oberflächen erhältlich (glänzend und seidenmatt).

Auf der photokina 1992 hat auch Fuji einen Sofortbildfilm mit der Empfindlichkeit ISO 100/21° auf den Markt gebracht. Unter der Bezeichnung FP-100C wird der neue Sofortbildfilm in zwei Oberflächen (glänzend und seidenmatt) und zwei Formaten (8,5x10,8 cm und 9x12 cm) angeboten. Der Film zeichnet sich durch gute Farbwiedergabe und recht hohe Auflösung aus.

Farbtemperaturmessung

Daß der Profifotograf eine optimale Druckvorlage liefern muß, haben wir in den vorangegangenen Kapiteln angesprochen. Zu einer optimalen Druckvorlage gehört aber nicht nur der passende Kontrastumfang, sondern auch die genaue Farbabstimmung. Der Hinweis, man könne ja in der Lithoanstalt Farbstiche problemlos korrigieren, genügt der Agentur oder dem Kunden verständlicherweise nicht. Zum Beispiel sollte ein weißer Gegenstand auch auf dem Dia weiß abgebildet werden (es sei denn, es wird eine bewußte Verfremdung angestrebt). Oft verlangt die Bildidee aber auch eine bestimmte Stimmung, die nur durch Veränderung der Farbtemperatur auf Filmmaterial umgesetzt werden kann. So läßt sich beispielsweise durch Reduzierung der Farbtemperatur eine wärmere Stimmung hervorrufen. Bei Studioaufnahmen mit den

Multiblitz-Geräten bereitet die Farbtemperatur dem Fotografen weniger Kopfzerbrechen als bei Mischlichtsituationen »on location«. Allerdings sollte sich der Profifotograf weder im Studio und schon gar nicht »on location« auf eigene Schätzungen der Farbtemperatur verlassen. Die menschliche Farbwahrnehmung ist sowohl physiologisch als auch psychologisch bedingt und unterliegt Täuschungen. Die Anpassung des Auges an die Veränderung der Farbtemperatur läuft automatisch und unbewußt ab, so daß nur ein Farbtemperaturmesser genaue Auskunft über die spektrale Zusammensetzung der Beleuchtung gibt. Bevor wir uns jedoch der Farbtemperaturmessung widmen, sollten wir uns kurz mit dem Begriff Farbtemperatur befassen.

Als Farbtemperatur wird die spektrale Energieverteilung einer Lichtquelle bezeichnet. Bei der Bestimmung der Farbtemperatur geht man von einer theoretischen Konstruktion aus. Dabei wird ein schwarzer Körper angenommen (auch schwarzer oder Planckscher Strahler genannt), der die einfallende Energie vollkommen absorbiert und selbst absolut kein Reflexionsvermögen besitzt, das heißt, er befindet sich im idealen thermischen Gleichgewicht. Wenn dieser theoretische schwarze Körper ebenso theoretisch erhitzt wird, verändert er seine Farbe von Schwarz, über Dunkelrot, Rot, Orange, Gelb, Gelbgrün, Grün, Hellblau bis zu Violett. Die Farbe des abgestrahlten Lichtes wird beim schwarzen Strahler allein durch seine Temperatur und nicht durch seine Materialeigenschaften bestimmt. Man spricht in diesem Fall auch von einem idealen Temperaturstrahler. In der Physik wird als Hilfskonstruktion eine innen schwarze Hohlraumkugel aus Platin erhitzt, die mit einer winzigen Öffnung versehen ist, so daß die einfallenden Lichtstrahlen durch Vielfachreflexion nahezu vollkommen absorbiert werden. Wenn man den Innenraum der Platinkugel erhitzt, kann das durch die Öffnung austretende Licht mit dem Licht des theoretisch erhitzten schwarzen Strahlers verglichen werden. Auf diese Weise kann die spektrale Energieverteilung eines Temperaturstrahlers recht genau ermittelt werden. Die Maßeinheit für die Farbtemperatur ist Kelvin, abgekürzt K (nach dem Physiker William Lord Kelvin of Largs). Die frühere Bezeichnung Grad Kelvin (K° oder °K) ist nicht mehr gebräuchlich. Die Kelvinskala beginnt am absoluten Nullpunkt (-273,15°C), so daß folgende Umrechnung abgeleitet werden kann (abgerundet): K = °C+273. Das rötlich-warme Licht einer 100 Watt Glühlampe hat eine hohen Anteil von langwelligen roten Strahlen und eine Farbtemperatur von etwa 2800 Kelvin. Beim sogenannten mittleren Tageslicht ist bei einer Farbtemperatur von 5500 Kelvin der Anteil der roten, grünen und blauen Strahlung gleich groß. Das bläulich-kühle Licht des hellblauen Himmels hat einen großen Anteil von kurzwelligen blauen Strahlen und kann eine Farbtemperatur von über 10 000 Kelvin erreichen. Auf der Kelvinskala weist also ein Licht, das wir als kühl empfinden, eine höhere Farbtemperatur als wärmeres Licht auf, was physikalisch zwar richtig ist (höhere Temperatur des schwarzen Strahlers), in der Praxis jedoch unseren wahrnehmungsphysiologischen Gewohnheiten etwas widerspricht. Weniger widersprüchlich ist die Mired-Skala. Der Mired-Wert wird errechnet, indem man 1 000 000 durch den Kelvin-Wert teilt. Mired ist eine Abkürzung von MIcroREciprocal Degrees. Die Haushaltsglühlampe hat eine Farbtemperatur von 2800 Kelvin oder 357 Mired (1 000 000:2800 =357,14). Das Licht in den Bergen hat bei einem hohen UV-Anteil eine Farbtemperatur von beispielsweise 12 000 Kelvin oder 83 Mired (1 000 000:12 000=83,33). Die Mired-Skala entspricht somit unserer wahrnehmumgsbedingten Auffassung, wonach ein wärmeres Licht einen höheren Wert als ein kühleres Licht aufweist. Die Mired-Werte werden auch für die Filterrechnungen gebraucht. Damit die Rechnungen mit noch kleineren Zahlen durchgeführt werden können, wird oft auch die Einheit Dekamired gebraucht (1 Dekamired = 10 Mired).

Doch nun zurück zur Farbtemperatur. Temperaturstrahler sind Lichtquellen mit einem kontinuierlichen Spektrum. In Fachkreisen wird in den letzten Jahren versucht, den Begriff Farbtemperatur bei Lichtquellen mit kontinuierlichen Spektren durch den Begriff Verteilungstemperatur zu ersetzen. Im Studioalltag ist aber nach wie vor die Bezeichnung Farbtemperatur im Sprachgebrauch. Das Spektrum des Elektronenblitzes kann praktisch als kontinuierlich betrachtet werden – das haben wir in den einleitenden Kapiteln festgestellt. Die Farbtemperatur der Multiblitz-Geräte wird mit

Zu einer optimalen Druckvorlage gehört nicht nur der richtige Kontrastumfang, sondern auch die genaue Farbabstimmung entsprechend der Bildidee

Die Farbabstimmung muß nicht immer auf 5500 oder 5600 Kelvin erfolgen. Oft verlangt die Bildidee nach einer bestimmten Lichtstimmung, die nur durch Veränderung der Farbtemperatur auf Filmmaterial umgesetzt werden kann

Die Farbabstimmung kann mit Filtern erfolgen, die entweder vor dem Objektiv oder vor der Lichtquelle angebracht werden können

Das Farbtemperatur-Meßgerät Minolta Color Meter III F
Foto: Minolta

Die Farbtemperatur kann beeinflußt werden auch durch die Farbe und die Beschichtung der Innenfläche des Reflektors oder, bei Flächenleuchten, durch Art und Alter des Diffusionsmaterials. Die Beschichtung der Pyrexglocken kann ebenfalls zu geringfügigen Abweichungen in der Farbtemperatur führen

etwa 5200 Kelvin angegeben. Das bedeutet, daß sie dieselbe spektrale Energieverteilung haben, wie ein schwarzer Strahler, der auf 5200 Kelvin erhitzt würde.

Die Farbtemperatur der Studioblitzgeräte wird aber von verschiedenen Faktoren beeinflußt die physikalisch bedingt sind und für sämtliche Geräte, also auch für die anderer Hersteller, gelten. Hier einige Beispiele:

Die Reduzierung der Leistung der Studioblitzgeräte kann eine Verringerung der Farbtemperatur um bis zu 400 Kelvin bewirken. Beim Variolite Compact 600 haben wir mit dem Minolta Color Meter III F folgende Farbtemperaturen bei verschiedenen Leistungsstufen und jeweils 1 Meter Leuchtdistanz gemessen:

5400 Kelvin bei 1/1 Leistung
5240 Kelvin bei 1/2 Leistung
5120 Kelvin bei 1/4 Leistung
5080 Kelvin bei 1/8 Leistung
5050 Kelvin bei 1/16 Leistung

In einem abgedunkelten aber weißen Raum, ändert sich beim Variolite Compact 600 bei voller Leistung die Farbtemperatur mit der Leuchtdistanz folgendermaßen:

5400 Kelvin in 1 Meter
5330 Kelvin in 2 Meter
5080 Kelvin in 3 Meter
5110 Kelvin in 4 Meter

Die Messungen wurden jeweils mit dem Normalreflektor bei reiner Blitzlichtmessung durchgeführt (getrennte Messung von Umgebungs- und Blitzlicht). Je nach Farbe und Beschichtung des Reflektors und nach Art und Alter des Diffusionsmaterials (bei Flächenleuchten) kann es zu Veränderungen der Farbtemperatur kommen. Die Beschichtung der Pyrexglocken kann ebenfalls zu geringen Abweichungen in der Farbtemperatur führen. Die Farbtemperatur der Blitzröhren bleibt während der gesamten Lebensdauer nahezu konstant. Nahezu, das heißt hier nichts anderes, als daß Abnutzung und Alterung der Blitzröhren die Farbtemperatur geringfügig reduzieren können. Wenn die Blitzleistung gedrosselt aber das Halogeneinstellicht auf 100% eingestellt ist, kann, je nach Verschlußzeit, eine niedrigere Farbtemperatur die Folge sein (wärmeres, rötliches Licht). Das Umgebungs-

licht, die Verschlußzeit, die Reflexionen an den Studiowänden oder sonstigen Gegenständen sind weitere Faktoren, die Einfluß auf die Farbtemperatur haben können. Besonders heikel sind unter dem Aspekt der Farbtemperatur Mischlichtsituationen »on location«. Aber auch Schwankungen in der Filmemulsion oder der Verarbeitung im Labor und sogar eine unterschiedliche spektrale Transmission des Objektives können Farbstiche bewirken. Um all diese Faktoren zu berücksichtigen, sind akkurate Farbtemperaturmessung und Filterbestimmung sowie Emulsionstests unerläßlich.

Für eine professionelle Farbtemperaturmessung eigen sich vor allem zwei Geräte, der Minolta Color Meter III F sowie der Gossen Colormaster 3 F. Beide Farbtemperaturmesser bieten bei einfacher Handhabung eine Fülle nützlicher Funktionen. Die Farbtemperatur wird in Kelvin angezeigt und die erforderliche Filterung in CC-, LB- oder Kodak Wratten Filter direkt angegeben (näheres siehe nächstes Kapitel). Die Bestimmung der Filterwerte kann wahlweise für drei verschiedene Filmsensibilisierungen durchgeführt werden, für Tageslichtfilm (5500 K) sowie für Kunstlichtfilme des Typs A (3400 K) oder B (3200 K). Die Farbtemperatur kann bei Dauerlicht sowie bei Blitzlicht wahlweise mit oder ohne Synchronkabel gemessen werden. Der Gossen Colormaster 3F kann die Beleuchtungsstärke in Lux und die Blitzlichtmenge in Luxsekunden messen und anzeigen. Mit dem Minolta Color Meter III F kann der Blitzlichtanteil bei Mischlicht gemessen und die Filterung allein für das Blitzlicht ohne Berücksichtigung des Dauerlichtes bestimmt werden. Die Torzeiten können frei gewählt werden, und zwar zwischen 1 und 1/500 Sekunde (Minolta) beziehungsweise zwischen 1/2 und 1/500 Sekunde (Gossen).

Die Farbtemperaturmessung ist mit den Farbtemperaturmessern Minolta Color Meter III F oder Gossen Colormaster 3F recht einfach. Zunächst wird die Farbsensibilisierung des verwendeten Films eingegeben: 5500 K, 3400 K oder 3200 K beziehungsweise Typ D, Typ A oder Typ B. Die Eingabe des Filmtyps hat auf die Messung in Kelvin keinen Einfluß, ist aber entscheidend für die ermittelten Filterdaten. Im Studio wird aber meistens Tageslichtfilm verwendet (Typ D, 5500 K), so daß die Meßgeräte auf diesen Filmtyp eingestellt bleiben

Bei der Aufnahme des Mikrowellenherdes galt es, den Herdinnenraum bei einer Farbtemperatur von 3400 K und die Lebensmittel und Gegenstände außerhalb bei 5500 K wiederzugeben, so daß eine Doppelbelichtung erfolgen mußte. Eine große Lichtwanne wurde als Oberlicht über die Szene plaziert, was bei der Erstbelichtung das Ambiente in das richtige Licht setzte. Bei der Zweitbelichtung wurden alle Teile, bis auf die Mikrowellenklappe, schwarz abgedeckt und die vorher in die Mikrowelle einmontierte 40W Glühlampe angeschaltet und der Innenraum entsprechend nachbelichtet
Foto: Manfred Ehrich

können. Die Einstellung muß dann nur beim Einsatz von Kunstlichtfilm geändert werden. Beim Gossen Colormaster 3F können in der Funktion »VARI« abweichende Farbsensibilisierungen eingegeben werden, um beispielsweise Abweichungen in der Filmemulsion zu berücksichtigen. Der Minolta Color Meter III F verfügt sogar über neun individuell programmierbare Speicher, in denen Korrekturen der Farbfilterung gespeichert werden können. Dadurch ist es möglich, Korrekturen für verschiedene Filmemulsionen, Mischlichtsituationen mit Leuchtstoffröhren oder gezielt abweichende Filterung zu berücksichtigen. Die Korrekturwerte für den LB- und den CC-Index können getrennt eingegeben werden.

Die Farbtemperaturmessung kann mit der Lichtmessung verglichen werden. Bei Dauerlicht wird der Plandiffusor der Meßgeräte vom Objekt aus zur Lichtquelle gerichtet. Bei Blitzlicht gibt es mehrere Möglichkeiten. Die Lichtquellen können einzeln oder gemeinsam angemessen werden. Bei der Einzelmessung kann der Meßempfänger in unmittelbarer Näher der Lichtquelle gehalten werden. Dadurch läßt sich die Farbtemperatur der Lichtquelle und die individuelle Filterung genau bestimmen. Allerdings erhält das Objekt nicht immer die gleiche Beleuchtung, weil die Farbtemperatur durch Reflexion an Wänden,

den Aufhellern, dem Untergrund oder den farbigen Objekten in einem Arrangement beeinflußt werden kann. In solchen Fällen erzielt man genauere Meßergebnisse wenn man die Farbtemperaturmessung in der Ob-

jektebene durchführt. Der Meßempfänger kann parallel zur Objektivachse in Richtung Kamera ausgerichtet werden. Je nach Objekt oder Arrangement können aber auch andere Methoden in Frage kommen. So kann man beispielsweise die Farbtemperatur auch als Objektmessung durchführen,

Die Aufnahme mit den plattgewalzten Dosen bezieht ihren Reiz von dem farbigen Licht. Ein Spot 32 sowie drei weitere Reflektoren mit Wabenfiltern wurden mit Farbfiltern bestückt, so daß die gewünschten Farbakzente gesetzt werden konnten
Foto: Dietrich Brandenburg

Ein professioneller Farbtemperaturmesser sollte sowohl Dauerlicht als auch Blitzlicht messen und in Mischlichtsituationen den Blitzlichtanteil auch getrennt angeben können. Die Torzeiten sollten frei einstellbar und nach der Messung »shiftbar« sein

Ein Farbtemperaturmesser sollte sowohl die Farbtemperatur in Kelvin als auch die für die Korrektur erforderlichen Filterwerte direkt anzeigen. Selbstverständlich sollte man auch die angestrebte Farbtemperatur oder die Filmsensibilisierung eingeben können

Bei der Messung der Farbtemperatur wird der Farbtemperaturmesser wie ein herkömmlicher Belichtungsmesser für die Lichtmessung gehalten, also vom Objekt in Richtung Kamera oder Lichtquelle. Dabei sollte die Hand stets ausgestreckt sein, um eine Farbreflexion durch die Kleidung des Fotografen zu vehindern

indem man den Plandiffusor (aus der Nähe) zum Objekt ausrichtet, wobei der Körperschatten selbstverständlich nicht auf das Objekt fallen darf. Wenn man die Farbtemperaturmessung sozusagen als Lichtmessung vornimmt, ist darauf zu achten, daß der Farbtemperaturmesser mit ausgestreckter Hand gehalten wird, um eine Farbreflexion durch die Kleidung des Fotografen auszuschließen. Die gezielte Farbtemperaturmessung für die Filterbestimmung wird im nächsten Kapitel behandelt.

Bei einer hohen Blitzlichtintensität oder bei starkem Dauerlicht muß der Plandiffusor des Gossen-Gerätes gegen einen Spezialdiffusor ausgetauscht werden. Beim Minolta-Gerät muß man lediglich den Schalter am drehbaren Meßkopf von »Lo« auf »Hi« umschalten. Beide Meßgeräte berücksichtigen bei der Blitzlichtmessung auch das vorhandene Dauerlicht.

Der Minolta Color Meter III F zeigt seine Stärken auch in Mischlichtsituationen. In der Analyse-Funktion kann der Blitzlichtanteil bei Mischlicht getrennt ermittelt werden. Dadurch kann man die Filterung für das Blitzlicht ohne Dauerlicht-Einfluß bestimmen. Außerdem ist es beim Minolta Color Meter III F möglich, die Torzeiten auch nach der Messung zu verändern. Dabei wird die Veränderung der Farbtemperatur bei jeder Verschlußzeit angezeigt. Auf diese Weise kann bei Mischlicht die gewünschte Farbtemperatur durch Veränderung der Verschlußzeit (in bestimmten Grenzen) problemlos erreicht werden.

Die Farbtemperaturmessung liefert nur bei kontinuierlichen Spektren zuverlässige Meßergebnisse. Lichtquellen mit Linienspektren, wie zum Beispiel Leuchtstoffröhren, Metallhalogenleuchten, Quecksilber- oder Natriumdampflampen können die Meßsensoren irreführen. Diese Lichtquellen sind bei Mischlichtsituationen »on location« anzutreffen. Sie werden aber auch bei Aufnahmen im Studio eingesetzt, um spezielle Farbeffekte zu erzeugen. In solchen Situationen ist es empfehlenswert, eine Reihe von Testaufnahmen mit verschiedenen Filterungen durchzuführen, weil die Meßgeräte Farbstiche von Lichtquellen mit Linienspektren nicht immer genau messen können. Die Leuchtstoffröhren sollten vor der Farbtemperaturmessung, den Testschüssen und den späteren Aufnahmen mindestens 15 Minuten lang brennen, um Schwankungen weitgehend

auszuschließen. Problematisch sind auch Langzeitaufnahmen bei Mischlicht (länger als 1 Sekunde), weil der Schwarzschildeffekt Farbverschiebungen verursacht. Der Schwarzschildeffekt ist abhängig vom jeweiligen Film. Die Datenblätter der Filmhersteller beschreiben das Schwarzschildverhalten der Filme nur unter dem Aspekt der Belichtungsverlängerung, nicht aber unter dem der Farbverschiebung. Daher muß der Fotograf die Farbverschiebungen durch eigene Tests ermitteln.

Filtertechnik bei Blitzaufnahmen

Durch die unbewußt ablaufende Anpassung des menschlichen Auges an unterschiedliche Lichtfarben erkennen wir Abweichungen in der Farbtemperatur der Lichtquellen nicht (monochromes Licht ausgenommen). Der Film dagegen quittiert jede Abweichung von der Farbtemperatur, auf die er sensibilisiert ist, mit einem mehr oder weniger ausgeprägten Farbstich. In der Durchsichts- oder Aufsichtsvorlage ist das Auge aber wiederum in der Lage, sogar geringe Unterschiede von etwa 100 Kelvin in der Farbe beziehungsweise in der Farbtemperatur zu erkennen. Und diese Fähigkeit besitzt nicht nur der Lithograph oder der Drucker, sondern auch der Art Director und der Kunde. Folglich muß der Fotograf Aufnahmen mit der gewünschten Farbabstimmung liefern. Wie die Farbtemperatur gemessen wird und welche Faktoren Farbstiche hervorrufen können, haben wir im vorangegangenen Kapitel festgestellt. Nun geht es darum, die Farbabstimmung durch Filter gezielt und bewußt zu steuern.

Je nach Farbtemperatur der Beleuchtung, Farbcharakteristik der Filmemulsion und Verarbeitung im Labor (näheres im nächsten Kapitel), können entsprechende Filter vor der Lichtquelle oder in den Strahlengang des Objektivs eingesetzt werden. Durch die Filterung des Lichtes kann jede Lichtquelle einzeln abgestimmt werden, ohne daß die Objektfarbe verändert und die Abbildungsqualität der Objektive beeinträchtigt wird.

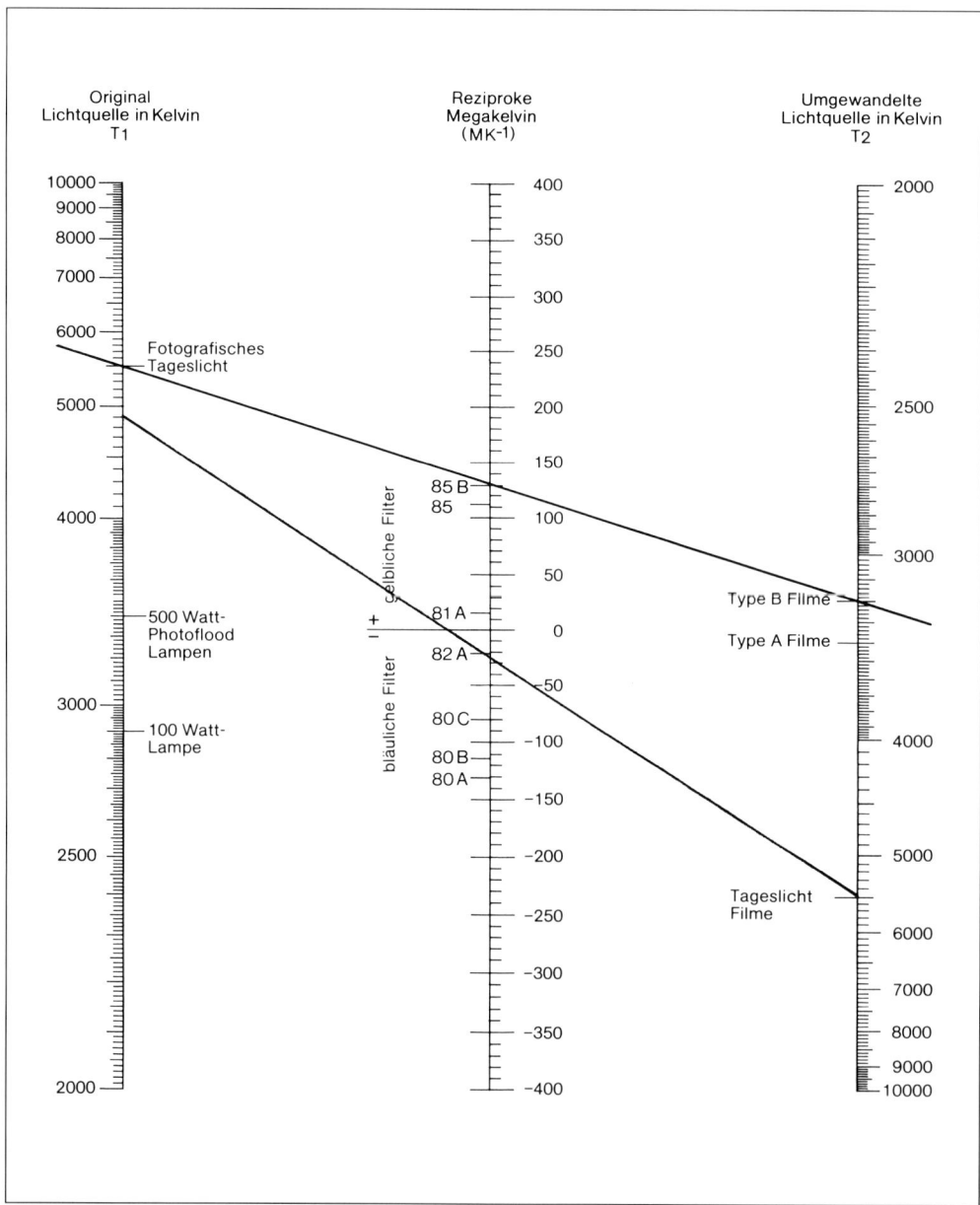

Das sogenannte Kodak Konversionsfilter-Nomogramm ist eine Art Tabelle, mit deren Hilfe bei bekannter Farbtemperatur des Aufnahmelichtes der erforderliche Filterwert für die Erhöhung oder die Reduzierung der Farbtemperatur auf den gewünschten Wert ermittelt werden kann. Ein praktisches Beispiel für den Umgang mit dem Nomogramm ist auf Seite 115 f beschrieben
Kodak

Außerdem sind bei Filterung der Lichtquellen keine Verlängerungsfaktoren zu berücksichtigen. Allerdings kann die Filterung jeder einzelnen Lichtquelle zeitraubend sein und hat zwei große Nachteile: Die Auswahl der Filter für die Lichtquellen ist recht bescheiden, so daß eine genaue Abstimmung der Farbtemperatur nicht immer möglich ist. Die erforderliche Filterung für die verarbeitungs- und emulsionsbedingten Korrekturen der Filmabstimmung ist nur mit sehr viel Mühe, wenn überhaupt zu realisieren. Der Einsatz von Filtern vor der Lichtquelle ist vor allem dann zu empfehlen, wenn ein farblicher Lichtakzent gesetzt oder eine bestimmte Lichtstimmung hervorgerufen werden soll.

Wesentlich größer ist die Auswahl an Filtern die in den Strahlengang des Objektives vor der Frontlinse eingesetzt werden können. Für den Einsatz zwischen Hinterlinse und Film sind nur wenige Spezialfilter erhältlich. Vor dem Objektiv können die Filter in einem Filterhalter oder Kompendium befestigt werden. Einige Filter sind auch mit Schraubfassung erhältlich.

In der professionellen Farbfotografie sind vor allem zwei Filtertypen wichtig: Konversionsfilter und Farbkorrekturfilter. Konversionsfilter, auch Lichtausgleichfilter, Light Balancing Filter oder LB-Filter genannt, werden eingesetzt, um das Aufnahmelicht auf die Farbsensibilisierung des jeweiligen Films abzustimmen. Konversionsfilter können die Farbtemperatur der Beleuchtung (genauer die Wirkung der Farbtemperatur des Aufnahmelichtes auf den Film) erhöhen oder reduzieren. Die Konver-

Grundsätzlich können Farbfilter sowohl vor der Lichtquelle als auch vor dem Objektiv eingesetzt werden. Beim Einsatz vor dem Objektiv sind Verlängerungsfaktoren für die Filter zu berücksichtigen

sionsfilter sind in zwei Farbtönen erhältlich. Wenn die Farbtemperatur der Lichtquelle zu niedrig ist, werden bläuliche Filter benutzt. Eine zu hohe Farbtemperatur wird durch gelbliche oder rötliche Filter vermindert. Die Stärke und das Ausmaß der Farbkorrektur wird in Mired-Werten angegeben. Das bringt in der Praxis wichtige Vorteile. Die Mired-Werte werden in kleineren Zahlen als die entsprechenden Kelvin-Werte ausgedrückt, was die Filterrechnung vereinfacht. Die Veränderung der Farbtemperatur ist auf der Mired-Skala gleichmäßig abgestuft. Eine Veränderung von beispielsweise 18 Mired bewirkt sowohl im roten als auch im blauen Spektralbereich eine gleich große Differenz in der Farbtemperatur. Auf der Kelvin-Skala hat eine Verschiebung von 100 Kelvin im roten Spektralbereich eine viel größere Veränderung der Farbtemperatur als im blauen Spektralbereich zur Folge. Um das an einem Beispiel zu zeigen: Die Verringerung der Farbtemperatur von 2800 auf 2700 Kelvin kann sich durch einen Farbstich bemerkbar machen, während eine Verringerung der Farbtemperatur von 7900 auf 7800 Kelvin praktisch ohne Einfluß bleibt. Der Mired-Wert (MIcroREciprocal Degree) wird direkt aus dem Kelvin-Wert umgerechnet, indem man 1 000 000 durch den Kelvin-Wert teilt. Eine Farbtemperatur von beispielsweise 5200 Kelvin entspricht einem Wert von 192 Mired (1 000 000:5200=192,3).

Die Firma Kodak, die auch bei den Filterbezeichnungen eigene Wege geht, versucht statt dem Mired-Wert den reziproken Megakelvin (MK-1) einzuführen. Für die Umrechnung schlägt Kodak in einer Informationsbroschüre für Berufsfotografen folgende Formel vor: Zunächst wird der Kelvin-Wert in (»normale«) Megakelvin umgerechnet. Eine Farbtemperatur von beispielsweise 6000 Kelvin muß für die Umrechnung als 0,006 Megakelvin ausgedrückt werden. Anschließend wird der reziproke Megakelvin-Wert so berechnet: 1:0,006=167 reziprokc Mcgakelvin. Wenn wir dieselbe Farbtemperatur von Kelvin in Mired umrechnen wollen, genügt es, 1 000 000 durch 6000 zu teilen und erhalten ebenfalls 167 Mired (166,66). Der komplizierter umzurechnende und auszusprechende »reziproke Megakelvin« ist also identisch mit dem Mired. Die Einheit »reziproker Megakelvin« ist außerdem irreführend, weil einem hohen Kelvin-Wert ein niedriger reziproker Megakelvin-Wert entspricht. Die Frage, warum

Kodak die bei Berufsfotografen eingebürgerte Bezeichnung Mired durch die umständlichere Bezeichnung »reziproker Megakelvin« ersetzen will, ist also berechtigt. Doch kehren wir zum Mired-Wert zurück. Die Konversionsfilter werden durch Mired-Werte gekennzeichnet, wobei einige Hersteller auch in Dekamired rechnen (1 Dekamired=10 Mired). Bei orangefarbenen Konversionsfiltern wird ein »+« und bei bläulichen Filtern ein »-« zusätzlich zum Mired-Wert angegeben. Positive Mired-Werte reduzieren die Farbtemperatur des Lichtes, das wärmer, rötlicher erscheint. Negative Mired-Werte erhöhen die Farbtemperatur des Lichtes, das bläulicher und kälter wiedergegeben wird. Die im vorigen Kapitel vorgestellten Farbtemperaturmesser Minolta Color Meter III F und Gossen Colormaster 3F zeigen die zur gemessenen Farbtemperatur erforderlichen Konversionsfilter in Abhängigkeit vom benutzten Filmtyp an. Wenn beispielsweise 4840 Kelvin gemessen wurden, erscheint auf dem Display der Filterwert LB -25 für Tageslichtfilm. Um die Farbtemperatur von 4840 Kelvin auf 5500 Kelvin zu erhöhen, ist ein Konversionsfilter mit einem Wert von -25 Mired erforderlich.

Weit verbreitet ist auch die Kodak-Bezeichnung für die eigenen Wratten Filter. In unserem Fall würde dem Wert LB -25 die Kodak Filternummer 82A entsprechen. Auf beiden Farbtemperaturmessern wird auch die Kodak Filternummer angezeigt. Die Konversionsstärke wird zusätzlich mit einem Buchstaben hinter der Filternummer angege-ben, und zwar von A=schwach bis D=stark (Ausnahme 81 EF). Filter der Serien 81 und 82 bewirken kleinere Veränderungen der Farbtemperatur. Für größere Veränderungen eignen sich die Filter der Serien 80 und 85. Filter der Serien 80 und 82 sind bläulich, Filter der Serien 81 und 85 dagegen gelb-orange. Dieses System, das sei an dieser Stelle erwähnt, zeugt aber mehr von der Vormachtstellung der Firma Kodak als von innerer Logik.

Falls nur ein einfacher, älterer Farbtemperaturmesser zur Verfügung steht, können die entsprechenden Filterwerte errechnet oder in einer Tabelle (sogenanntes Kodak Konversionsfilter-Nomogramm) abgelesen werden. In der linken Spalte wird die Farbtemperatur des Aufnahmelichtes und in der rechten die Farbsensibilisierung des Films angegeben. Für die Filterbestimmung wird die gemessene Farbtemperatur in der linken Spalte durch eine Linie mit der Farbsensibilisierung des Filmes in der linken Spalte verbunden. In der mittleren Spalte kann dann der erforderliche Filterwert abgelesen werden. In unseren Beispiel verbinden wir (untere Linie) den Wert 4840 Kelvin in der linken Spalte mit dem Wert 5500 Kelvin in der rechten Spalte und lesen in der mittleren Spalte -25 Mired beziehungsweise die Kodaknummer 82 A (eigentlicher Wert -21 Mired) ab.

Sollte aber auch keine Tabelle zur Hand sein, kann man den erforderlichen Filterwert errechnen. Zunächst wird die gemessene Farbtemperatur in Mired umgerechnet: 1 000 000:4840=206,61 Mired. Der Farbsensibilisierung eines Tageslichtfilms entspricht der Wert 182 Mired (1 000 000:5500=181,81). Die Mired-Werte werden einfachheitshalber abgerundet. Die Differenz ergibt den für die Farbkorrektur erforderlichen Filterwert in Mired, in unserem Fall 207-182=25. Weil die Farbtemperatur erhöht werden soll, ist also ein bläulicher Filter mit einem Wert von -25 Mired erforderlich.

80A	(von 3200K auf 5400K)
80B	(von 3400K auf 5400K)
80C	(von 3800K auf 5500K)
81	(von 3300K auf 3200K)
81A	(von 3400K auf 3200K)
81B	(von 3500K auf 3200K)
81C	(von 3600K auf 3200K)
81EF	(von 3850K auf 3200K)
82	(von 3100K auf 3200K)
82A	(von 3000K auf 3200K)
82B	(von 2900K auf 3200K)
82C	(von 2800K auf 3200K)
85	(von 5400K auf 3400K)
85B	(von 5400K auf 3200K)
85C	(von 5400K auf 3800K)
85N3	(von 5400K auf 3400K + Neutraldichte 0.3)
85N6	(von 5400K auf 3400K + Neutraldichte 0.6)

Wenn die Farbtemperatur an die Filmsensibilisierung angepaßt werden muß, können die in der Tabelle aufgeführten Kodak LB-Filter verwendet werden
Tabelle Kodak

Die LB-Filter sind nicht immer in der gewünschten Ausführung erhältlich. Der entsprechende Mired-Wert kann auch durch Kombination von zwei LB-Filtern erreicht werden. Die beiden Farbtemperaturmesser können gegebenenfalls sogar die erforderliche Filterkombination in Kodak-Filternummern anzeigen.

Mit den Konversionsfiltern wird hauptsächlich die farbliche Angleichung der

Lichtquelle an die Farbsensibilisierung des jeweiligen Films erreicht. Farbstiche, die beispielsweise durch die Farbcharakteristik

Farbstich	Farbe des erforderlichen CC-Filters
Yellow (Gelb)	Blau
Purpur	Grün
Blaugrün	Rot
Blau	Yellow (Gelb)
Grün	Magenta
Rot	Cyan

Bei Farbumkehrfilmen kann ein Farbstich mit einem Filter der Komplementärfarbe beseitigt werden
Tabelle Kodak

einer Filmemulsion, durch den Verarbeitungsprozeß im Labor, durch eine ungleichmäßige spektrale Transmission der Objektive, durch Reziprozitätsfehler, durch eine Farbdominanz im Motiv oder in der Umgebung (»on location«) entstehen, können mit Konversionsfiltern nur ungenau, wenn überhaupt korrigiert werden. Für die Korrektur der Farbstiche werden in der professionellen Fotografie Farbkorrekturfilter eingesetzt. Sie werden auch als Color Correction Filter, Color Compensating Filter oder CC-Filter bezeichnet. Die CC-Filter sind fein abgestuft und ermöglichen somit eine sehr genaue Farbkorrektur. Für die Korrektur eines Farbstiches auf Diafilm muß ein Filter der Komplementärfarbe eingesetzt werden. Die CC-Filter sind in den sechs Grundfarben (additiv und subtraktiv) erhältlich: Blau (B), Grün (G), Rot (R), Yellow (Y, Gelb), Magenta (M, Purpur) und Cyan (C, Blaugrün).

Die »Stärke« der CC-Filter wird in densitometrischen Dichteeinheiten angegeben,

Die Tabelle gibt die Belichtungsverlängerung in Blendenstufen mit den jeweiligen CC-Filtern an

Maximaldichte des Filters	Gelb (absorbiert Blau)	Belichtungszunahme in Blendenwerten*	Magenta (absorbiert Grün)	Belichtungszunahme in Blendenwerten*	Cyan (absorbiert Rot)	Belichtungszunahme in Blendenwerten*
0.025	CC-025Y	-	CC-025M	-	CC-025C	-
0.05	CC-05Y	-	CC-05M	1/3	CC-05C	1/3
0.10	CC-10Y	1/3	CC-10M	1/3	CC-10C	1/3
0.20	CC-20Y	1/3	CC-20M	1/3	CC-20C	1/3
0.30	CC-30Y	1/3	CC-030M	2/3	CC-30C	2/3
0.40	CC-40Y	1/3	CC-040M	2/3	CC-40C	2/3
0.50	CC-50Y	2/3	CC-50M	2/3	CC-50C	1

Maximaldichte des Filters	Rot (absorbiert Blau und Grün)	Belichtungszunahme in Blendenwerten*	Grün (absorbiert Blau und Rot)	Belichtungszunahme in Blendenwerten*	Cyan (absorbiert Rot und Grün)	Belichtungszunahme in Blendenwerten*
0.025	CC-025R	-				
0.05	CC-05R	1/3	CC-05G	1/3	CC-05B	1/3
0.10	CC-10R	1/3	CC-10G	1/3	CC-10B	1/3
0.20	CC-20R	1/3	CC-20G	1/3	CC-20B	2/3
0.30	CC-30R	2/3	CC-30G	2/3	CC-30B	2/3
0.40	CC-40R	2/3	CC-40G	2/3	CC-40B	1
0.50	CC-50R	1	CC-50G	1	CC-50B	11/3

*Dies sind Annäherungswerte. Für genaues Arbeiten sind Testbelichtungen zu empfehlen.

Die Tabelle zeigt die Zuordung
der Kodak Filternummern zu den
entsprechenden Mired-Werten
Tabelle Minolta

LB-Index			Kodak Wratten Filter			LB-Index			Kodak Wratten Filter		
< -193			—			+14	bis	+22	81A		
-192	bis	-182	80A	+	80D	+23	bis	+30	81B		
-181	bis	-170	80A	+	82C	+31	bis	+38	81C		
-169	bis	-158	80A	+	82B	+39	bis	+46	81D		
-157	bis	-147	80A	+	82A	+47	bis	+56	81EF		
-146	bis	-137	80A	+	82	+57	bis	+65	81EF	+	81
-136	bis	-127	80A			+66	bis	+75	81EF	+	81A
-126	bis	-118	80B	+	82	+76	bis	+85	85C		
-117	bis	-108	80B			+86	bis	+94	85C	+	81
-107	bis	-97	80C	+	82A	+95	bis	+103	85C	+	81A
-96	bis	-87	80C	+	82	+104	bis	+109	85C	+	81B
-86	bis	-80	80C			+110	bis	+116	85		
-79	bis	-72	80D	+	82A	+117	bis	+125	85	+	81
-71	bis	-62	80D	+	82	+126	bis	+135	85B		
-61	bis	-51	80D			+136	bis	+144	85B	+	81
-50	bis	-39	82C			+145	bis	+153	85B	+	81A
-38	bis	-27	82B			+154	bis	+161	85B	+	81B
-26	bis	-16	82A			+162	bis	+169	85B	+	81C
-15	bis	-6	82			+170	bis	+177	85B	+	81D
-5	bis	+4	0			+178	bis	+188	85B	+	81EF
+5	bis	+13	81			> + 189			—		

die logarithmisch aufgebaut sind. Auch bei diesen Filtern hat sich die Kodak-Bezeichnung durchgesetzt. Jeder CC-Filter wird durch eine zweistellige Dichtezahl (ausgenommen 025) und dem Buchstaben der Eigenfarbe definiert. CC-05 G steht für einen CC-Filter Grün der logarithmischen Maximaldichte 0,05. Bei der von den Herstellern in den Filterwerten angegebenen Maximaldichte ist aber die Dichte der Gelatine, aus der die Filter gefertigt sind, nicht berücksichtigt.

Die bereits erwähnten Farbtemperaturmesser von Gossen und Minolta zeigen auch den entsprechenden CC-Wert an. In unserem Beispiel ist ein CC-Filter 32 M für die Farbkorrektur erforderlich. Die Anzeige erfolgt in kleineren Stufen als die Dichteabstufung der Filter, so daß ein CC-Filter Magenta der Dichte 30 verwendet werden kann. Wer es in unserem Beispiel aber ganz genau nehmen möchte, kann einen CC-30 M mit einem CC-025 M kombinieren, was einem Filterwert von CC-32,5 M entsprechen würde.

Für eine genaue Farbabstimmung können also verschiedene Filter unterschiedlicher Farbe und Dichte kombiniert werden.

Allerdings sollte man immer so wenige Filter wie möglich benutzen, weil jede zusätzliche Luft-Gelatine-Luft-Fläche die in den Strahlengang des Objektivs gesetzt wird, die Abbildungsqualität mehr oder weniger sichtbar beeinträchtigt.

Bei der Verwendung von Filtern müssen Verlängerungsfaktoren berücksichtigt werden. Die Verlängerungsfaktoren werden von den Herstellern angegeben oder sind aus entsprechenden Tabellen zu entnehmen. Bei gleichzeitiger Verwendung von mehreren Filtern sind die Verlängerungsfaktoren zu multiplizieren. Das gilt auch für Verlängerungsfaktoren durch den Balgenauszug im Nahbereich. Wenn die Verlängerungsfaktoren aber bereits in Lichtwerte oder Belichtungsstufen umgerechnet wurden, sind diese Werte zu addieren. Bei der Blitzbelichtungsmessung in der Filmebene oder auf der Mattscheibe kann die Belichtungsverlängerung mitgemessen werden, sofern die Filterfarbe die spektrale Empfindlichkeit der Meßzelle nicht beeinträchtigt. Denkbar sind auch Blitzbelichtungsmessungen mit den Filtern vor dem Meßsensor, wobei auch hier auf die Farbempfindlichkeit der Meßzelle zu achten ist.

Eintesten der Farbdiafilme

Jeder Filmtyp hat eine eigene Farbcharakteristik, die aber von Emulsion zu Emulsion Schwankungen unterworfen ist. Toleranzen bei der Verarbeitung im Fachlabor können ebenfalls die Farbcharakteristik der Filme beeinflussen. Farbstiche auf Farbnegativfilmen sind relativ unproblematisch, weil sie bei der Vergrößerung im Labor ausgefiltert werden können. Farbdiafilme sind in diesem Fall, selbst wenn sie nur als Druckvorlage dienen, als Endprodukte zu betrachten, bei denen keine nachträgliche Filterung mehr möglich ist. Wenn also eine gleichbleibende und wiederholbare Farbabstimmung der Dias erforderlich ist, ist ein Emulsionstest unerläßlich.

Die Diafilme werden unter den üblichen Aufnahme- und Verarbeitungsbedingungen getestet. Die Testaufnahmen werden mit den Multiblitz-Geräten, die auch bei den eigentlichen Aufnahmen eingesetzt werden, durchgeführt. Die Verschlußzeiten müssen im Bereich der später verwendeten liegen. Auch die Studiogegebenheiten (Raumhöhe, Farbanstrich) werden bei den Testaufnahmen automatisch mitberücksichtigt. Die Verarbeitung muß, sowohl bei den Tests als auch bei den eigentlichen Aufnahmen, im gleichen Fachlabor erfolgen. Das Eintesten macht aber nur dann einen Sinn, wenn ein großer Vorrat an Filmen gleicher Emulsionsnummer tiefgekühlt eingelagert wird.

Zum Eintesten der Filmemulsion wird eine Farbtafel und ein Stufengraukeil aufgenommen. Die Blitzbelichtung wird genauso wie bei den späteren Aufnahmen gemessen. Anschließend werden flankierende Belichtungen zum gemessenen Wert in einem Abstand von je 0,5 EV ohne Filter gemacht.

Bei Rollfilm oder Kleinbildfilm können die Belichtungsreihen zusätzlich mit CC-Filtern der Dichte 0,10 in den sechs Grundfarben (Blau, Grün, Rot, Yellow, Magenta und Cyan) durchgeführt werden. Wer diese Testmethode, die sehr einfach und genau ist, beispielsweise bei 8x10 inch Planfilm anwenden will, muß mindestens 21 Planfilme belichten (3x6 mit CC-Filtern und 3 ohne Filter). Doch schon bei dem Gedanken, 21 Plandiafilme für Testzwecke zu »verschießen«, krümmt sich bei vielen Berufs-

fotografen das Portemonnaie schmerzhaft in der Tasche. Diese Fotografen werden dann eben nur die drei Testaufnahmen ohne Filterung machen.

Die von einigen Herstellern auf Planfilmen angegebene Grundfilterung sollte man indes nur in Ausnahmefällen übernehmen, zum Beispiel wenn keine Zeit für Emulsionstests bleibt oder wenn nur wenige Filme gleicher Emulsionsnummer vorhanden sind. Die angegebene Grundfilterung ist für eine genaue Arbeitsweise eher ungeeignet, weil sie wichtige Einflußfaktoren wie Entwicklung, Aufnahmelicht oder Raumverhältnisse nicht berücksichtigt.

Die entwickelten Filme werden auf einem Leuchtpult mit Normlicht (5000 K) ausgewertet. Das Leuchtpult sollte etwa 15 Minuten vor der Auswertung eingeschaltet werden, damit sich die Farbtemperatur der Leuchtstoffröhren stabilisiert. Außerdem sollte man bedenken, daß die Leuchtstoffröhren ihre Farbtemperatur nach einer Betriebsdauer von mehreren Hundert Stunden verändern und somit selbst Farbstiche hervorrufen können. Die Farbwiedergabe wird am besten in den mittleren Tönen des Stufengraukeils beurteilt. Der Fotograf sucht unter den Aufnahmen, die er mit den sechs CC-Filtern gemacht hat, diejenige mit der reinsten Farbwiedergabe aus.

Falls der Dichtewert der Filterkorrektur (0,10) aber nicht ausreicht, oder falls nur Testaufnahmen ohne Filter gemacht wurden, können CC-Filter auf den Diafilm gelegt werden. Die Farbe und die Dichte der CC-Filter richtet sich nach dem sichtbaren Farbstich. Für die Farbfilterung wird ein Filter in der Komplementärfarbe eingesetzt. Die entsprechende Dichte wird visuell bestimmt. Die eigene Dichte des Diafilmes bewirkt aber, daß der Fotograf visuell einen zu hohen Dichtewert für die Filterung annimmt. Für eine korrekte Filterdichte sollte man den Dichtewert des visuell ermittelten Filters durch den Gammawert des Diafilmes dividieren (1,5 bis 1,7).

Durch die flankierenden Belichtungen kann außerdem die effektive Empfindlichkeit der Emulsion visuell überprüft werden. Für eine größere Genauigkeit kann die Anzahl der flankierenden Belichtungen von drei auf fünf erhöht werden. Selbstverständlich können auch die Stufen der Belichtungsunterschiede von 1/2 Blende auf 1/3 Blende reduziert werden.

Genaue und wiederholbare Bildergebnisse auf Diafilm setzen die Kontrolle sämtlicher Parameter bei der Aufnahme und Entwicklung voraus.

Für eine gleichbleibende und einheitliche Farbabstimmung der Diafilme ist ein Emulsionstest unerläßlich, wobei es wichtig ist, daß die Filme unter den auch sonst üblichen Aufnahme- und Verarbeitungsbedingungen getestet werden

Ein Emulsionstest gilt nur für die jeweilige Emulsion, so daß er sich aber nur dann lohnt, wenn eine große Menge Diafilme gleicher Emulsionsnummer in der Tiefkühltruhe des Fotografen eingelagert ist

Synchronzeit und Blitzdauer

In der Blitzfotografie wird die Lichtmenge hauptsächlich über die Blende reguliert, so daß viele Fotografen der Wahl der richtigen Verschlußzeit keine so große Bedeutung schenken, zumal sie außerdem annehmen, die Blitzdauer sei ohnehin kürzer als die eingestellte Synchronzeit. Das ist aber nicht immer der Fall. Leistungsstarke Kompaktblitzgeräte und Generatoren können bei voller Leistung eine längere Blitzdauer als (kurze) Synchronzeiten haben. Um das an einigen Beispielen zu zeigen: Das Kompaktblitzgerät Studiolite Compact 1500 hat bei geringster Leistungsstufe eine Blitzdauer t 0,5 von 1/1100 Sekunde und bei voller Leistung eine Blitzdauer t 0,5 von 1/300 Sekunde. Wenn man bei voller Leistung und Blitzdauer t 0,5 von 1/300 Sekunde bei einer Synchronzeit von 1/500 Sekunde (Zentralverschluß) fotografiert, wird ein Teil des Blitzlichtes durch den Verschlußablauf buchstäblich »beschnitten«. Das kann auch bei den Generatoren Magno-

lite 32 und 64 vorkommen, wenn jeweils nur eine Leuchte mit voller Leistung betrieben wird. In diesem Fall beträgt die Blitzdauer t 0,5 etwa 1/300 Sekunde beim Magnolite 32 und 1/200 Sekunde beim Magnolite 64. Daraus folgt, daß beispielsweise beim Magnolite 64 (bei voller Leistung und einer Leuchte) die eingestellte Synchronzeit nicht kürzer als 1/125 Sekunde sein darf. Bei voller Leistung ist auch bei anderen Geräten auf die Wahl einer geeigneten Synchronzeit zu achten, so zum Beispiel bei den Geräten Variolite Compact 300 (t 0,5=1/250 s bei 1/1 Leistung), Ministudio 252 (t 0,5=1/380 s bei 1/1 Leistung), Ministudio 402 (t 0,5 =1/200 s bei 1/1 Leistung) und Ministudio 802 (t 0,5 =1/250 s bei 1/1 Leistung). Bei anderen Geräten, die bei voller Leistung eine Blitzdauer t 0,5 von 1/500 Sekunde haben (Studiolite Compact 500 und 1000, Variolite Compact 600 und 900), sollte man »sicherheitshalber« keine kürzere Verschlußzeit als 1/250 Sekunde wählen.

Nach der Lektüre dieser Zeilen werden sich nun viele Leser fragen, warum wir zur sorgfältigen Wahl der Synchronzeit raten. Bei modernen Blitzbelichtungsmessern

Bei der Aufnahme mit dem »fliegenden« Sektkorken wurden durch einen Akustikschalter zwei Multiblitz-Geräte mit unterschiedlicher Blitzdauer zeitverzögert gezündet. Der Hintergrund war schwarz, das Studio abgedunkelt und der Kameraverschluß auf »B« eingestellt (Original in Farbe)
Foto: Lorenz Fotodesign

kann man nämlich die Torzeiten zwischen 1 und 1/500 Sekunde frei einstellen, so daß keine Fehlbelichtungen zu erwarten sind. Um diese Frage zu beantworten müssen wir uns den Ablauf einer Blitzentladung in Erinnerung rufen. Unmittelbar nach der Zündung des Blitzgerätes erfolgt eine Blitzentladung von großer Intensität, die nach Erreichen des Maximalwertes zunehmend langsamer wieder gegen Null absinkt. In einer Kurvengrafik wird die Blitzentladung durch einen steilen Anstieg und einen zunehmend flacheren Abstieg der Kurve dargestellt. Im Kurvenverlauf ändert sich aber mit der Blitzintensität auch die spektrale Zusammensetzung des Blitzlichtes, sprich die Farbtemperatur. In der steilen Phase ist der Blauanteil etwas größer, während beim Nachglühen der Blitzröhre im flachen Teil der Rotanteil zunimmt. Diese Veränderung der Farbtemperatur kann man durch moderne Farbtemperaturmesser mit frei einstellbaren Torzeiten größtenteils erfassen. Allerdings kann die Veränderung der Farbtemperatur eine Filterung erforderlich machen, die bei einer längeren Torzeit vielleicht überflüssig wäre.

Einfacher und exakter ist es also auf jeden Fall, wenn die Verschlußzeit länger als die Blitzdauer ist. Es gibt sogar Profifotografen die ganz bewußt eine viel längere Verschlußzeit wählen (zum Beispiel 1/30 s oder 1/15 s), damit das Nachglühen der Blitzröhre noch belichtungswirksam wird. Dadurch erhoffen sie sich eine etwas wärmere Farbwiedergabe (ohne Farbstich) und vor allem eine bessere Farbsättigung.Der Zusammenhang zwischen Blitzdauer und Verschlußzeit erschöpft sich aber nicht in der Synchronisation, sondern ist von entscheidender Bedeutung für die scharfe Abbildung schneller Bewegungsabläufe, wie sie beispielsweise in der Modefotografie zum Alltag gehören. Zunächst sollten wir uns aber an die Definition der Blitzdauer oder der Blitzleuchtzeit erinnern. Die Blitzleuchtzeit t 0,5 wird nach den DIN- und ISO-Normen als die Zeitspanne definiert, während der die Blitzintensität 50 Prozent ihres Maximalwertes überschreitet. Die Leuchtzeit nach t 0,5 wird auch als effektive Blitzdauer bezeichnet und ist in Prospekten und Datenblättern die am häufigsten gebrauchte Angabe. Doch die sogenannte Halbwertszeit hat einen Haken: Sie läßt etwa die Hälfte des abgestrahlten Blitzlichtes unberücksichtigt.

Diese Lichtmenge wird aber bis zu einer Blitzintensität von etwa 20 bis 30 Prozent des Maximalwertes bei der Belichtung fotografisch wirksam, weil die synchronisierte Verschlußzeit normalerweise länger als die effektive Blitzdauer ist (mit Ausnahme der oben beschriebenen Situationen). Das gilt es zu berücksichtigen, wenn schnelle Bewegungsabläufe scharf wiedergegeben werden sollen. So entspricht beispielsweise die Leuchtzeit 1/1000 Sekunde bei t 0,5 nicht der Verschlußzeit 1/1000 Sekunde, sondern, unter Berücksichtigung des noch belichtungswirksamen Blitzlichtes, etwa der Verschlußzeit 1/360 oder 1/250 Sekunde. Folglich kann man bei t 0,5=1/1000 Sekunde Bewegungen mit der gleichen Schärfe »einfrieren«, wie bei Dauerlicht mit der Verschlußzeit 1/360 oder 1/250 Sekunde und nicht, wie vielfach angenommen, wie mit der Verschlußzeit 1/1000 Sekunde.

Beleuchtungsintensität und Blendenöffnung

Wenn kein nennenswertes Dauerlicht vorhanden ist, wird in der Blitzfotografie die Lichtmenge, die den Film belichtet nur über die Blende dosiert. Die Verschlußzeiten spielen bei der Belichtung nur dann eine Rolle, wenn das Verhältnis zwischen Dauerlicht und Blitzlicht bestimmt werden soll. Die Aufgabe der Blende erschöpft sich aber nicht in der Dosierung des belichtungswirksamen Blitzlichtes. Die Blende bestimmt die Schärfentiefe entscheidend mit und hat somit einen großen Einfluß auf die bewußte Bildgestaltung mit der Schärfe und Unschärfe. Aber auch die Abbildungsleistung eines Objektivs hängt von der eingestellten Blendenöffnung ab.

Die optimale Blende

Die bewußte Blendenwahl setzt einige theoretische Kenntnisse über die Zusammenhänge zwischen Blende und Abbildungsqualität voraus: Bei offener Blende ist das theoreti-

Bei Fachkameras und Mittelformatkameras mit Zentralverschluß sind sämtliche Verschlußzeiten blitzsynchronisiert, so daß auch kürzere Verschlußzeiten bis zu 1/500 Sekunde zur Verfügung stehen

Bei kurzen Verschlußzeiten ist auch bei Blitzsynchronisation Vorsicht geboten, da der Blitz buchstäblich abgeschnitten werden kann. Bei leistungsstarken Kompaktblitzgeräten und Generatoren kan es vorkommen, daß die synchronisierte Verschlußzeit kürzer als die Blitzdauer ist

In der Blitzfotografie wird die Lichtmenge, wenn kein nennenswertes Dauerlicht vorhanden ist, über die Blende dosiert

Abbildung Seite 121
Der Glaskrug steht auf einer schwarzen Plexiglasplatte vor schwarzem Hintergrund. Zwei mit Farbfolien versehene Lichtwannen wurden in Seitenlichtposition symmetrisch aufgestellt und liefern sozusagen eine »Zangenbeleuchtung«. Die sich kreuzenden Schatten werden vom schwarzen Hintergrund »geschluckt«. Jede Leuchte wurde an einen Magnolite 16 Generator angeschlossen, der auf kleinste Leistungsstufe für eine möglichst kurze Blitzdauer eingestellt war. Dadurch war es möglich, die Wasserspritzer »einzufrieren«.
Foto: Dietrich Brandenburg

sche Auflösungsvermögen eines Objektivs am größten. Aber bei offener Blende machen sich auch die Abbildungsfehler, die niemals vollständig korrigiert werden können, am stärksten bemerkbar. Also liegt es nahe, die Abbildungsqualität der Objektive durch Abblenden zu steigern. Abblenden vermindert aber wiederum das Auflösungs-

vermögen der Objektive. Schuld daran ist die Beugung die immer entsteht, wenn Licht eine kleine Öffnung, wie beispielsweise eine Blende, passiert. Durch die Wellennatur des Lichtes bedingt, werden die Lichtstrahlen an den Kanten der Blende »gebeugt«, so daß sie sich nicht mehr geradlinig fortpflanzen können. Das führt dazu, daß ein Punkt nicht als Punkt, sondern als Scheibchen abgebildet wird. Der Durchmesser dieses Bildscheibchens nimmt mit kleiner werdender Blendenöffnung zu. Wenn man nun so weit abblendet, daß dieses Bildscheibchen größer wird als der zulässige Zerstreuungskreisdurchmesser, geht das zu Lasten der allgemeinen Bildschärfe.

Die Beugung wird neben der Blendenöffnung auch von der Art des Lichtes (Wellenlänge) und vom Abbildungsmaßstab beeinflußt. Die Beugung wird nämlich ausgerechnet im Nahbereich größer, wo aufgrund der geringeren Schärfentiefe eine stärkere Abblendung erforderlich ist. Es gibt aber eine Blendenöffnung, bei der Abbildungsfehler und Beugung sich die Waage halten. Dieser Blendenwert wird als kritische Blende bezeichnet und ist von Objektiv zu Objektiv verschieden. Bei den meisten Kleinbild- und Mittelformat-Objektiven wird die kritische Blende bei Abblendung um etwa zwei Stufen erreicht. Vor allem im Nahbereich ist jedoch oft eine stärkere Abblendung erforderlich, um die gewünschte Schärfentiefe zu erhalten. Dann greifen Profifotografen zu einer anderen Formel: In Abhängigkeit vom zulässigen Zerstreuungskreisdurchmesser und dem Abbildungsmaßstab wird die Blende ermittelt, bei der Beugungsscheibchen und Zerstreuungskreis den gleichen Durchmesser haben. Die so errechnete Blende wird als förderliche Blende bezeichnet. Bei den Kleinbild- und Mittelformat-Objektiven sollte man folglich nur so viel Abblenden, wie es aus Gründen der Bildgestaltung mit der Schärfentiefe erforderlich ist.

Objektive für Großformatkameras sind vom negativen Einfluß der Beugung weniger betroffen. Während sich bei Kleinbildobjektiven Beugungserscheinungen schon ab Blende 8 bemerkbar machen, können Großformatobjektive problemlos bis Blende 45 abgeblendet werden, ohne daß die Beugung die Abbildungsqualität beeinträchtigt. Wenn der Maßstab der Nachvergrößerung gering ist, kann sogar bis Blende 64 abgeblendet werden, weil man dabei einen geringfügig größeren Zerstreuungskreisdurchmesser zugrunde legt (darüber gleich mehr).

Blendeneinstellung und Schärfentiefe

Die Schärfentiefe wird aber nicht nur von der Blende, sondern auch von anderen Parametern bestimmt, so daß wir wieder zu einem kurzen theoretischen Abstecher einladen:

Die Aufnahmeobjekte sind, von Reprovorlagen abgesehen, dreidimensional, während die Bildebene zweidimensional ist. Abbildungsgesetze (Gaußsche Dioptrik) bestimmen, daß unter diesen Gegebenheiten immer nur eine Objektebene in der Bildebene wirklich scharf abgebildet werden kann. Durch eine optische Täuschung namens Schärfentiefe erscheinen aber auch die Bereiche vor und hinter der Einstellebene mehr oder weniger scharf. Die Schärfentiefe, für den dreidimensionalen, räumlichen Eindruck der Schärfe maßgeblich, ist abhängig vom Zerstreuungskreisdurchmesser, Abbildungsmaßstab und der Blendenöffnung.

Eigentlich wird jeder Punkt des Aufnahmeobjektes nicht als Punkt sondern als Scheibe abgebildet. Die abgebildeten Scheiben werden als Zerstreuungs- oder Unschärfekreise bezeichnet. Durch eine Schärfentoleranz der menschlichen Netzhaut empfinden wir die abgebildeten Scheiben als Punkte und somit als scharf, sofern sie kleiner als das Auflösungsvermögen des Auges sind, das theoretisch bei 20 (tatsächlich aber bei 50-90) Bogensekunden liegt. Die lineare Auflösung des Auges verändert sich aber mit dem Betrachtungsabstand, der wiederum von dem Verhältnis zur Bilddiagonale bestimmt wird (nicht mit dem perspektivisch richtigen Betrachtungsabstand zu verwechseln). Deswegen wurde der zulässige Zerstreuungskreisdurchmesser auf 1/1500 der Formatdiagonale beziehungsweise der Normalbrennweite festgelegt. Daraus ergibt sich zum Beispiel für das Kleinbildformat ein Zerstreuungskreisdurchmesser von 0,03 mm, für das Mittelformat (6x6) von 0,06 mm, für das Format 4x5 inch von 0,1 mm, für das Format 13x18 cm von 0,14 mm und für das Format 8x10 inch von 0,2 mm. Wenn erhöhte Anforderungen an die Abbildungsqualität gestellt werden, ist der zulässige Zerstreuungskreisdurchmesser zu verringern.

Bei Vergrößerungen ändert sich der zulässige Zerstreuungskreisdurchmesser im gleichen Maß wie der Vergrößerungsfaktor, so daß die Schärfentiefe unabhängig vom

Die negativen Auswirkungen nicht korrigierter Abbildungsfehler lassen sich durch Abblenden verringern. Bei einer zu kleinen Blendenöffnung vermindern aber Beugungserscheinungen an den Lamellen die allgemeine Bildschärfe. Die Blendenöffnung, bei der Abbildungsfehler und Beugung sich die Waage halten, wird als kritische Blende bezeichnet

In der professionellen Fotografie sollte man nur so viel abblenden, wie es aus Gründen der Bildgestaltung mit der Schärfentiefe erforderlich ist

Objektive für Großformatkameras sind von den negativen Auswirkungen der Beugung weniger stark betroffen als Mittelformat- und Kleinbildobjektive, so daß sie stärker abgeblendet werden können

Vergrößerungsmaßstab ist. Die Schärfentiefe ist aber abhängig vom Abbildungsmaßstab. Grundsätzlich gelten folgende Faustregeln: Bei einer Aufnahmeentfernung zwischen Unendlich und etwa dem Zwanzigfachen der Brennweite dehnt sich die Schärfentiefe 1/3 vor und 2/3 hinter der Einstellebene aus. Im Nahbereich, zwischen dem Zwanzigfachen der Brennweite

Die enorme Ausdehnung der Schärfentiefe bei dieser Aufnahme wäre allein durch Abblenden nicht zu erreichen. Durch Kameraverstellungen nach dem Scheimpflug-Prinzip ist es jedoch möglich, sogar bei mittleren Blendenöffnungen eine optimale Lage des Schärfenraumes zu erreichen (Originaldia in Farbe)
Foto: Norbert Balzer

und dem Abbildungsmaßstab 1:1, dehnt sich die Schärfentiefe zu gleichen Teilen vor und hinter der Einstellebene aus (1/2 zu 1/2). Bei einem vergrößerten Abbildungsmaßstab dehnt sich die Schärfentiefe zu 2/3 vor und 1/3 hinter der Einstellebene aus.

Die größtmögliche Ausdehnung der Schärfentiefe erreicht man in der sogenannten Naheinstellung auf Unendlich, auch hyperfokale Distanz genannt. Diese Einstel-

lung ist bei Kleinbild- und Mittelformatkameras sehr wichtig, weil die Schärfentiefe nicht wie bei Fachkameras durch die Scheimpflug-Methode bestimmt werden kann.

Die hyperfokale Distanz bezeichnet die Entfernung von der Kamera bis zum Beginn des Schärfenraumes bei Einstellung auf Unendlich und einer bestimmten Blende. Sie kann in Abhängigkeit von Brennweite, Blende und zulässigem Zerstreuungskreisdurchmesser mathematisch errechnet werden. Bei 50 Millimeter Brennweite und Blende 16 liegt die hyperfokale Distanz bei 4,69 Meter. Das heißt, bei Einstellung auf Unendlich und Blende 16 erstreckt sich beim 50er Objektiv die Schärfentiefe von 4,69 Meter bis Unendlich. Wenn nun das Objektiv auf 4,69 Meter, also auf die hyperfokale Distanz eingestellt wird, dehnt sich die Schärfentiefe von 2,345 Meter bis Unendlich aus. Im Fotoalltag hat man aber wohl kaum die Muße zu solchen Rechnungen, die man in dieser Genauigkeit auch nicht auf das Objektiv übertragen kann. In der Praxis kann der Fotograf jedoch auch folgendermaßen vorgehen: Wenn wir das oben geschilderte Beispiel aufgreifen, wird einfach das Unendlichsymbol (die Mitte der liegenden 8) auf die Markierung für Blende 16 auf der Schärfentiefenskala eingestellt. Abzulesen ist eine Schärfentiefe von zwischen 2 und 3 Metern bis Unendlich. Wenn man das nachvollziehen will, wird man feststellen, daß die Marke für die Scharfeinstellung auf etwas unter 5 Meter zeigt (genau 4,69 Meter), also genau auf jenen Wert, der bei Einstellung auf Unendlich der Markierung für Blende 16 auf der Schärfentiefenskala entsprochen hat.

Bei Fachkameras hat man praktisch uneingeschränkte Möglichkeiten der Bildgestaltung mit der Schärfentiefe, die von computergesteuerten Berechnungen des Schärferaums bis zum sogenannten »Anti-Scheimpflug« reichen. Durch entsprechende Kameraverstellungen kann man die Lage und den Verlauf der Schärfentiefe genau bestimmen, so daß man weniger abhängig von der Blende ist. Willkürlich darf die Blendenwahl aber auf keinen Fall sein. Die Blende beeinflußt nach wie vor die durch Kameraverstellungen erreichte Schärfentiefe.

Auch für Fachkameras gelten die gleichen optisch-physikalischen Gesetzmäßigkeiten, wie bei Kleinbild- und Mittelformat-

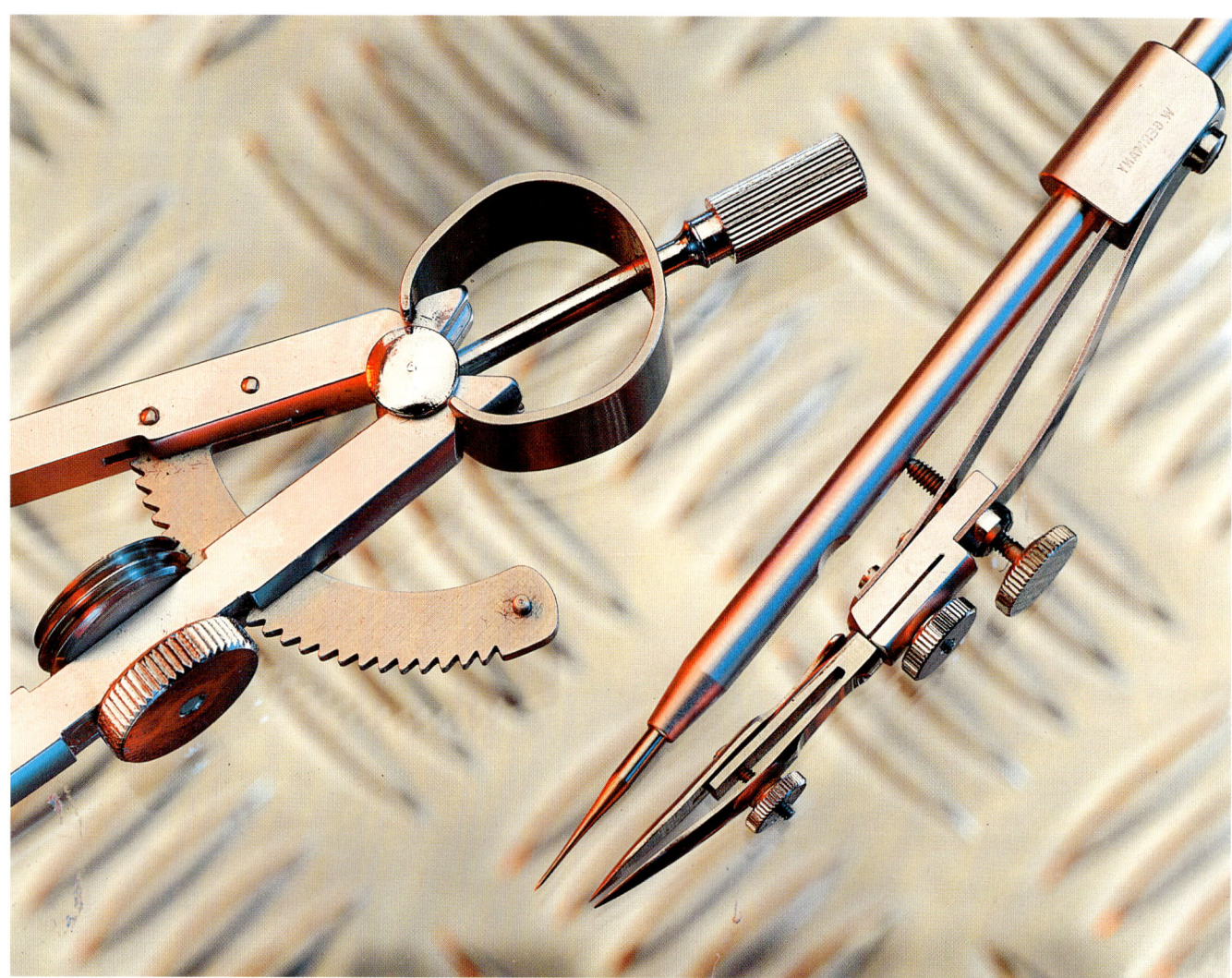

kameras: Die Schärfentiefe wird neben dem Zerstreuungskreisdurchmesser und der Blendenöffnung vor allem durch die Brennweite und Aufnahmeentfernung, das heißt durch den Abbildungsmaßstab bestimmt. Bei gleichbleibendem Abbildungsmaßstab ist die Schärfentiefe umso größer, je kleiner die Blendenöffnung und umgekehrt. Bei gleichbleibender Aufnahmeentfernung nimmt die Schärfentiefe mit zunehmender Brennweite (genauer mit dem Quadrat der Brennweite) ab und umgekehrt. Bei gleicher Brennweite nimmt die Schärfentiefe proportional zur Aufnahmeentfernung ab oder zu. Jedoch: Der Einfluß der Brennweite auf die Schärfentiefe ist dem der Aufnahmeentfernung entgegengesetzt, so daß sich beide Parameter kompensieren. Bei gleichem Abbildungsmaßstab (aus verschiedenen Aufnahmeentfernungen) haben sämtliche Objektive, ungeachtet ihrer Brennweite, die gleiche Schärfentiefe.

Bei der Bestimmung der Schärfentiefe in der Fotopraxis gilt es also sowohl bildgestalterische Überlegungen als auch optisch-physikalische Gesetze zu berücksichtigen. Mit der Lichtführung und der Blitzbelichtungsmessung ist es folglich noch nicht getan.

Falls die gemessene Blende nicht genau die gewünschte Schärfentiefe ermöglicht, muß die Beleuchtungsstärke entsprechend verändert werden. Wenn die gemessene Blendenzahl zu groß ist (kleine Blendenöffnung), kann die Leistung der Studioblitzgeräte reduziert werden. Ist die gemessene Blendenzahl zu klein (große Blendenöffnung), muß die Blitzleistung erhöht werden. Sollte die maximale Blitzleistung nicht ausreichen, dann müssen zusätzliche Leuchten aufgestellt werden. Das darf aber die angestrebte (und bereits erreichte) Lichtführung nicht beeinträchtigen. Reicht aber die Leistung der einsetzbaren Blitzgeräte nicht aus, kann man bei offenem Verschluß und abgedunkeltem Raum so oft Blitzen, wie es zum Erreichen der gewünschten Blende erforderlich ist.

Bei dieser Aufnahme wäre es auch bei offener Blende nicht möglich gewesen, die Zirkel durch geringe Schärfentiefe vom Alublech plastisch zu trennen. Daher setzte der Fotograf Dietrich Brandenburg die Zirkel auf eine klare Glasplatte, die etwa 15 cm über dem Blech befestigt war. Eine Lichtwanne als Oberlicht sorgte für die großangelegten Reflexe und zwei flach »gesetzte« Reflektoren mit Lichttuben und Waben sowie Farbfilter setzten die entsprechenden farbigen Lichtakzente
Foto: Dietrich Brandenburg

Zu Seite 125:
Die Beleuchtung wird von zwei Flächenleuchten (die rechte als Hauptlicht, die linke als Aufhellicht) erzeugt, die einzeln an je einen Generator Magnolite 16 angeschlossen wurden. Durch die Blitzdauer von 1/2000 Sekunde und die Auslösung über einen Akustikschalter war es möglich, das Zerspringen des durchgeschossenen Glases »einzufrieren«
Foto: Lorenz Fotodesign

Das Einstellicht

Das Einstellicht ist in der Studiofotografie eigentlich fast genauso wichtig wie das Blitzlicht. Proportional eingeschaltet ist das Einstellicht unentbehrlich für die Lichtführung. Auf Maximalleistung eingestellt ist es eine wertvolle Hilfe für die Scharfeinstellung auf der Mattscheibe der Fachkameras.

Bei den Multiblitz-Geräten wird das Einstellicht von je einer kleindimensionierten Halogenlampe erzeugt, die sich in der Mitte der ringförmigen Blitzröhre befindet. Die Farbtemperatur der Halogenlampe beträgt etwa 3200 Kelvin, während das von den Multiblitz-Geräten abgestrahlte Blitzlicht etwa 5200 Kelvin hat.

Ob dieser recht große Unterschied in der Farbtemperatur sich durch Farbstiche oder sogar Farbverschiebungen auf die Tageslichtfilme auswirkt, hängt von der eingestellten Verschlußzeit ab. Um das an einem Beispiel zu zeigen: Bei einem Variolite Compact 600 haben wir mit Normalreflektor bei einer Torzeit von 1/125 Sekunde Blende 32 für das Blitzlicht gemessen. Die Dauerlichtmessung des Halogeneinstellichtes hat Blende 32 bei einer Torzeit von einer Sekunde ergeben. Wenn die Aufnahme mit der für Blitzlicht gemessenen Kombination aus Verschlußzeit 1/125 Sekunde und Blende 32 belichtet wird, ist das Einstellicht um sieben Stufen unterbelichtet und somit belichtungsmäßig nicht wirksam. Das Halogeneinstellicht beeinflußt also bei 1/125 Sekunde weder die effektive Belichtung, noch die Farbtemperatur der Aufnahme. Das Verhältnis zwischen Blitzlicht und Einstellicht verändert sich aber mit der Verschlußzeit: je länger die Verschlußzeit, desto größer der Einfluß des Halogeneinstellichtes und desto geringer die Wirkung des Blitzlichtes und umgekehrt.

Bei kürzeren Verschlußzeiten, wie 1/250 oder 1/500 Sekunde, braucht der Fotograf keine Gedanken an den Einfluß des Einstellichtes zu verschwenden. Bei Verschlußzeiten von 1/60 und unter Umständen auch bei 1/30 Sekunde ist noch mit keinem Farbstich durch das Halogeneinstellicht zu rechnen. Bei längeren Verschlußzeiten als die 1/15 Sekunde macht sich der Einfluß des Halogeneinstellichtes durch einen rötlichen, wärmeren Farbton bemerkbar. Um Farbstiche und Farbverschiebungen aber auf jeden Fall zu vermeiden, sollten keine längeren Verschlußzeiten als die 1/60 Sekunde eingestellt werden. Und auf keinen Fall sollte man bei niedrig eingestellter Blitzleistung vergessen, gegebenenfalls das Halogeneinstellicht von der Maximalleistung proportional herunterzuschalten.

Das Einstellicht kann aber auch gezielt als Element der Beleuchtung eingesetzt werden. Wenn die Bewegung eines Gegenstands, wie zum Beispiel der Propeller eines Ventilators oder das Rad eines Fahrrads, symbolisch, das heißt verwischt, dargestellt werden soll, kann man folgende Methode anwenden: Durch eine Blitzlichtaufnahme wird der ganze Aufbau scharf abgebildet. Eine zweite Belichtung mit einer längeren Verschlußzeit beim Dauerlicht der Halogeneinstellampe bewirkt die verwischte Wiedergabe des Propellers oder des Rades. Falls die Farbtemperatur für beide Aufnahmen identisch sein soll, kann man vor der Zweitbelichtung mit dem Halogeneinstellicht einen entsprechenden Farbkorrekturfilter (80 B) einsetzen.

Das Halogeneinstellicht eignet sich auch als Dauerlicht für Aufnahmen auf Kunstlichtfilm (Farbtemperatur messen!). Selbstverständlich können auch Schwarzweißaufnahmen beim Halogeneinstellicht gemacht werden. Allerdings wird durch die niedrigere Farbtemperatur auch die effektive Empfindlichkeit der Schwarzweißfilme um etwa 1/3 bis 1/2 ISO-Stufen herabgesetzt.

Die Stromversorgung der Studioblitzgeräte

Die besten Studioblitzgeräte nutzen wenig, wenn sie nicht entsprechend mit Strom versorgt werden können. Das gilt sowohl für den Betrieb im Studio, als auch »on location«. Der Stromversorgung der Studioblitzgeräte ist folglich große Beachtung zu schenken.

Beim Neubau eines Fotostudios können verschiedene einzeln abgesicherte Stromkreise geplant und eingebaut werden. Wird ein Studio in einer ehemaligen Fabrik- oder Lagerhalle eingerichtet, reichen 'normalerweise die vorhandenen Stromkreise für den

Bei allen Multiblitz-Geräten kann das Halogeneinstellicht proportional oder unproportional zum Blitzlicht geschaltet werden. Bei kürzeren Verschlußzeiten als 1/30 Sekunde ist mit keinem Farbstich durch das Halogeneinstellicht zu rechnen

Bei proportionalem Einstellicht kann die Lichtführung und die Gewichtung der einzelnen Leuchten genau kontrolliert werden. Auf Maximalleistung eingestellt, erleichtert das Halogeneinstellicht die Scharfeinstellung auf der Mattscheibe der Fachkameras

Das Halogeneinstellicht wird oft auch als Dauerlicht bei einer Zweitbelichtung eingesetzt, wenn die Bewegung eines Objektes durch einen Wischeffekt symbolisch dargestellt werden soll

Studiobetrieb aus. Problematisch kann es aber werden, wenn das Studio in einem Altbau oder einer umfunktionierten Neubauwohnung eingerichtet wird. Die Stromkreise sind üblicherweise mit je 10 Ampere (A) abgesichert. Das reicht aus, um leistungsschwächere Kompaktblitzgeräte anzuschließen. Bei Generatoren ist jedoch große Vorsicht geboten, obwohl bei Langsamladung die Absicherung ausreichen müßte – sie tut es aber nicht immer.

Stromnetze, an denen die Generatoren Magnolite 16, 32 und 64 angeschlossen werden können, müssen bei Schnelladung mit jeweils 16 Ampere und bei Langsamladung mit 8 bis 10 Ampere abgesichert sein. Wir haben aber oft (vor allem »on location«) festgestellt, daß selbst bei angegebener Netzabsicherung von 10 Ampere die Sicherung sogar bei Langsamladung herausgeschlagen wird. Keine Schwierigkeiten gibt es dagegen, wenn man die Generatoren an die für Küchen- und Haushaltsgeräte vorgesehenen Steckdosen anschließt.

Die für schnelle Blitzfolge ausgerichteten Generatoren Magnolite 16 S und 32 S benötigen bei Schnelladung eine Sicherung von 25 beziehungsweise von 34 Ampere und sogar bei Langsamladung sind immer noch 13 beziehungsweise 17 Ampere erforderlich. Etwas genügsamer sind einige Kompaktblitzgeräte, die bei Langsamladung auch an schwach abgesicherten Stromnetzen betrieben werden können.

Für Geräte mit einer Maximalleistung bis zu 300 Ws genügen 4 Ampere je Kompaktblitz (Minilite 200, Profilite Compact 300, Variolite Compact 300. Alle hier angegebenen Werte gelten für eine Netzspannung von 220-240 Volt.). Demnach können an ein 10 Ampere-Stromkreis je zwei Geräte gleichzeitig angeschlossen werden. Die Anschlußwerte für die Variolite Compact 600 und 900 sind 4 Ampere bei Langsamladung und 8 Ampere bei Schnelladung. Die Geräte Studiolite Compact 1000 und 1500 benötigen 8 Ampere bei Langsamladung und 12 Ampere bei Schnelladung. Das Studiolite Compact 500 kann bereits mit 4 Ampere bei Langsamladung und 6 Ampere bei Schnelladung betrieben werden.

In einem Studio sollten mehrere mit mindestens 16 Ampere einzeln abgesicherten Stromkreise vorhanden sein. Ferner ist es sinnvoll, wenn viele Steckdosen in regelmäßigen Abständen an verschiedenen Stellen des Studios angebracht sind. Nach Möglichkeit sollte jeder Generator und jedes leistungsstärkere Kompaktblitzgerät an eine eigene Steckdose mit einem separat abgesicherten Stromkreis angeschlossen werden. In einem eigens gebauten Fotostudio ist das kein Problem. In einem umgebauten Studio (zum Beispiel in einem Altbau) oder »on location« kann man sich helfen, indem man Verlängerungskabel aus Räumen, die an verschiedenen Stromkreisen angeschlossen sind, lose und stolpersicher verlegt (mit Klebeband). Falls die Sicherungen dennoch herausgeschlagen werden, hilft nur noch der Anschluß an die für Küchen- oder Haushaltsgeräte vorgesehenen Steckdosen.

Leuchtenstative und Deckenschienen-Systeme

Leuchtenstative oder Deckenschienen-Systeme sind unerläßlich für eine gezielte Lichtführung. Ein gutes Leuchtenstativ sollte stabil und leicht verstellbar sein. Die Höhe und die Stabilität eines Stativs richtet sich nach dem Gewicht und der Größe der Leuchtenköpfe, Kompaktblitzgeräte sowie

Eine professionelle Studiobeleuchtung kann bei kleineren Aufnahmeobjekten auch ohne Deckenschienensysteme realisiert werden. Multiblitz bietet über ein Dutzend Leuchtenstative, die bis auf Höhen zwischen 190 cm und 520 cm ausgefahren werden können

Bei der Versorgung der Blitzgeräte aus dem Stromnetz ist stets darauf zu achten, daß die jeweiligen Stromnetze ausreichend abgesichert sind

Eine einfache und preiswerte Möglichkeit, die Geräte an Deckenschienen zu befestigen, sind die unterschiedlich langen Teleskoprohre

In einem gut eingerichteten Fotostudio schaffen Deckenschienensysteme mehr Bewegungsfreiheit
und sind optimal für die Bewegung und Ausrichtung großer
Lichtwannen. Als Ergänzung können aber selbstverständlich auch
Leuchtenstative aufgestellt werden
Foto: Studio Thomas Peters

der Reflektoren und Flächenleuchten, die
bei der späteren Arbeit daran befestigt werden. Multiblitz bietet ein umfangreiches
und fein abgestuftes Stativprogramm aus
dem Hause Manfrotto, das keine Wünsche

Für spezielle Zwecke gedacht sind Quer-
träger, Wandarme und Ausleger mit Gegen-
gewicht, die im Fachjargon auch als »Galgen« bezeichnet werden. Beim großen Galgen können die Bewegungen der Lampe
vom anderen Ende des Auslegearms mit

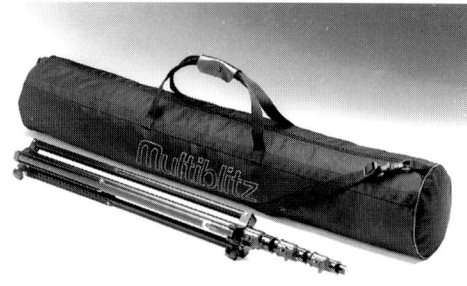

Die Zubehörtaschen ZUBAG 9 und 13 eignen sich sehr
gut für Transport von Leuchten- und Kamerastative,
von faltbaren Softboxen oder Reflexschirme

offen läßt. Um nur einige Beispiele zu nennen: Das fünfteilige Stativ Nano ist zusammengeklappt nur 48 Zentimeter lang und
läßt sich bis 190 Zentimeter hochziehen (es
wiegt unter einem Kilogramm). Das sechs-
teilige Stativ Giant ist zusammengeklappt 1
Meter lang und läßt sich bis zu einer Höhe
von 5,20 Meter ausfahren (Eigengewicht
unter zwei Kilogramm). Dazwischen gibt
es rund ein Dutzend Dreibeinstative in verschiedenen Ausführungen. Außerdem bietet Multiblitz sehr stabile Einbein-Leuch-
tenstative aus Stahl oder Aluminium, die
wahlweise mit einem Standfuß oder mit
einem Rollfuß mit Bremsen ausgestattet
werden können.

Die Scherengitter müssen, je nach
Belastung, mit einer oder zwei Federn ausgerüstet werden, um die
Leuchten und Geräte im Gleichgewicht zu halten. Durch die paar-
weise Kombination der drei
unterschiedlich starken Federn ist
es möglich, die Scherengitter mit
einem Gewicht zwischen 4 und
22 kg zu belasten

zwei Kurbeln ausgeführt werden. Mit dem
Galgen läßt sich eine Leuchte oder eine
Softbox in der gewünschten Position unmittelbar über dem Aufnahmeobjekt plazieren.
    Die Stative sind eine wertvolle Hilfe auch
wenn Aufheller oder Neger positioniert

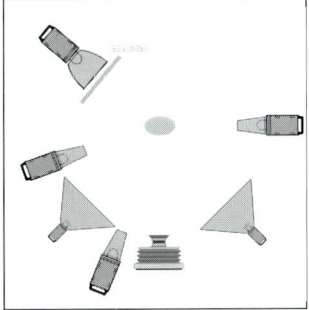

Eine Sachaufnahme die durch
Farb- und Lichtakzente lebt. Das
blaue Licht im Hintergrund kommt
von einer Multilite 40 Lichtwanne,
die in leicht schräger Gegenlichtposition aufgestellt und mit einer
blauen Farbfolie bedeckt wurde.
Die Grundhelligkeit wird von zwei
links und rechts positionierten Softboxen geliefert. Das konzentrierte
Licht auf den Spitzen der Bohrer
und Fräser wird von drei mit Lichttuben und Wabenfiltern bestückten
Leuchten erzeugt
Foto: Peter Salek

Zu derAbbildungen auf den Seiten
134 und 135
Sachfotografie erschöpft sich nicht
in der rein dokumentarischen Darstellung des abgebildeten Objektes.
Die Schwarzweißaufnahme von
Norbert Balzer zeigt, daß der Begriff »Fotodesign« auch in der Sachfotografie nicht eine leere Floskel
bleiben muß. Die Aufnahme ist sowohl vom Bildaufbau her als auch
von der Lichtführung perfekt und
dennoch »pfiffig« gestaltet
Foto: Norbert Balzer

Beispiele dafür. Die Beleuchtung prägt
auch die Stimmung eines Bildes entscheidend, wie man an der Schwarzweißaufnahme auf den Seiten 134 und 135 unschwer
erkennen kann. Bei der Aufnahme der Tee-
kanne von Norbert Balzer unterstützt die
Beleuchtung den sachlich-nüchternen Charakter des Arrangements.

Bei Sachaufnahmen können, je nach Objektgröße, sowohl Kompaktblitzgeräte als
auch generatorbetriebene Studioblitzanlagen eingesetzt werden. Das lichtformende
Zubehör für Sachaufnahmen reicht von
Lichtwannen und Softboxen bis zu Lichttu-

ben und Projektionsspots. Außerdem werden jede Menge Aufheller, Neger, Rasierspiegel, Alufolien und natürlich ein spezieller Aufnahmetisch benötigt, wie der
Leuchttisch MA 220 aus dem Multiblitz-
Programm, der mit einer verstellbaren
Hohlkehle und einer Plexiglasplatte ausgestattet ist, die sowohl für Auflicht als auch
für Durchlicht geeignet ist.

Close up

Das Fotografieren von Schmuck, Uhren, Schlüsseln oder Münzen spielt sich im Nahbereich ab. Wenn eine einzelne Tomate, eine Olive auf einer Gabel, Kräuter, Fingerhüte, Sicherheitsnadeln, eine Paprikaschote oder eine Blüte formatfüllend aufgenommen werden sollen, muß der Fotograf ebenfalls im Nahbereich arbeiten. Nahaufnahmen kommen in der professionellen Studioarbeit also öfters vor, als so manchem Fotografen lieb ist. Nahaufnahmen können nämlich sogar gestandene Studiofotografen vor große aufnahmetechnische Probleme stellen. Die Ausdehnung der Schärfentiefe verringert sich mit kleiner werdendem Aufnahmeabstand und mit größer werdendem

Abbildungsmaßstab. Bei Fachkameras kann man einen Schärfeausgleich durch Kameraverstellungen nach Scheimpflug vornehmen. Dadurch wird aber lediglich die Lage der Schärfenebene, nicht aber ihre Ausdehnung verändert. Bei flachen Objekten, die sich in die Tiefe ausdehnen, genügt normalerweise nur der Schärfeausgleich für die erforderliche Schärfentiefe. Wenn aber die Objektausdehnung sowohl in die Tiefe als auch in die Höhe geht, dann genügt der Schärfeausgleich allein nicht. Es muß also ein günstiger Kompromiß zwischen Kameraverstellung und Blendenöffnung gefunden werden. Die durch den langen Balgenauszug im Nahbereich bedingten Verlängerungsfaktoren sowie die kleinen Blendenöffnungen erfordern eine große Beleuchtungsintensität. Die kleine Distanz

Die Kräuter und der Hintergrund werden von einer Lichtwanne als Oberlicht und einer als Unterlicht beleuchtet. Ein Stufenlinser aus nach links versetzter Gegenlichtposition arbeitet die Strukturen der Blätter heraus. Für die Aufhellung sorgt eine Styroporplatte auf der rechten Seite. Der »Regen« hat seinen Ursprung in einer großen Sprühflasche *Foto: Petra Stüning*

Die Münze befindet sich auf einer klaren Glasplatte. Ein teilweise »abgenegerter« Stufenlinser in Streiflichtposition strahlt die Münze und den blauen Karton darunter an, so daß die Münze auf einem strahlend blauen Untergrund steht, der keine Struktur aufweist. Die Objektmodulation wird aber vor allem durch den Projektionsspot hervorgerufen, der sowohl die Münze als auch die darüber schräg befestigte Silberfolie anstrahlt, die in die Münzenfläche eingespiegelt wird *Foto: Petra Stüning*

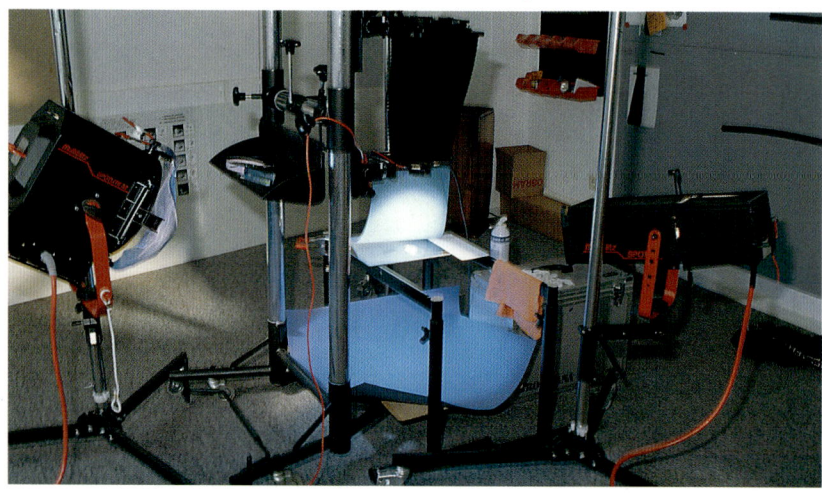

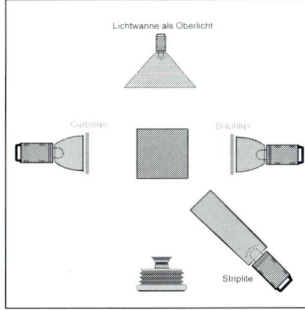

Der Untergrund wird von links
von einem Normalreflektor mit
Gelbfilter und von rechts von einem Normalreflektor mit Blaufilter angeblitzt. Aus Oberlicht-
position wird eine Lichtwanne in
die Oberfläche der Schlüssel eingespiegelt, während ein seitlich
plaziertes Striplite die Kanteneffekte hervorruft
Foto: Petra Stüning

Eine typische Close up-Aufnahme
der Fotografin Petra Stüning. Eine
große Softbox sorgt für die Grundbeleuchtung und wird in die hochglänzende Oberfläche der Sicherheitsnadeln eingespiegelt. Eine vorgelager-
te blaue Folie schirmt einen Teil des
Lichtes von der Softbox ab und ist an
den blauen Farbakzenten in den leicht
geneigten Sicherheitsnadeln zu erkennen. Vor den zwei Styroporplatten,
die die Szene aufhellen, befinden sich
einige Spiegel, die für Spitzlichter sorgen. Der helle Lichtstreifen um die
große Sicherheitsnadel wird von einem entsprechend maskierten Projektionsspot erzeugt, der aber auf dem
kleinen Aufbaufoto nicht zu sehen ist,
weil er sich hinter der Fotografin befindet
Foto: Petra Stüning

zwischen der Frontlinse des Objektivs oder
dem Kompendium und dem Objekt verhindert aber oft die angestrebte Lichtführung.
Für eine gute Ausleuchtung des Objektes
eignen sich Lichttuben mit und ohne Wabenfilter, Boxlites, Striplites (ein Teil kann
»abgenegert« werden), Projektionsspots
oder Projektionsvorsätze.

Für die gewünschte Objektmodulation
können sich auch Rasierspiegel, kleine Auf-

heller und Neger oder selbstgebastelte Röh-
ren aus alubeschichteter Pappe als hilfreich
erweisen. Für eine schattenlose Beleuchtung kleiner Objekte kann zum Beispiel
auch folgender Trick angewandt werden:
Das Objekt wird auf das Boxlite 30x40
gestellt und der Engstrahlreflektor RIENG
als »Reflexionszelt« darüber gestülpt. Fotografiert wird durch die Bajonettöffnung des
Reflektors.

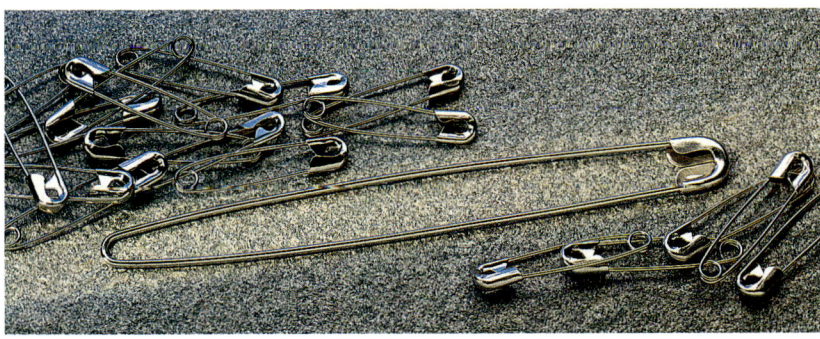

Industriefotografie

Industriefotografie ist normalerweise Fotografie »on location«, die den Fotografen oft mit Mischlicht und vorgefundenen Lichtverhältnissen konfrontiert. In kleinen Fabrikräumen oder abgegrenzten Bereichen lassen sich mit etwas Improvisation die beleuchtungsrelevanten Faktoren in den Griff bekommen: Kleinere Fenster können mit einem dunklen Stoff abgehängt werden, Trennwände oder Trennvorhänge können weitere Abhilfe schaffen, so daß praktisch das vorhandene Licht auf ein Maß reduziert werden kann, bei dem es problemlos mit einigen Studioblitzgeräten unterdrückt werden kann. Bei großen Fabrikhallen funktioniert das natürlich nicht. Hier muß der Fotograf auf die verschiedenen Farbtemperaturen des einfallenden Tageslichts und der Kunstlichtbeleuchtung reagieren. Einige zwischen den Maschinen versteckte Blitzleuchten können höchstens Beleuch-

In dem Drehautomat ist dasselbe Gewindeteil eingespannt, das auf dem Computermonitor zu sehen ist. Da sich die Computereinheit gegenüber der Maschine befand, wurde ein Spiegel in den Fensterrahmen der Drehbank montiert. Dadurch gelang es, Mensch, Computer und Maschine auf ein Bild zu bekommen. Die Beleuchtung „on location" wurde mit drei Studiolite Compact 1000 und einem Studiolite Compact 500 realisiert. Als frontal versetztes Oberlicht wurden eine Softbox Multiflex 75 (oberhalb der roten Tür) und ein Normalreflektor (oberhalb des offenen Drehautomaten) eingesetzt. Als Seitenlicht und als etwas vorgelagertes Streiflicht wurden je eine Lichtwanne Multilite 40 positioniert. Der Bildschirm wurde 20 Sekunden nachbelichtet
Foto: Rainer Hochscherf

tungsakzente setzen und die Schatten aufhellen, das vorhandene Licht aber nicht wirksam unterdrücken. Die Aufnahmen müssen folglich bei dem Lichteinfall zu einer bestimmten Tageszeit oder bei der vollkommen diffusen Beleuchtung des bedeckten Himmels gemacht werden. Falls die Halle gut beleuchtet ist, können die Aufnahmen auch bei Nacht, das heißt nur bei künstlicher Beleuchtung erfolgen. Ein Farbtemperaturmesser ist in jedem Fall unerläßlich für die Filterbestimmung.

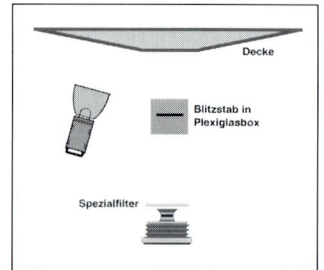

Industrieaufnahme einer Schneidemaschine für Papier. In der Plexiglasbox, die einen Papierstapel symbolisiert, befindet sich ein spezieller Blitzstab, wie ihn Multiblitz auf Bestellung anfertigt. Das Umgebungslicht wird von einer Leuchte mit Normalreflektor erzeugt, die gegen die Decke gerichtet ist. Die besondere Lichtstimmung ist auf ein Spezialfilter vor dem Objektiv zurückzuführen, das Tageslicht (5500 K) in einem Violetton wiedergibt. Die gegen die Decke gerichtete Leuchte ist ungefiltert, während der Spezialblitzstab in der Plexiglasbox mit einer Filterfolie umwickelt ist, die die Wirkung des Objektivfilters aufhebt. Dadurch wird die Umgebung in einem violetten Licht wiedergegeben, während die Plexiglasbox weiß (5500 K) leuchtet
Foto: Lorenz Fotodesign

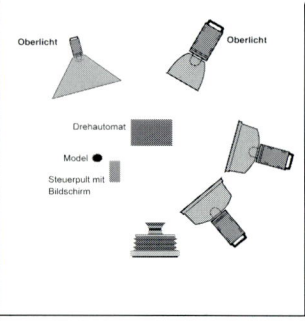

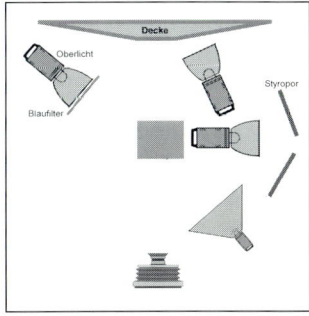

Die Möbelaufnahmen auf dieser Seite stammen aus einer großangelegten Serie mit Objekten des Designers Rolf Maria Rexhausen. Als Untergrund und Hintergrund wurde ein grau bemalter Nesselstoff mit blauen Farbakzenten als Hohlkehle aufgespannt. Eine Leuchte mit Normalreflektor und Blaufilter ist als Oberlicht auf den Boden gerichtet (linke Seite). Eine weitere Leuchte mit Normalreflektor liefert über die Decke indirektes Licht. In Bodennähe befindet sich auf der rechten Seite eine Leuchte, die gegen zwei angewinkelte Styroporplatten gerichtet ist. Eine große Lichtwanne als Seitenlicht sorgt für die Reflexe in den Kanten der Möbel. Lediglich die Aufnahme des Regals wurde abweichend beleuchtet. Die Lichtwanne wurde gegen einen Engstrahler mit mittlerem Wabenfilter ausgetauscht und die anderen Leuchten wurden etwas »zurückgenommen«
Fotos: Peter Maria Schäfer

Möbel

Möbel werden üblicherweise im Fotostudio fotografiert, so daß der Profifotograf keine Probleme mit der Lichtführung hat. Allerdings sollte man eine material- und oberflächengerechte Beleuchtung anstreben, es sei denn, die Vorgabe weicht ausdrücklich davon ab. Moderne Möbel können aus Holz, Metall, Kunststoff oder Glas bestehen. Poliertes Holz und glänzendes Metall oder Kunststoff wird am besten mit Flächenleuchten weich ausgeleuchtet, wobei auch Einspiegelungen der Lichtquelle oder der

Aufheller und Neger möglich sind. Die Holzmaserung kann am besten mit Streiflicht herausgearbeitet werden. Falls das Streiflicht bei polierten Möbeln unerwünschte Reflexe erzeugt, kann polarisiertes Licht (Polfilter vor den Lichtquellen) Abhilfe schaffen. Bei Sitzmöbeln können Softboxen für eine materialgerechte Beleuchtung von Textilien und Leder eingesetzt werden. In der Möbelfotografie sollte aber nicht nur die Struktur des Materials, sondern auch die Form betont werden. Die Form und Größe der Flächenleuchten sollte der Form und Größe des Objektes angepaßt sein. Die Möbelstücke sollten vor der Aufnahme mit Pflegemittel oder Öl behandelt werden. Bei Möbeln mit glänzenden Metallteilen kann für eine bessere Wiedergabe auch mattierendes Dulling-Spray verwendet werden, allerdings nur für das Metall, nicht aber für die polierte Holzfläche.

Stillife

Die Stillife-Fotografie ist eines der anspruchsvollsten Gebiete in der professionellen Studiofotografie. Stilleben fordern den »ganzen« Fotografen: Gefragt ist ein ausgeprägtes Form-, Farben- und Raumgefühl, gepaart mit profunden praktischen und theoretischen Kentnissen über Bildgestaltung und Lichtführung. Bei Stilleben im Studio ist auch die Fähigkeit zum ästhetischen Arrangement unerläßlich, wobei die Grenzen zum Kitsch fließend sind. Nach Möglichkeit sollte durch die Wahl und die Plazierung der Objekte eine Spannung erzeugt werden, ohne jedoch das harmonische und empfindliche Gleichgewicht zu stören. Formen, Strukturen und Farben sollten durch die Lichtführung entsprechend der Bildidee herausgearbeitet werden. Erst das Zusammenwirken all dieser Faktoren ergibt ein ausgewogenes und ausdrucksstarkes Stilleben.

Stillebenaufnahmen im engeren Sinn entstehen meistens als freie Arbeiten. Denn aus der Stillebenfotografie haben sich, vor allem durch die Werbefotografie bedingt, eigenständige Aufnahmegebiete herauskristallisiert, wie Tabletop-, Food- oder Sachfotografie. Für die Wahl der geeigneten foto- und beleuchtungstechnischen Ausrüstung ist diese Einteilung jedoch ohne Bedeutung, weil in den einzelnen Disziplinen weitgehend gleiche Arbeitsbedingungen

herrschen. Die Objekte haben für gewöhnlich recht kleine Dimensionen, so daß Stillebenfotografie sich eigentlich im »erweiterten« Nahbereich (Close up) abspielt. Zur Grundausstattung gehört ein (zusammenlegbarer) Aufnahmetisch wie der Multiblitz Leuchttisch MA 220, eine Befestigungsvorrichtung für die Hintergrundkartons, Kompakt- oder Studioblitzanlagen mit Lichtwannen, Softboxen, Studioschirmen, Projektionsspots oder Universal-Spotvorsatz, Stufenlinser und natürlich jede Menge Aufheller, Neger, Spiegel, Reflexflächen, Diffusor- und Effektfolien, Knet- und Haftmasse oder Klemmzangen.

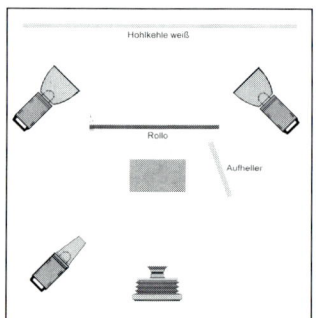

Die Papierobjekte befinden sich auf einer Glasplatte vor einer weißen Jalousie, die von hinten indirekt beleuchtet wird (mit zwei gegen die Wand gerichteten Leuchten mit Normalreflektoren). Die Lichteffekte werden von einem Projektionsspot Spot 32 mit entsprechender Maske erzeugt, wobei ein Gelbfilter teilweise eingeschwenkt ist
Foto: Studio R. Bosshammer

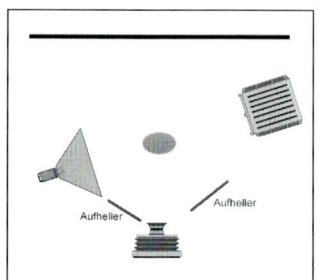

Die Boxhandschuhe hängen an einem Stativ vor schwarzem Hintergrund. Ein Stufenlinser Spotlite 32 setzt von hinten rechts aus schräger Position die Lichtakzente und erfaßt auch den Schmetterling. Auf der linken Seite in etwas vorgelagerter Streiflichtposition ist eine Softbox 100x100 cm plaziert. Weiße Pappkartons hellen aus der Kameraposition die Innenfläche der Boxhandschuhe auf
Foto: Peter Haubold

Der blaue Durchlichthintergrund
wird von hinten mit einem Normalreflektor und einem Projektionsspot Spot 32 mit entsprechendem
Farbfilter angeleuchtet. Ein Lichttubus mit Wabenfilter als Oberlicht und ein Styroporaufheller von
unten modulieren die Calla
Foto: Peter Salek

Die Modulation des Telefonhöhrers
wird durch die Einspiegelung einer
weißen Plexiglasplatte erreicht, die
Lichtkanten und die großflächigen
Reflexe hervorruft. Die Platte wird
von zwei Leuchten mit Normalreflektoren angestrahlt. Zwei weitere
Reflektoren wurden teilweise „abgenegert" und mit Filterfolie versehen.
Für die bunten Lichtstreifen über
dem Hörer waren mehrere Belichtungen erforderlich. Ein kleines
Loch in einer großen schwarzen
Pappwand wurde von hinten mit einem Normalreflektor nur mit dem
Einstellicht beleuchtet. Die perfekt
waagerecht ausgerichtete Fachkamera wurde bei offenem Verschluß im
abgedunkelten Studio waagerecht
geschwenkt. Durch Beschleunigen
der Schwenkgeschwindigkeit war
es sogar möglich, Farblinien auslau-
fen zu lassen. Für jeden einzelnen
Bildstreifen wurde das jeweilige
Farbfilter eingesetzt und die Bildstandarte in der Höhe so verstellt,
daß die entsprechenden Abstände
zwischen den leuchtenden
Farbstreifen entstanden sind
Foto: Lorenz Fotodesign

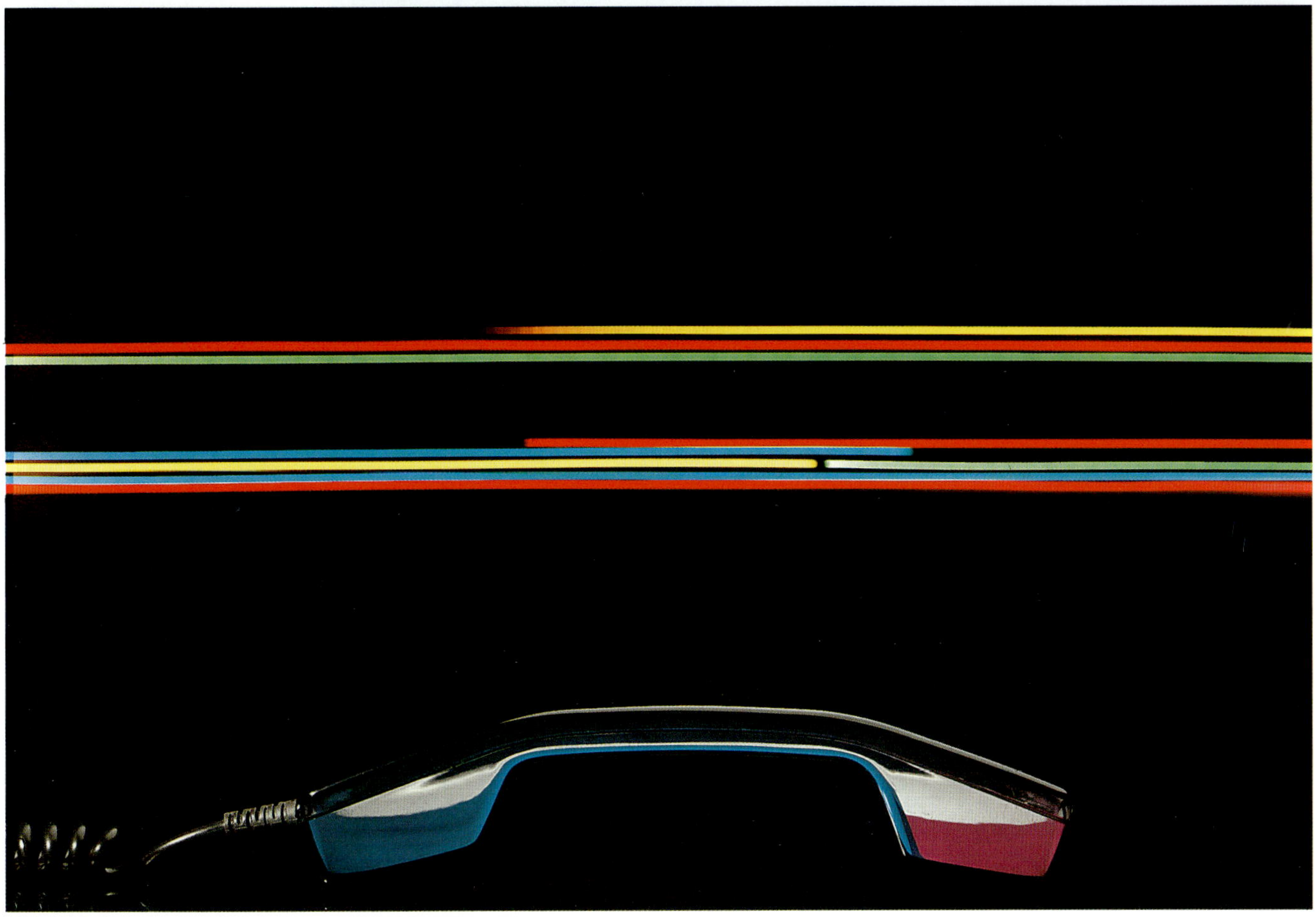

Food

Professionelle Food-Fotografie beginnt in der Küche, die im Studio integriert sein sollte. Ohne integrierte Küche muß sich der Fotograf auf das Fotografieren von Brot, Käse, Wein, Obst und rohes Gemüse beschränken. Doch auch damit kann man ausdrucksstarke Food-Aufnahmen machen, wie in unseren Bildbeispielen von Petra Stüning, Klaus Lorenz und Rainer Hochscherf zu sehen.

Die Nahrungsmittel sollten in Food-Aufnahmen frisch und appetitlich aussehen. Dafür sind aber oft kosmetische Korrekturen oder sogar Eingriffe erforderlich. Die Farbbrillanz und Farbsättigung mancher Frucht- und Gemüsearten kann sogar durch Auftragen farbiger Tusche verstärkt werden. Mit (von der Kamera aus nicht sichtbaren) Stecknadeln und Büroklammern kann man fehlende Blätter ergänzen. Bei

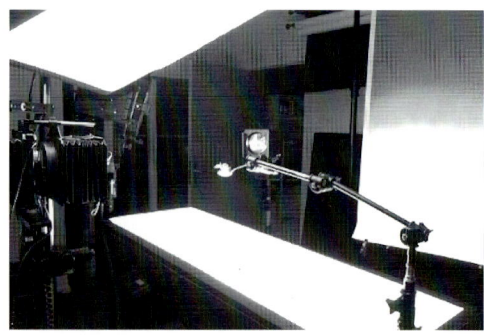

Obst und Gemüse kann Öl oder Glyzerin für besseren Glanz sorgen. Eine Mischung aus Wasser und Glyzerin kann aufgesprüht werden, so daß kleine Tropfen zusätzlich die Frische betonen. Obst und Gemüse müssen frisch sein und eine gute Form haben (es sei denn, es ist eine andere Bildwirkung erwünscht). Die von den Halogen-Einstellampen erzeugte Wärme kann aber Obst und Gemüse schnell verwelken lassen. Daher ist es sinnvoll, die späteren Aufnahmeobjekte bis unmittelbar vor der Aufnahme im Kühlschrank aufzubewahren und den Motiv- und Lichtaufbau mit anderem Obst und Gemüse (derselben Sorte, versteht sich) vorzubereiten. Nachdem sämtliche Aufbauarbeiten abgeschlossen sind, werden nun die eigentlichen »Hauptdarsteller« aus dem Kühlschrank geholt und entsprechend dem »Kontrollpola« anstelle der nicht mehr ganz frischen aufgebaut. Auch bei warm zubereiteten Speisen muß man zunächst mit Dummys arbeiten, oder mit zwei identi-

schen Speisen, die in einem bestimmten Zeitabstand nacheinander fertig sind. Der Aufbau und die Lichtführung werden anhand der Dummys oder der »Probegerichte« vorbereitet und müssen auf jeden Fall abgeschlossen sein, wenn das eigentliche Gericht fertig ist. Gekochte oder gegrillte Nahrung ist etwas schwieriger fotografisch darzustellen, weil die Oberflächenstruktur und Farben durch die warme Zubereitung etwas stumpfer werden. Bedingt ist jedoch Abhilfe möglich, indem man beispielswei-

Eine große Softbox als Unterlicht sorgt für die großflächige Einspiegelung im Löffel und für das untere Kantenlicht im Löffelgriff. Eine große Softbox als Oberlicht spiegelt sich im Löffelgriff und verhindert die Entstehung zu harter Kontraste. Das harte, gerichtete Licht kommt von zwei Projektionsspots (Spot 32, einer davon ist auf dem Aufbaufoto verdeckt), die in schräger Gegenlichtposition von links und rechts die Farbbrillanz und die Strukturen der Kräuter und der Früchte betonen. Ein Stufenlinser Spotlite 32 wird als Hintergrundlicht eingesetzt
Fotos: Petra Stüning

Eine Food-Aufnahme des Fotografen Rainer Hochscherf, bei der die Beleuchtungsakzente die Stimmung der Szene hervorheben. Ein hartes Streiflicht von rechts aus einem Engstrahler und ein zurückversetzter Projektionsspot von rechts oben sind für die Lichtstimmung verantwortlich, während die Multilite 40 Lichtwanne als Seitenlicht von links die Schatten aufhellt und die Kontraste mildert
Foto: Rainer Hochscherf

Ein Striplite aus Gegenlichtposition arbeitet die Kanten des Wiegemessers heraus, während ein Stufenlinser von rechts aus schräger Gegenlichtposition der Aufnahme die richtige Brillanz verleiht. Unterstützt wird die Farbsättigung und Farbbrillanz durch die ,,Behandlung" der Zwiebeln mit Öl
Foto: Lorenz Fotodesign

Die Spargelspitzen werden in ein Wasserbecken getaucht, an das links und rechts Styroporplatten als Aufheller angelehnt sind. Ein Stufenrainer in leicht vorgelagerter Streiflichtposition auf der linken Seite (von schräg oben) hat die Funktion eines Hauptlichtes. Die starke Aufhellung durch eine Leuchte mit Normalreflektor, die gegen eine weiße Plexiglasplatte gerichtet ist, erfolgt fast frontal
Foto: Lorenz Fotodesign

se ein Steak mit Öl bestreicht. Ein Food-Fotograf muß aber nicht kochen können, es gibt mittlerweile »Food-Stylisten« und sogar »Food-Designer«, die sowohl die Zubereitung als auch das Arrangement der Speisen übernehmen. Als Lichtquellen für Food-Aufnahmen eignen sich Flächenleuchten, zumal oft auch hochglänzendes Besteck, Porzellan oder Glas mitfotografiert wird. Effektlichter können durch gezielte Lichtakzente den nötigen »Schwung« in die Foodaufnahmen bringen.

Porträt

In diesem Abschnitt wollen wir nicht auf jene üblichen Brustbilder eingehen, die in jedem Paßbildstudio gemacht werden. Diese Art von Bildnissen genießt nicht gerade einen guten Ruf, weil oft der »Wiedererkennungseffekt« recht gering ist – man spricht in diesem Zusammenhang dann auch von »Fahndungsfotos«. Anspruchsvolle Porträtfotografie ist bewußte, gestaltete und gestaltende Fotofagie. Sie gibt den Charakter und die Persönlichkeit der porträtierten Person aus der Sicht des Fotografen wieder. Dabei müssen die im Bildnis dargestellten Eigenschaften einer Person mit den tatsächlichen nur dann übereinstimmen, wenn ein charakterisierendes Porträt angestrebt wird. Beim interpretierenden Porträt sind Gesichtsausdruck und Bildaussage rein subjektiv, vielleicht sogar manipuliert, wobei das nicht negativ gemeint ist. Ein besonderes Merkmal anspruchsvoller Porträtfotografie ist die gekonnte und gezielte Lichtführung, die mit den Multiblitz-Geräten und dem lichtformenden Zubehör kein Problem darstellt. Daß man dabei keine Lichtorgien veranstalten muß, zeigen die nebenstehenden Porträtaufnahmen, die mit wenigen aber bewußt und wirkungsvoll eingesetzten Leuchten entstanden sind.

Eine Softbox und ein teilweise „abgenegerter" Normalreflektor in Streiflichtposition von rechts sorgen für die Objektmodulation des Porträts. Um diesen Lichtcharakter zu erhalten, wurde auf eine Aufhellung verzichtet. Die Softbox wird in den Brillengläsern gespiegelt. Der Hintergrund wird von hinten mit einer Leuchte mit Normalreflektor und Flügeltorblende angestrahlt
Foto: Agfa-Archiv

Textile Flächenleuchten bewirken eine neutrale und nuancierte Wiedergabe der Hauttöne. Zwei Softboxen in Seitenlichtposition beleuchten von rechts und links das Modell. Die Objektmodulation wird dadurch erreicht, daß die linke Softbox in der Leistung deutlich reduziert wird
Foto: Agfa-Archiv

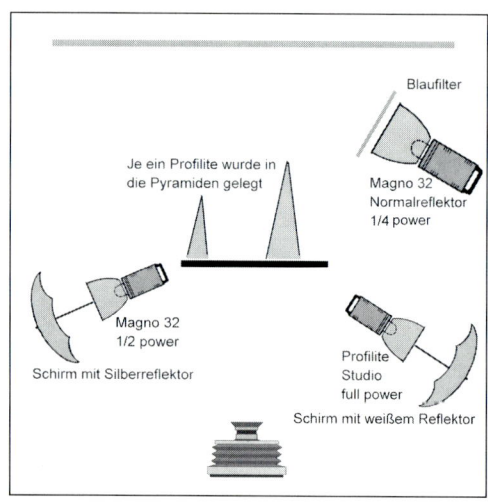

Die jungen Männer werden durch zwei Reflexschirme in Seitenlichtposition beleuchtet: ein weißer Reflexschirm von rechts und ein silberner von links. In den Akrylglaspyramiden befinden sich je ein Profilite Compact 300. Der Hintergrund wird von einer Leuchte mit Normalreflektor und Blaufilter angestrahlt, die hinter den Männern auf dem Boden plaziert ist. Die Spiegelung entsteht in einer schwarzen Akrylplatte
Foto: Jürgen Pittack/Artco

Eine eher untypische Porträtauf-
nahme des Fotografen Peter Salek. Das Gesicht wird aus linker
Seitenlichtposition mit einem Stufenlinser angestrahlt. Den Hintergrund bildet eine weiße
Plexiglasplatte, die von hinten
stark beleuchtet wird. Der Effekt
wird durch eine besondere Mas-
kierungstechnik des Fotografen
im eigenen Labor verstärkt
Foto: Peter Salek

Auch diese Aufnahme des Fotografen Peter Salek verdankt ihren besonderen Farbcharakter emsiger
Laborarbeit. Der Beleuchtungsauf-
bau ist einfach: ein Stufenlinser
von links oben und die gesonderte
Beleuchtung des Hintergrundes
mit zwei Normalreflektoren, die
sich hinter dem Modell befinden
Foto: Peter Salek

Akt als Experiment: Im Studio wurde eine aufwendige Kulisse aus Holz und Styropor aufgebaut, das Modell steht auf einem ,,Dach" mit richtigen Dachziegeln. Eine Nebelmaschine und Blaufilterfolien vor den Blitzleuchten vermitteln dem Bild erst die richtige Stimmung
Foto: Peter Maria Schäfer

Akt

Aktfotografie ist mehr als die Abbildung nackter Körper. Als klassisches Aufnahmegebiet übt es seit den Anfängen der Fotografie einen besonderen Reiz auf die Fotografen aus. Dementsprechend strapaziert und auch in der professionellen Fotografie oft klischeehaft oder ungekonnt fotografisch umgesetzt, erfordert die Aktfotografie nicht nur eine gute Bildidee, sondern auch viel Einfühlungsvermögen in die abgebildete Person.

Gute Aktfotografie ist ästhetisch und erotisch zugleich, niemals aber anrüchig. Vor allem in der Werbung wird aber der erotische Charakter einer Aufnahme in den Vordergrund gestellt. Das hat zur sogenannten Erotikfotografie geführt (hat mit Pornografie nichts zu tun!) und die echte Aktfotografie, sowohl in ihrer klassischen als auch in ihrer experimentellen Form, in das Gebiet der freien Arbeit gedrängt.

Von klassisch bis experimentell bietet die anspruchsvolle Aktfotografie dem Pro-

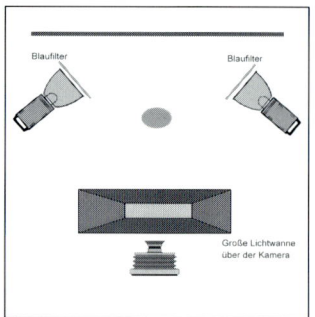

Die Aktaufnahme von Peter Salek ist eine Symbiose aus konventioneller Aktpose und unkonventioneller fototechnischer Umsetzung der Bildidee. Eine auf Maximalleistung (6400 Ws) eingestellte Lichtwanne als Vorderlicht leuchtet das Modell aus. Für die Beleuchtung des Hintergrundes waren zwei Leuchten mit Normalreflektoren und Blaufilter erforderlich. Die Farbverschiebungen sind durch Spezialentwicklung und Maskiertechnik im eigenen Labor des Fotografen entstanden
Foto: Peter Salek

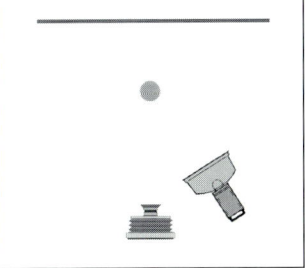

Diese Aktaufnahme von Peter Salek bezieht ihre Wirkung aus dem
Ausdruck und der Pose des Modells sowie aus der eigenartigen
Stimmung, die ihren Ursprung
ebenfalls im Labor hat. Die einzige Lichtquelle ist eine Softbox
75x165 cm, die unmittelbar neben
der Kamera aufgestellt wurde
Foto: Peter Salek

Halbaktaufnahme von Peter Maria
Schäfer, bei der das Hauptlicht aus
rechter Streiflichtposition von einer Leuche mit Normalreflektor
kommt, deren Licht durch eine Dif-
fusionswand mit relativ schwacher
Wirkung etwas gestreut wird. Der
Hintergrund wird mit zwei Normalreflektoren angestrahlt. Zwei
frontal neben der Kamera aufgestellte große Styroporplatten wirken als Aufheller
Foto: Peter Maria Schäfer

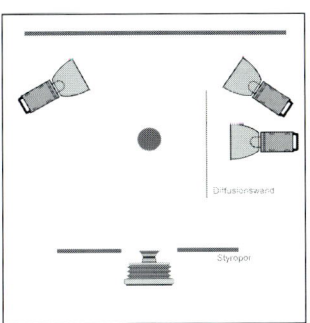

fifotografen unzählige Möglichkeiten, seine Bildideen zu verwirklichen. Folglich
sollte der Fotograf schon vor der Fotosession wissen, was er für Aufnahmen machen
möchte und entsprechende Vorbereitungen
treffen. Das gilt sowohl für das Ambiente
als auch für die Lichtführung, wobei man
immer in der Lage sein sollte, auch auf
bestimmte Entwicklungen während der
Aufnahmesession, sozusagen aus der Situation heraus, spontan zu reagieren. Die ge-
planten Aufnahmen sollte der Fotograf
dann auch dem Modell vor der Fotosession
erklären und es nach Möglichkeit vermeiden, die Posen durch »Handanlegen« zu
veranschaulichen. Während der Session
können Testschüsse auf Sofortbildmaterial
die Kommunikation zwischen Fotograf und
Modell erheblich verbessern und das Modell sogar besser motivieren. Großen Wert
sollte man auch auf eine gute Hautwiedergabe legen, die beim diffusen Licht einer
Softbox vorteilhafter ausfällt als bei harter,
direkter Beleuchtung.

Beauty

Beauty-Aufnahmen werden vor allem in der Werbung und in Zeitschriften verwendet und sind in gewisser Weise mit den Akt-, Porträt- oder Modeaufnahmen verwandt und mit einem Schuß Erotik versehen. Sehr zum Leidwesen emanzipierter Kreise wird die Beauty-Fotografie beispielsweise für die Werbung von Sonnenbrillen, Schmuck, Bademoden, Cocktails oder Auto- und Motoradzubehör eingesetzt. Oft geht es aber auch nur um die Darstellung femininer Schönheit. Von entscheindender Bedeutung für das Gelingen einer Beauty-Aufnahme ist die Pose. Sie sollte, je nach gewünschter Bildaussage, frech, witzig oder erotisch, aber auf keinen Fall einschläfernd sein. Die Lichtführung sollte entsprechend der gewünschten Bildwirkung erfolgen, so daß auch in diesem Fall kein Patentrezept möglich sind.

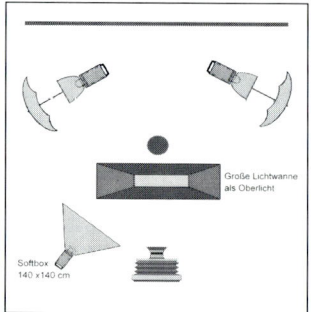

Bei den vier Beauty-Aufnahmen von Peter Haubold wird eine große Modulite Lichtwanne als Oberlicht (Kopflicht) eingesetzt. Eine Softbox 140x140 cm ist in linker Seitenlichtposition (fast frontal) aufgestellt. Zwei Reflexschirme leuchten den Hintergrund (Verlaufkarton) aus
Fotos: Peter Haubold

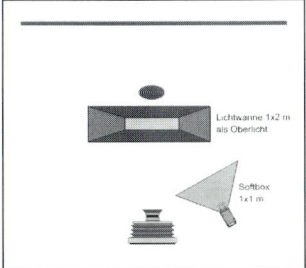

Eine Modulite Lichtwanne 1x2
Meter ist als leicht nach hinten ver-
setztes Oberlicht über dem liegen-
den Model schräg positioniert.
Neben der Kamera befindet sich
eine Softbox 1x1 Meter, die als
Aufhellicht fungiert
Foto: Peter Haubold

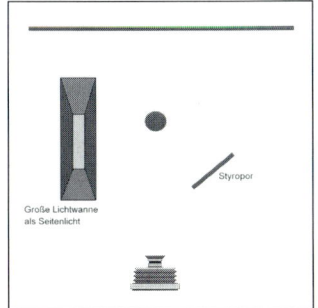

Eine große Lichtwanne leuchtet
von links oben die Modells aus
Streiflichtposition an. Für die
Schattenaufhellung sorgt eine
große Styroporplatte, die neben
der Kamera aufgestellt ist
Foto: Manfred Ehrich

Mode

Der Begriff Modefotografie hat eine große Spannweite, die von Standardaufnahmen braver Katalogmode bis zu gewagten Modeinszenierungen zeitgeistgeplagter Designer reicht. Modeaufnahmen im Studio stellen den Fotografen vor keine so großen Schwierigkeiten. Viele Modeproduktionen finden aber »on location« statt. »On location«, das kann heißen: in der Eingangshalle eines Grandhotels, vor antiker Kulisse, in einer verlassenen Fabrikhalle und so weiter, so daß der Fotograf mit Mischlichtsituationen konfrontiert ist. Oft verlangt der Auftraggeber auch, daß die Modelle in Bewegung dargestellt werden. Eine weitere Schwierigkeit kann also darin bestehen, die Bewegung »einzufrieren«, was auch bei Mischlicht eine kurze Blitzdauer voraussetzt. Wenn nichts anderes ausdrücklich verlangt wird, sollte das Modell gewissermaßen versachlicht werden, um nicht von der Kleidung abzulenken. Böse Zungen

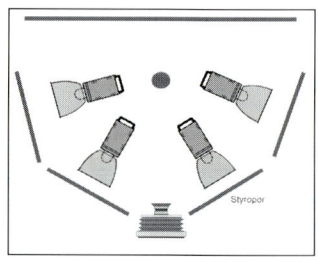

Die diffuse, gleichmäßige und schattenlose Beleuchtung wird von vier im Halbkreis angeordneten Leuchten mit Normalreflektor erzeugt, die gegen vier große Styroporplatten gerichtet sind
Foto: Fotodesign Lorenz

Eine große Softbox auf der rechten Seite, die in ausgeprägter Seitenlichtposition aufgestellt ist, sorgt für eine materialgerechte Beleuchtung der Textilien und für eine gute Hautwiedergabe. Eine frontal neben der Kamera positionierte Leuchte mit Reflexschirm bringt eine dosierte Schattenaufhellung
Foto: Fuji Film

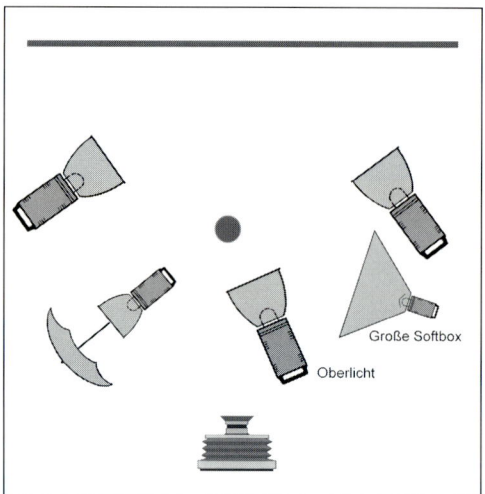

sprechen in diesem Zusammenhang sogar von der »Degradierung« des Modells zum »beweglichen Kleiderständer«.

In der Modefotografie wünschen viele Kunden eine brillante und dennoch natürliche Farbwiedergabe. Bei der Aufnahme von Textilien wird außerdem auch großer Wert auf die Wiedergabe der Struktur gelegt. Beides zu verbinden, nämlich gute Strukturdarstellung und natürliche Farbwiedergabe, ist nicht immer einfach.

Die Struktur kann durch hartes Streiflicht oder extrem flaches Seitenlicht gut moduliert werden, doch die Farbwiedergabe ist dabei nicht optimal. Folglich muß der Aufbau auch aus einer anderen Richtung zusätz-

Bei der Aufnahme des Mannes im Trenchcoat wurde nur das Einstellicht der Multiblitz-Leuchten eingesetzt. Der Tunnel wird aus zwei Hintergrundrollen gebildet. Eine davon kringelt sich in der Mitte zusammen und trifft auf das zusammengerollte Ende der eigentlichen Hintergrundrolle. Die Lichtquellen sind unmittelbar neben der Kamera positioniert und leuchten durch den Tunnel. Links befindet sich eine Leuchte mit Normalreflektor und rechts leuchtet von schräg oben ein Stufenlinser. Entsprechende Farbfilter vor den Lichtquellen sorgten für die Farbeffekte und die Stimmung der Aufnahme. Bei der Filterung galt es verschiedene Faktoren zu berücksichtigen, wie beispielsweise die Farbtemperatur des Halogeneinstellichtes, die Farbsensibilisierung des Films sowie die Farbverschiebungen durch Addition der Filterfarben
Foto: Peter Haubold

lich beleuchtet werden, um die Farbwiedergabe zu optimieren.

Noch problematischer wird es, wenn es bei Modeaufnahmen auch auf eine gute Wiedergabe der Hauttöne ankommt. In solchen Aufnahmesituationen kann man mit den tex-

tilen Flächenleuchten von Multiblitz sehr gute Ergebnisse erzielen. Die Softboxen liefern ein weiches Licht bei guter Farbsättigung und sind, durch verschiedene Größen und Formen (quadratisch, rechteckig oder stripliteförmig), vielseitig einsetzbar.

Großstudio-Fotografie

In einem Großstudio »landet« gelegentlich auch mal ein Boot, eine Wohnwand oder eine ganze Büroeinrichtung zum Fotografieren. Hauptsächlich werden in Großraumstudios jedoch Autos fotografiert. Wenn wir nun die Autos beschreiben als großdimensionierte Objekte, die aus großflächigen, hochglänzenden und mit verchromten Teilen verzierten Farbflächen bestehen, werden viele schmunzeln und an der Seriosität des Autors zweifeln. Beleuchtungstechnisch stellen sich Autos aber tatsächlich so dar, und das hat weitreichende Konsequenzen für die Autofotografie. In den hochglänzenden Farbflächen spiegeln sich sämtliche Leuchten und meistens auch die gesamte Studioeinrichtung. Folglich müssen Flächenleuchten und Aufheller oder Neger eingespiegelt werden. Wir haben in diesem Buch des öfteren festgestellt, daß die Größe der Lichtquelle der Objektgröße angepaßt werden sollte. Es gibt eine einfache Faustregel mit der die erforderliche Größe der Flächenleuchte bestimmt werden kann: Objektlänge x2 = Diagonale der Flächenleuchte. Das stellt hohe Anforderungen an das Studio und die Beleuchtung. Eine Aufnahmefläche von mehreren Hundert Quadratmetern wird genauso vorausgesetzt, wie eine oder mehrere Großlichtwannen, wie beispielsweise das Modulite 2x8 Meter von Multiblitz mit

einer Leuchtfläche von 16 Quadratmetern, für das 25 600 Ws (bei Maximalleistung) benötigt werden. Außerdem sollte mindestens ein großer beweglicher ,,Himmel'' vorhanden sein, den man sowohl als Diffusions- als auch als Reflexionsfläche benutzen kann. Damit können ausgedehnte Hochglanzflächen gleichmäßig beleuchtet werden. Der Himmel oder die Flächenleuchten können auch eingespiegelt werden. Große, bewegliche Reflexwände, die weiß und schwarz gestrichen oder bespannt sind, sowie ein leistungsfähiges Deckenschienensystem gehören ebenfalls zur Standardausrüstung eines Großraumstudios.

Auf dem Foto ist ein Teil des Großstudios von Hans Rachel Bosshammer zu sehen, das mit Geräten und Zubehör aus dem Multiblitz-Programm ausgerüstet ist: Genaratoren, Leuchten, Studiostative, Deckenschienensysteme, Großlichtwannen, Softboxen, Projektionsspots, Stufenlinser und vieles mehr
Foto: Studio Bosshammer

Die Aufnahme des legendären Mercedes 300 SL Flügeltürers entstand in einem großen Leonberger Mietstudio auf 8×10 inch Diafilm. Ein 6×12 Meter großer ,,Himmel'' wurde von unten mit 12 Leuchten angeblitzt und in die Motorhaube, Scheiben und Türen eingespiegelt. Der weiß angestrichene Boden sorgte für die richtigen Einspiegelungen in den Felgen. Eine große Styroporwand auf der linken Seite diente als Aufheller und zur Einspiegelung in die Stoßstange, Zierleisten und den Stern. Die Felgen und der Stern wurden mit Dulling-Spray etwas mattiert, und eine Stelle im verchromten Außenspiegel, in der sich Kamera und Fotograf spiegelten, wurde mit einem kleinen Stück aus einem schwarzen Samtstoff überklebt
Foto: Artur Landt

Die Reproaufnahme der Ikone stellte den Fotografen Manfred Ehrich vor große aufnahmetechnische Schwierigkeiten: Die leicht erhabene, teilweise verbogene Oberfläche der Ikone weist einen sehr hohen Kontrastumfang zwischen dem dunklen Gewand des Heiligen Nikolaus und dem glänzenden Blattgold auf. Zwei selbstgebaute Lichtwannen, deren Reflexionsflächen im Halbkreis verlaufen, erwiesen sich als optimale Lichtquellen für diese Art von Reproduktion. In den Lichtwannen wurde je eine Multiblitz-Leuchte angebracht. Bei symmetrischer Anordnung der Lichtwannen gelang dann die gleichmäßige Ausleuchtung der Ikone mit sehr weichem Licht, das den Motivkontrast mildert ohne die Wiedergabe der Strukturen zu beeinträchtigen
Foto: Manfred Ehrich

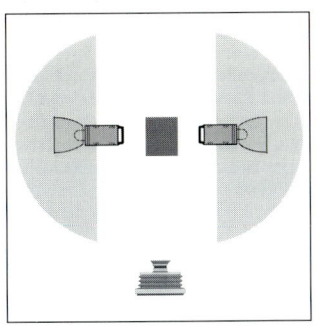

Reproduktionen

In der professionellen Studiofotografie versteht man unter Reproduktionen die fotografische, rein dokumentarische Darstellung einer zweidimensionalen oder zumindest sehr flachen Vorlage. Die originalgetreue Wiedergabe der Ikone mit dem Heiligen Nikolaus auf dieser Seite ist ein überzeugendes Beispiel dafür. Für eine möglichst exakte Wiedergabe der Vorlage muß die Filmebene vollkommen parallel zur Objektebene ausgerichtet sein. Die Vorlage muß gleichmäßig beleuchtet werden, doch das allein genügt nicht. Professionelle Reproduktionen in Farbe werden mit Blitzlicht realisiert, weil nur dadurch gleichbleibende und wiederholbare Bildergebnisse bei korrekter Farbwiedergabe garantiert sind. Aber auch bei Schwarzweiß-Reproduktionen kann die hohe Leuchtstärke des Elektronenblitzes kleinere Blendenöffnungen und somit eine größere Schärfentiefe im Nahbereich ermöglichen. Die geringe Hitzeentwicklung des Blitzlichtes ist ein weiterer Vorteil. Speziell für Reproduktio-

Der Setzkasten wurde liegend, das heißt im Querformat aufgenommen. Ein Engstragler als flaches Streiflicht von rechts (im Hochformat oben) liefert das Hauptlicht. Eine Softbox auf der entgegengesetzten Seite fungiert als Aufheller   *Foto: Manfred Ehrich*

nen hat Multiblitz das Gerät Reprolite 400 konzipiert, das für Reproaufnahmen aller Art hervorragend geeignet und eine korrekte und gleichmäßige Ausleuchtung der Vorlagen vom Briefmarken- bis zum Posterformat liefert. Das Reprolicht besteht aus einem Generator mit vier Lampenanschlüssen, die eine Maximalleistung von jeweils 100 Ws liefern können. Das Einstellicht wird von einer 50 W Halogenlampe je Leuchte geliefert und kann proportional oder separat zum Blitzlicht geschaltet werden.

Professionelle Reproduktionen kann man aber auch mit den Multiblitz Kompaktgeräten oder den generatorbetriebenen Leuchten anfertigen. Bei glatten Vorlagen können die Leuchten in einem Winkel von etwa 45° positioniert werden. Falls die Vorlage aber geringfügig erhaben ist oder eine Struktur aufweist, die herausgearbeitet werden muß, können die Leuchten nahezu in Streiflichtposition aufgestellt werden. Durch ungleichmäßige Leistungseinstellung kann sogar eine bestimmte Objektmodulation der leicht erhabenen Vorlagen erreicht werden.

Die Innenaufnahme des Friesenhauses erfolgte bei Mischlicht. Das Blitzlicht wurde auf das durch das Fenster einfallende Tageslicht sorgfältig abgestimmt. Die kleinere Querformataufnahme zeigt den Lichtaufbau mit Softbox, gegen die Decke gerichteten Normalreflektor sowie einigen Aufhellern aus Styropor und Silberfolie. Durch die Schaltung auf Langsamladung können die Multiblitz-Generatoren auch an leistungsschwächere Netze »on location« angeschlossen werden
Foto: Manfred Ehrich

letzten vier Jahrzehnten recht strapaziert worden, so daß sie nur sparsam und gezielt eingesetzt werden sollte. Wer sich das aber bewußt macht, wird mit duftigen Bildern belohnt, die eine leichte, freudige Stimmung vermitteln. Die Aufnahmen sind hell in hell, ohne Mitteltöne. Zarte Pastellfarben, weiße Flächen oder hellgraue Töne sind bilddominant. Die Bilder wirken ruhig und ausgeglichen. Sollte aber eine gewisse Spannung im Bild gewünscht sein, dann hilft eine kleine dunkle Fläche, die, bildwirksam eingesetzt, einen hohen Kontrast zu den hellen Tönen hervorruft. Die Kontrastfläche sollte aber mit viel Fingerspitzengefühl plaziert werden und darf das Gleichgewicht des Bildes nicht stören. Falls das Modell dunkelhaarig ist, bilden die Haa-

Die Porträts verdanken ihre eigenartige Stimmung einer speziellen Beleuchtungstechnik. Vor schwarzem Hintergrund wurde auf der linken Seite, nahezu in Streiflichtposition, eine Lichtwanne aufgestellt. Die Leuchtfläche wurde mit einer violetten Farbfolie bedeckt. Das verursacht den bläulich-violetten Farbton in der rechten Gesichtshälfte (von Joker und Frau), während die linke Gesichtshälfte der Frau und das Haar von einer Softbox aufgehellt werden. Die Multiflex 75 Softbox wurde so »abgenegert«, daß das Gesicht von Batman im Hintergrund im Halbschatten liegt
Foto: Peter Maria Schäfer

re eine solche Kontrastfläche. Kontraste können aber auch durch kräftiges, dunkles Schminken der Lippen sowie der Augenbrauen und Lider entstehen. Projektionsspots mit farbigen Filtern eignen sich gut für punktuelle Farbkontraste.

Das Gegenteil der High-key-Aufnahmen sind die Low-key-Aufnahmen, die aus überwiegend dunklen Tönen bestehen. Große dunkle Flächen mit geringer oder gar keiner Detailzeichnung sind bilddominant. Das Objekt sollte möglichst dunkel und der Hintergrund am besten schwarz sein. Modelle mit dunkler Haut und dunklen Haaren sind in der Akt- und Porträtfotografie gut geeignet. In der Stillife-Fotografie arbeitet man am besten mit dunkelgrauen oder dunkelfarbigen Objekten. Im Gegensatz zur High-

key-Technik werden bei der Low-key-Beleuchtung wenige Lichtquellen sparsam eingesetzt. Das Objekt wird mit hartem Streiflicht angestrahlt, das von einem Spot oder einem Tubus mit Wabenfilter kommt. Der schwarze Hintergrund darf nicht zu nahe am Objekt plaziert werden, damit er kein Licht bekommt. Gegebenenfalls muß die kleinflächige Lichtquelle zusätzlich »abgenegert« werden. Als Meßmethoden kommen die Lichtmessung oder die Spotmessung in Frage. Die Belichtung sollte aber grundsätzlich auf die Lichter erfolgen, weil eine gewisse Unterbelichtung die Low-key-Wirkung verstärkt. Bei Low-key-Aufnahmen können kleine helle Flächen oder Spitzlichter das Dunkle betonen und gleichzeitig die Spannung im Bild erhöhen.

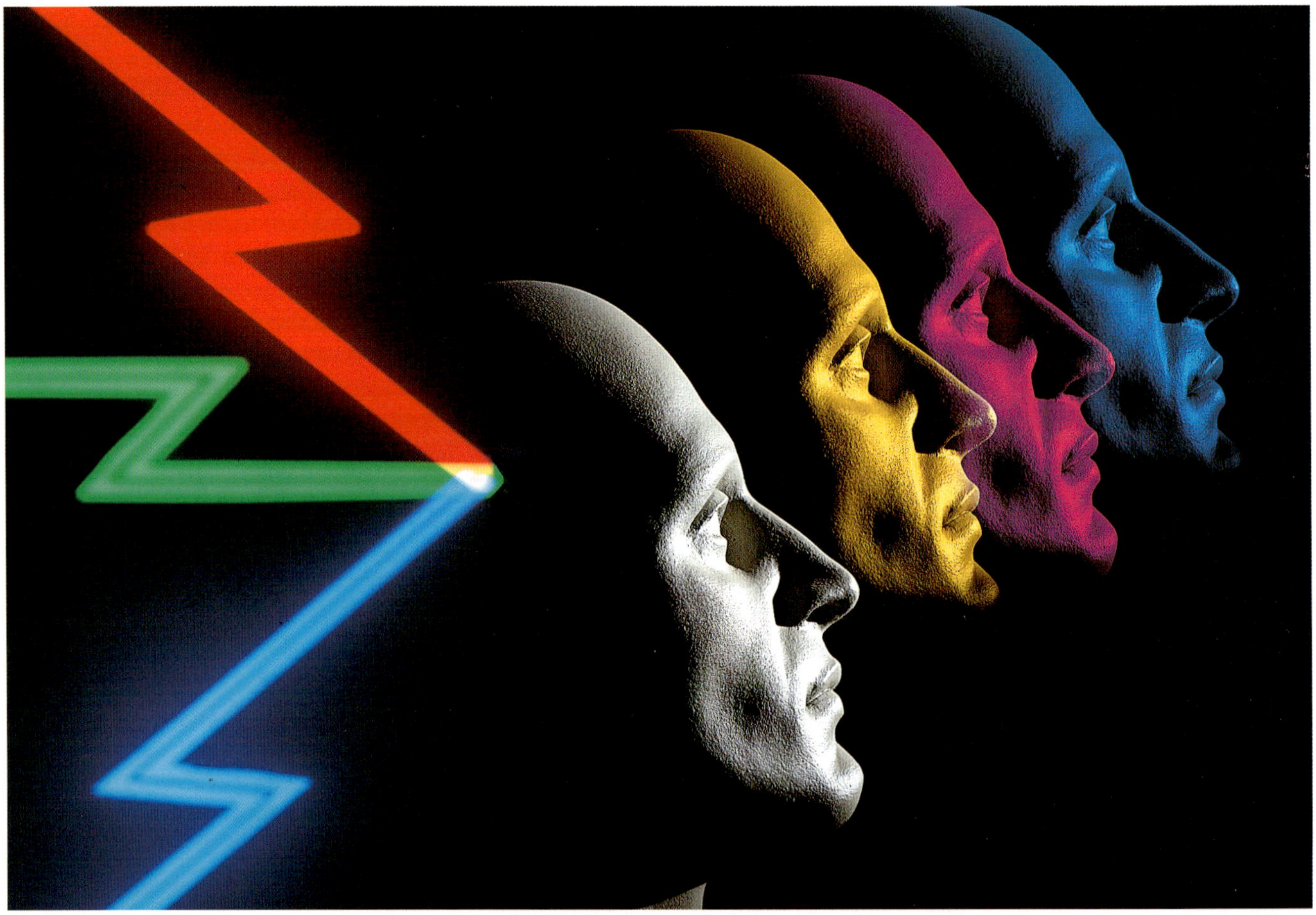

Blitzaddition und Mehrfachblitzen bei offenem Verschluß

Es gibt Aufnahmesituationen in denen die Leistung der vorhandenen oder gerade einsetzbaren Blitzgeräte nicht ausreicht, um die für eine bestimmte Schärfentiefe erforderliche Blende zu erreichen. Das kann zum Beispiel in der Autofotografie oder sogar bei Stilleben, die mit einer 8x10 inch Kamera aufgenommen werden, der Fall sein. In solchen Situationen muß dann eben mehrfach geblitzt werden. Normalerweise wird im abgedunkelten Studio, bei geöffnetem Kameraverschluß, die Blitzanlage so oft ausgelöst, bis die Lichtmenge für die gewünschte Blende ausreicht.

Hochwertige Blitzbelichtungsmesser sind mit einer Funktion für Blitzaddition ausgestattet, in der mehrere einzelne Blitzauslösungen gemessen und addiert werden können. Bei einigen Geräten kann eine einzige Blitzbelichtungsmessung hochgerechnet werden, indem die entsprechende Taste so lange gedrückt wird, bis die gewünschte Blende angezeigt wird. Anschließend kann man die Zahl der erforderlichen Blitzauslö-

sungen ablesen. Die Blitzaddition kann aber auch sehr einfach errechnet werden. Um die Blende um eine Stufe zu schließen ist jeweils die doppelte Anzahl von Blitzauslösungen erforderlich. Daraus ergibt sich folgendes: Für die Abblendung um 1 Blende sind 2 Blitzauslösungen erforderlich. Für 1,5 Blenden werden 3 Blitzauslösungen, für 2 Blenden 4 Blitzauslösungen, für 3 Blenden 8 Blitzauslösungen benötigt.

Dementsprechend wäre eine Abblendung um 4 Blenden mit 16 Blitzauslösungen zu erreichen. Die um 4 Stufen abgeblendete Aufnahme auf Diafilm, bei der 16 Blitzauslösungen zum Einsatz kamen, wird aber unterbelichtet sein und vermutlich einen Farbstich aufweisen. Schuld daran ist der sogenannte Intermittenzeffekt. Um das zu verstehen, müssen wir uns wieder etwas mit der Theorie beschäftigen.

Der oben aufgestellte Zusammenhang zwischen Abblendung und Mehrfachblitzen beruht auf der Annahme, daß die Verkleinerung der Blendenöffnung um einen Wert die Verdoppelung der Beleuchtungsstärke voraussetzt (bei gleichbleibender Verschlußzeit). Also ist die doppelte Anzahl von Blitzen bei Abblendung um eine Stufe erforderlich. Das geht auf das Reziprozitätsgesetz von Bunsen und Roscoe zu-

rück, das die Belichtung als Produkt von Beleuchtungsstärke und Zeit definiert, bei dem es gleichgültig ist, ob die gewünschte Schwärzung in der Filmemulsion von einer hohen Beleuchtungsstärke bei kurzer Belichtungszeit oder von einer geringen Beleuchtungsstärke bei langer Belichtungszeit hervorgerufen wird. Das Reziprozitätsgesetz gilt üblicherweise aber nur bei Belichtungszeiten zwischen 1/2 und 1/1000 Sekunde. Bei längeren Belichtungszeiten machen sich Langzeitfehler (Schwarzschildeffekt) und bei kürzeren Belichtungszeiten

tenzeffekt bei modernen Filmen normalerweise erst bei der Addition von mehr als vier Blitzen negativ bemerkbar macht. Außerdem ist der Intermittenzeffekt bei Farbfilmen nicht in allen Farbschichten gleich groß, was einen Farbstich verursachen kann.

Wie groß die Auswirkungen des Intermittenzeffektes auf die Belichtung und den Farbgang eines Diafilms in der Praxis sind, kann nur durch Tests ermittelt werden. Fotografen die öfters mit solchen Situationen konfrontiert sind, müssen die Wirkung des Intermittenzeffektes bereits beim Emulsi-

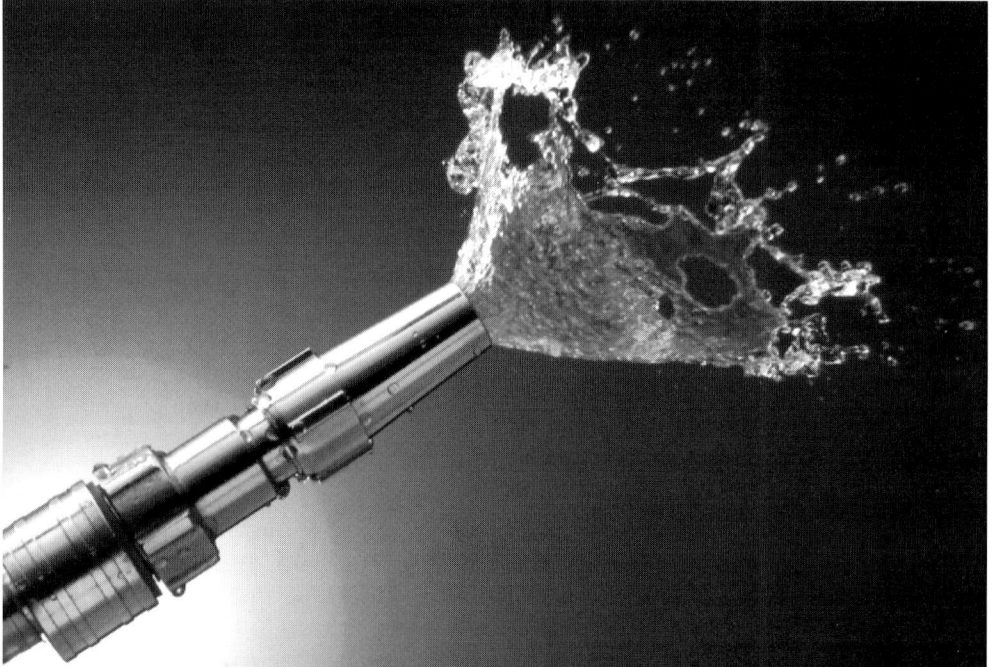

Auch das Bild von Klaus Lorenz ist durch eine besondere Aufnahmetechnik entstanden. Die Verschluß- und Blitzauslösung erfolgte über eine Lichtschranke, die in einer bestimmten Position über der Spritzdüse angebracht war. Die breiten Lichtreflexe in der Spritzdüse kommen von einer Leuchte mit Normalreflektor, deren Licht durch eine große weiße Plexiglasscheibe gestreut wird. Ein Projektionsspot beleuchtet von hinten den Hintergrund (Durchlicht)
Foto: Lorenz Fotodesign

Kurzzeitfehler bemerkbar, die als Reziprozitätsfehler das Reziprozitätsgesetz außer Kraft setzen. Reziprozitätsfehler und die Quantennatur des Lichtes rufen den Intermittenzeffekt hervor. Eine Lichtmenge die kontinuierlich abgestrahlt wird, bewirkt eine stärkere Schwärzung in der Emulsion, als die gleiche Lichtmenge, die intermittierend (mit Unterbrechungen) abgestrahlt wird. In unserem Beispiel würde sich die Belichtung aus 16 Blitzen mit geringerer Lichtintensität zusammensetzen. Durch die geringere Lichtintensität bilden sich weniger entwicklungsfähige Silberkeime, weil kleinere Subkeime wieder zerfallen (in der Silberkeimtheorie wird das als thermischer Zerfall bezeichnet). Der Intermittenzeffekt ist keine konstante Größe, sondern wirkt sich sogar beim gleichen Filmtyp von Filmemulsion zu Filmemulsion verschieden aus. Dem Fortschritt in der Filmtechnologie ist es zu verdanken, daß sich der Intermit-

onstest berücksichtigen oder beim jeweiligen Motiv und Film einen Test durchführen. Letzteres bedeutet, daß das Arrangement aufgebaut bleiben muß, bis die Testfilme entwickelt sind.

Farbnegativfilme haben einen größeren Belichtungsspielraum und die Abzüge können ausgefiltert werden, so daß nur bei extremen Blitzadditionen Testaufnahmen erforderlich sind. Bei Schwarzweißfilmen muß man nur die Belichtungsverlängerung berücksichtigen, weil ja kein Farbstich entstehen kann. Bei Schwarzweiß- und bei Farbnegativfilmen genügen folglich Belichtungsvarianten bei denen man die Anzahl der Blitze entsprechend erhöht. Wenn beispielsweise bei der herkömmlichen Blitzaddition für eine Abblendung um 3,5 Blendenstufen 12 Blitze errechnet wurden, sind drei Aufnahmen, bei gleichbleibender Verschlußzeit und Blende, mit 12, 18 und 24 Blitzen zu empfehlen.

Anhang

Die technischen Daten der Multiblitz-Geräte

Technische Daten

	1/1	1/2
Leistung		
Leitzahl bei ISO21° mit Normalreflektor silber	50	36
Halogeneinstellicht proportional zum Blitzlicht (W)	50	25
Blitzfolge bei Anzeige 100% (s)	2,8	1,9
Blitzdauer bei to,3(s)	1/400	1/600

UV-korrigierte
Blitzröhre 5600K

Netzspannung50-60Hz 220V

Anschlußwert 150W

Maße, incl.
Schutzkappe u.
Kippgelenk 23 x 10 x 15 cm

Gewicht 2kg

Das Minilte 200 Systemzubehör

1	LITSTU
2	COMNOS
3	PROWAN
4	PROSOF
5	PROKLA
6	PROBES
7	PROWAB
8	PROFIL
9	PROFIZ
10	PROBUS
11	PROKAP
12	PROMUL
13	MULSAB-40
14	PROWAL
15	PROFEX-50
15a	PROFEX-75
16	LITTRA-2
17	LITTRA-3
18	STABAG
19	PROALT
20	LITROW
21	MIJOD
22	MASYS
23	MA 060
24	PROREC-40
25	PRORIP-25
26	COMWEW

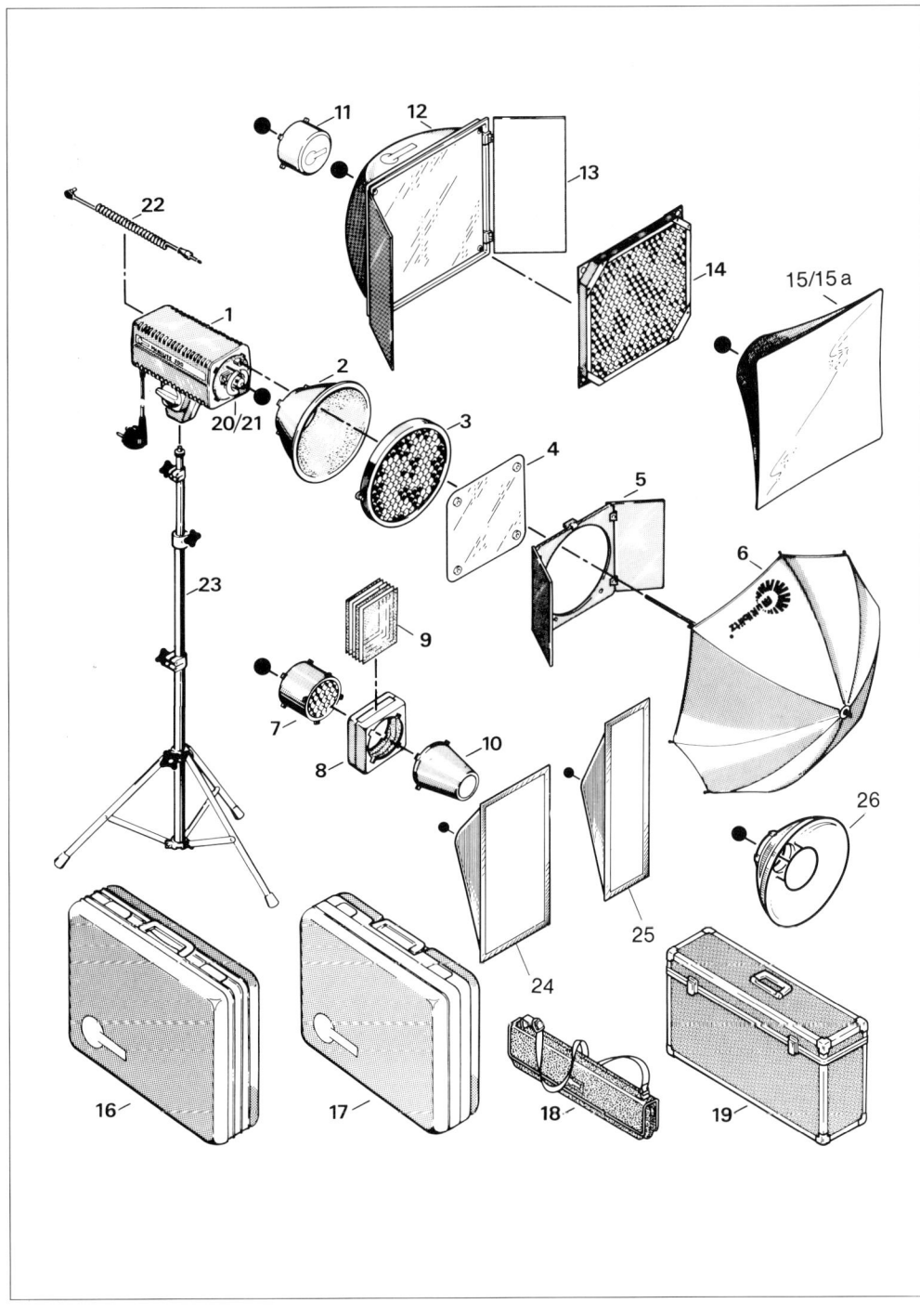

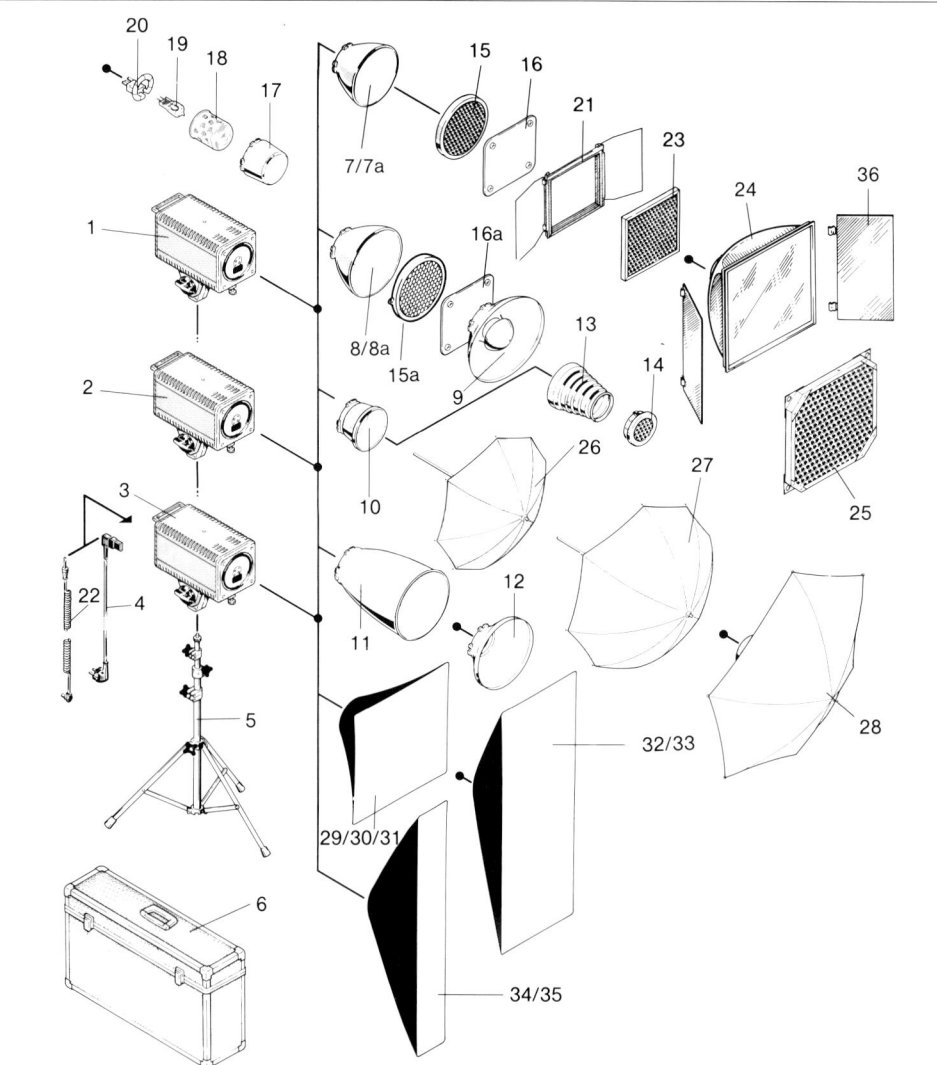

Technische Daten	Ministudio 252		Ministudio 402		Ministudio 802
Blitzenergie	250 J		400 J		800 J
Nennspannung	220–240 V	110–127 V	220–240 V	110–127 V	220–240 V
Leitzahl, 21 DIN/100 ASA, m, Reflektor RINOS-1/50°, 260 mm Ø	52		65		105
Regelbereich, stufenlos über 3 Blenden	30–250 J		50–400 J		100–800 J
Blitzfolge, 100 % Energie	0,8–2,5 s	1,0–2,8 s	1,2–2,9 s	1,0–2,9 s	0,9–2,6 s
Blitzdauer t 0,5	1/380–1/580		1/200–1/400		1/250–1/500
Halogeneinstellicht 100 %	300 W		300 W		300 W
Regelbereich	25–200 W		40–300 W		40–300 W
Halogenröhren-Typ, Osram	64516	64514	64516	64514	64516
Anschlußwerte, max. ca.	1,5 A 360 VA (W)	3 A 380 VA (W)	2,0 A 480 VA (W)	4 A 508 VA (W)	6 A 1440 VA (W)
Blitzspannungsstabilität	± 1 %				
Blitzauslösung	IR-Empfänger – Fotozelle – Synchronkabel – Handauslöser				
Funkentstörung	Nach VDE-Richtlinien				
Elektrische Sicherheit	Nach DIN IEC 491, VDE 0882				
Abmessungen	340 x 224 x 134 mm				
Gewichte	2,6 kg		2,8 kg		3,2 kg

Ministudio 606

1 MUROW	9 RIWAN-1 M	17 RINOS-2	25 RISAB-4	33 VARES	41 RIFEX-75	49 MULTRA-T
2 MUROR	10 RIWAN-1 L	18 RINOW-2	26 RIFIZ	34 VAREU	42 RIFEX-100	50 ZUBAG-9
3 MUHAL-1	11 RISOF-1	19 RINOW-2 S	27 STUSCH	35 VANET	43 RIRIP-25	51 ZUBAG-13
4 MUHAL-2	12 RISAB	20 RIWAN-2 M	28 RIBUS	36 MASYS	44 RIREC-50	52 MIBAG
5 RIKAP	13 RIMUL-50	21 RIWAN-2 L	29 RIWEW	37 RIENG	45 RIREC-100	53 RIWEI
6 RINOS-1	14 MULSAB-50	22 RISOF-2	30 RIRON	38 RIEWANG-S	46 RIREC	
7 RINOW-1	15 COMWAL	23 RISAK	31 FOLRO	39 RIEWANG-M	47 MULTRA-2	
8 RIWAN-1 S	16 MU 606	24 RIWAK	32 RONWA	40 RIEWANG-L	48 MULTRA-3	

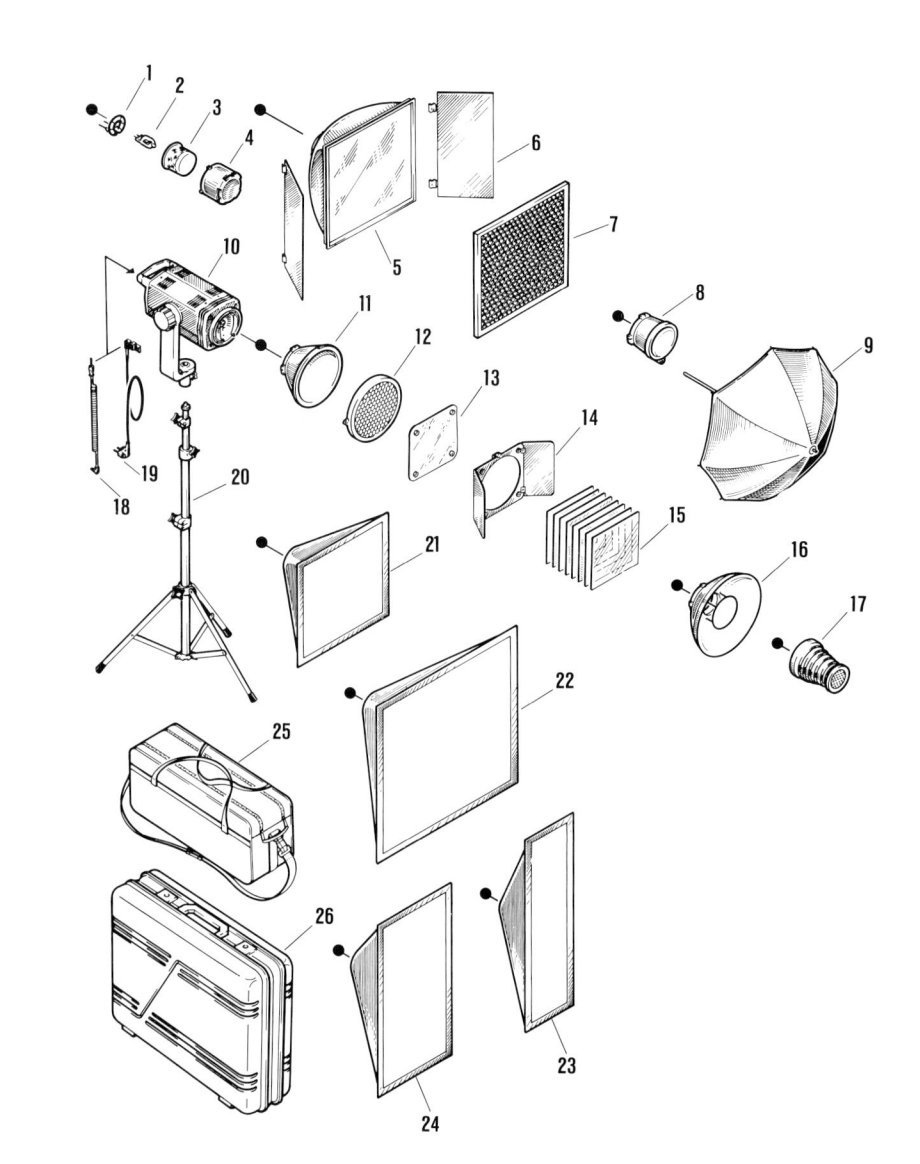

Technische Daten		Profilite Compact 300	
Blittzenergie	J(Ws)	300	
Nennspannung	V	220-240	110-127
Leitzahl, ISO 100/21°, Reflector COMNOS ~60°		58	
Regelbereich stufenlos, 4 Blenden einstellbar	J(Ws)	40-300	
Blitzfolge	s	0.7-2,0	
Blitzdauer	s	1/600-1/900	
Halogeneinstellicht proportional zur Blitzenergie	W	50-150	
Halogenröhre, Osram	Typ/W	64648/200	64514/300
Anschlußwerte, max.	A/VA(W)	2,=/400	4,0/400
Blitzspannungsstabilität	%	± 1	
Blitzauslösung		IR-Empfänger - Fotozelle - Synchronkabel - Handauslöser	
Funkentstörung		Nach VDE-Richtlinien	
Elektrische Sichwerheit		Nach DIN IEC 491, VDE 0882	
Abmessungen	mm	115x115x300	

Variolite Compact 300 + 600 + 900

1 STUROW/STUROR
2 STUREW/STURER
3 VAJOW
4 VAJOG-2
5 RIKLA
6 RIKAP
7 RINOS-1
8 RINOW-1
9 RIWAN-1 S
10 RIWAN-1 M
11 RIWAN-1 L
12 RISOF-1
13 RISAB
14 RIMUL-50
15 MULSAB-50
16 COMWAL
17 RA 300
18 RINOS-2
19 RINOW-2
20 RIWAN-2 S
21 RIWAN-2M
22 RIWAN-S L
23 RISOF-2
24 RISAK
25 RIWAK
26 RISAB-4
27 RIFIZ
28 RA 600
29 STUSCH
30 RIBUS
31 RIWEW
32 RA 90
33 RIRON
34 FOLRO
35 RONWA
36 VARES
37 VEREU
38 VANET
39 RIENG
40 RIWANG-S
41 RIWANG-M
42 RIWANG-L
43 RIFEX-75
44 RIFEX-100
45 RIRIP-25
46 RIREC-50
47 RIREC-100
48 RIREC-140
49 MASYS
50 USPOT
51 RIGOP
52 GOSET
53 RIZLO
54 Maris
55 RIWEI
56 ZUBAG-9
57 ZUBAG-13
58 RATRA-3
59 RATRA-2

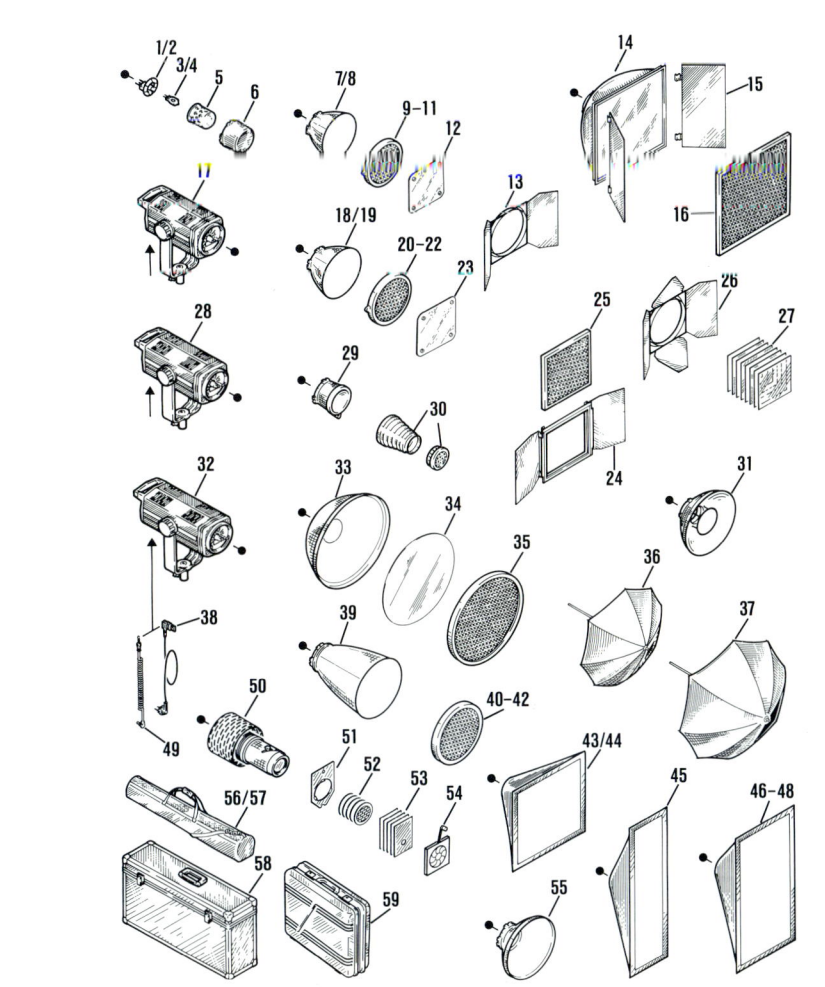

Technische Daten		VARIOLITE COMPACT 300 · 600 · 900					
Blitzenergie	J(Ws)	310		620		930	
Netzspannung	V	220-240	110-127	220-240	110-127	220-240	110-127
Blende, 2m, ISO 100 Reflektor RINOS 2, 50°	f	32,3		Blitzröhren UV-gesperrt 45,3		45,8	
Regelbereich in 1/3 Blendenstufen	J(Ws)	20-300		5 Blenden einstellbar 40-600		50-900	
Blitzfolge	sec	0,4-1,5	0,6-2,0	0,3-0,9	0,5-1,2	0,4-1,3	0,6-1,7
		1,0-2,2	2,4-3,8	0,6-1,6	0,8-2,1	0,6-2,5	0,8-3,4
Blitzdauer t 0,5	sec	1/250-1/500		1/500-1/1300		1/500-1/1400	
Halogeneinstellicht 100%	W	300	200	650	300	650	300
Halogenröhre, Osram	Typ	64516	64503	64540	64514	64540	64514
Halogeneinstellicht Variationsbereich	W	10-200	10-150	20-400	10-200	30-600	15-300
Blitzauslösung		Fotozelle, IR, Handauslöser, Synchronkabel					
Anschlußwerte	A/VA(W)	4/900	6/720	8/1600	12/1400	8/1600	12/1400
		4/900	6/720	4/ 800	6/ 720	4/ 800	6/ 720
Blitzspannungsstabilität	%	± 1					
Funkentstörung		Nach den VDE-Richtlinien					
Elektrische Sicherheit		DIN IEC 491, VDE 0882					
Abmessungen (ohne Bügel)	mm	150 x 150 x 410					
Gewicht	kg	3,8		4,4		4,8	

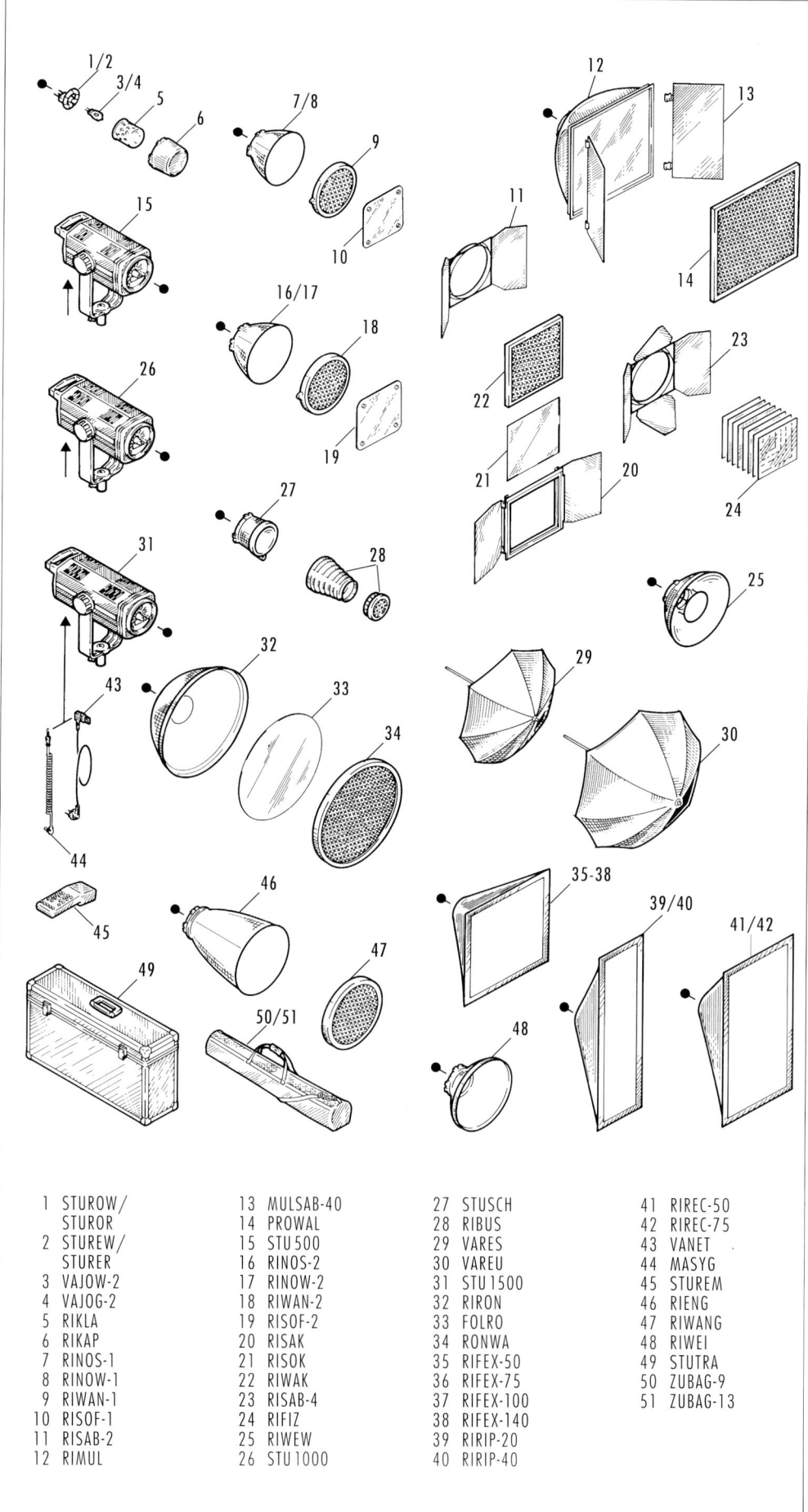

1 STUROW/ STUROR	13 MULSAB-40	27 STUSCH	41 RIREC-50
2 STUREW/ STURER	14 PROWAL	28 RIBUS	42 RIREC-75
	15 STU 500	29 VARES	43 VANET
3 VAJOW-2	16 RINOS-2	30 VAREU	44 MASYG
4 VAJOG-2	17 RINOW-2	31 STU 1500	45 STUREM
5 RIKLA	18 RIWAN-2	32 RIRON	46 RIENG
6 RIKAP	19 RISOF-2	33 FOLRO	47 RIWANG
7 RINOS-1	20 RISAK	34 RONWA	48 RIWEI
8 RINOW-1	21 RISOK	35 RIFEX-50	49 STUTRA
9 RIWAN-1	22 RIWAK	36 RIFEX-75	50 ZUBAG-9
10 RISOF-1	23 RISAB-4	37 RIFEX-100	51 ZUBAG-13
11 RISAB-2	24 RIFIZ	38 RIFEX-140	
12 RIMUL	25 RIWEW	39 RIRIP-20	
	26 STU 1000	40 RIRIP-40	

Technische Daten Studiolite Compact		500		1000		1500	
Netzspannung	V	220 - 240	110 - 127	220 - 240	110 - 127	220 - 240	110 - 127
Blitzenergie	J(Ws)	500		1000		1500	
Blende, 2m, ISO 100 Reflektor RINOS 2, 50°	f	32,8		45,8		64,3	
Regelbereich in 1/3 Blendenstufen	J(Ws)	6 Blenden einstellbar					
		20 - 500		35 - 1000		50 - 1500	
Blitzfolge ◢	sec	0,5 - 1,6	0,6 - 2,2	0,5 - 1,6	0,6 - 2,2	0,6 - 2,0	0,6 - 3,2
◢		0,6 - 2,6	0,6 - 4,1	0,6 - 2,6	0,6 - 4,1	0,6 - 3,6	0,8 - 6,0
Blitzdauer t 0,5	sec	1/500 - 1/1600		1/500 - 1/1500		1/300 - 1/1100	
Halogeneinstellicht	W	300	200	650	300	650	300
Halogenröhre, Osram	Typ	64516	64503	64540	64514	64540	64514
Halogeneinstellicht Variationsbereich	W	10 - 200	10 - 150	20 - 400	10 - 200	30 - 600	15 - 300
Energieregelung		Folientastatur, IR - Fernbedienung					
Blitzauslösung		Fotozelle, IR - Fernbedienung, Handauslöser, Synchronkabel					
Blitzspannungsstabilität	%	±1					
Anschlußwerte ◢	A/VA(W)	6/1300	7/850	12/2600	14/1700	12/2600	14/1700
◢		4/900	5/600	8/1800	10/1200	8/1800	10/1200
Funkentstörung		Nach den VDE - Richtlinien					
Elektrische Sicherheit		DIN IEC 491, VDE 0882					
Abmessungen	mm	150x150x440		150x150x480		150x150x520	
Gewicht	kg	4,7		5,5		6,0	

Magnolite-System

1–MALAF
2–MALAD
3–MALAS
4–MAROW/
   MAROR
5–MAREW/
   MARER
6–MASEW/
   MASER
7–VAJOG-2
8–RIKLA/
   RIWAR-1/
   RIWAR-2
9–RIKAP
10–RISLA
11–MASCH
12–RIWEI

13–RINOS-1
14–RINOW-1
15–RIWEW
16–RINOS-2
17–RINOW-2
18–RIWAN-1
19–RIWAN-2
20–RISOF-1
21–RISOF-2
22–RISAB
23–RISAB-4
24–RISAK
25–RISOK
26–RIWAK
27–RIWEM
28–MAWEM
29–RIMUL

30–PROWAL
31–RIRON
32–FOLRO
33–RONWA
34–RISCH
35–RIBUS/
   HIWAB
36–VARES
37–VAREU
38–RIENG
39–RIFEX-50
40–RIFEX-75
41–RIFEX-100
42–RIFEX-140
43–RIREC-50
44–RIREC-75
45–RIRIP-20

46–RIRIP-40
47–MADUL-160
48–MADUL-200
49–RILUX
50–WL 10
51–WL 15
52–WL 20
53–WL 30
54–RIROC-135
55–RIROC-180
56–MASTU-16
57–MASTU-32
58–MASTU-64
59–MAFIL-16
60–MAFIL-32
61–MAFIL-64
62–MATOR-16

63–MATOR-32
64–MATOR-64
65–MASPO
66–MAGOB
67–MABOB/
   GOSET
68–MARIO
69–MABLE
70–MAFIZ
71–MARIP
72–ALF 32 A
73–MADUL
74–MABOX-20
75–MABOX-30
76–MAKUV
77–MAKIV
78–MAGNO 32 S

79–MAGNO 64
80–MAGNO 16
81–MAGNO 16 S
82–MAGNO 32
83–MAKFE
84–MAREM
85–RIGIG
86–RILAU-1
87–RILAU-2
88–RIDRE
89–RIMIG
90–MATAG
91–ZUBAG-9
92–ZUBAG-13
93–MATRA
94–MASYG
95–MANET

Technische Daten Magnolite-System		Magnolite 16	Magnolite 16 S	Magnolite 32	Magnolite 32 S	Magnolite 64
Blitzenergie	J (Ws)	1600		3200		6400
Leitzahl, 21 DIN/100 ASA, m, Reflektor RINOS-2/50°, 300 mm Ø		180		260		350
Regelbereich in ⅓ Blendenstufen	J (Ws)	4 Blenden einstellbar				
		200–1600		400–3200		800–6400
Blitzfolge, 100% Energie 220–240 V	sec	1.4 – 2.8 / 1.7 – 3.9	0.9 – 1.9 / 1.2 – 2.4	1.7 – 3.9 / 2.4 – 6.8	1.1 – 2.1 / 1.4 – 3.3	1.9 – 5.8 / 2.4 – 8.8
Blitzdauer, t 0,5	sec	1/1000 – 1/2000		1/300 – 1/650		1/200 – 1/400
Halogeneinstellicht*		proportional zur Blitzenergie 650 W / 220–240 V				
Leuchtenanschlüsse		3				
Energieverteilung		symmetrisch				asym. 2x50% 1x50%+2x25% 2x25%
Energieregelung		Folientasten, IR-Fernbedienung, Kabelfernbedienung				
Blitzauslösung		Fotozelle, Synchronkabel, IR, Handauslöser				
Blitzspannungsstabilität		±1%				
Anschlußwerte 220-240V	A	16 / 8	25 / 13	16 / 8	34 / 17	16 / 8
Funkentstörung		Nach den VDE-Richtlinien				
Elektrische Sicherheit		DIN IEC 491, VDE 0882				
Abmessungen mm	Leuchte	148x270				148x290
	Generator	200x365x380			200x365x445	200x365x595
Gewichte kg	Leuchte ohne Kabel	2.7				3.0
	Generator	12	13.2	14	16.6	23

Abweichende technische Daten bei 110–125 V			Magnolite 16 US		Magnolite 32 US	
Blitzfolge, 100% Energie 110–125 V	000		1.6 – 3.0 / 2.2 – 4.5		2.1 – 5.3 / 3.3 – 9.0	
Halogeneinstellicht Osram 645 14			proportional zur Blitzenergie 300 W / 110–125 V			
Anschlußwerte 110–125 V	A		28 / 15		28 / 15	
Abmessungen Generator	mm		200x365x445		200x365x445	
Gewicht Generator	kg		16.6		17.7	